Seda Oğur

Yenilebilir Protein Filmlerin Dumanlanmış Balıkların Kalitesine Etkisi

Seda Oğur

Yenilebilir Protein Filmlerin Dumanlanmış Balıkların Kalitesine Etkisi

Dumanlanmış Balıkların Kalite ve Raf Ömrü Üzerine Yenilebilir Protein Film Kaplamanın Etkisi

Türkiye Alim Kitapları

Impressum / Künye
Bibliografische Information der Deutschen Nationalbibliothek: Die Deutsche Nationalbibliothek verzeichnet diese Publikation in der Deutschen Nationalbibliografie; detaillierte bibliografische Daten sind im Internet über http://dnb.d-nb.de abrufbar.

Deutsche Nationalbibliothek tarafından yayınlanan bibliyografik bilgiler: Deutsche Nationalbibliothek, bu yayını Deutsche Nationalbibliografie'de listeler; detaylı bibliyografik bilgi İnternet'te http://dnb.d-nb.de sitesinde mevcuttur.

Coverbild / Kitap kapağı resmi: www.ingimage.com

Verlag / Yayıncı:
Türkiye Alim Kitapları
ist ein Imprint der / yayınevinin bir ticari markasıdır
OmniScriptum GmbH & Co. KG
Bahnhofstraße 28, 66111 Saarbrücken, Deutschland / Almanya
Email / E-posta: info@turkiye-alim-kitaplary.com

Herstellung: siehe letzte Seite /
Basım yeri: son sayfaya bakın
ISBN: 978-3-639-81261-9

Zugl. / Approved by: İstanbul, İstanbul Üniversitesi, Doktora Tezi, 2012

ÖNSÖZ

Hazırlanan eserde bahsedilen çalışmada sıcak dumanlanmış alabalıklar (*Oncorhynchus mykiss*)'ın farklı özelliklerdeki yenilebilir protein filmlerle kaplanması ile bu ürünlerin soğuk (2±2 °C'de) depolama süresince fiziksel, kimyasal, duyusal ve mikrobiyolojik kalitesindeki değişimler incelenmiştir. Su ürünlerinin doğal yapısının yine doğal kaynaklardan elde edilen yenilebilir filmlerle kaplanmasıyla raf ömrünün uzatılarak kalitenin korunması ve bu sayede daha güvenli ürünlerin geliştirilebileceği konusunu gündeme getirmek amaçlanmıştır.

Eserde ayrıca yenilebilir film ve kaplamaların özellikleri, et ve su ürünlerindeki uygulamaları, dumanlama teknolojisi ile ilgili ve elde edilen bulguların tartışıldığı kapsamlı bir literatür bilgisi de yer almaktadır.

Doktora tezim olan ve kitap hale getirilen bu eserin konuyla ilgili tüm meslektaşlarıma ve araştırmacılara yararlı olmasını diler; eğitim hayatım boyunca yardımlarından dolayı Sayın Hocalarım Prof. Dr. Aydın YAPAR ve Prof. Dr. Nuray ERKAN ÖZDEN'e, desteklerinden dolayı eşime, anneme, babama ve kardeşime, yaşama sevincim olan çocuklarıma sonsuz teşekkürlerimi sunarım.

Seda OĞUR

İÇİNDEKİLER

ŞEKİL LİSTESİ

TABLO LİSTESİ

SEMBOL LİSTESİ

ΔE	:	renk farkı
AF	:	Arrowtooth flounder
AL	:	aljinat
AMG	:	asetillenmiş monogliserit
AYP	:	ayçiçeği proteini
a_w	:	su aktivitesi
BLJ	:	balık jelatini
BLP	:	balık proteini
BZPI	:	bezelye protein izolatı
BZPK	:	bezelye protein konsantresi
Ca-aljinat	:	kalsiyum aljinat
Ca-kazeinat	:	kalsiyum kazeinat
EDK	:	1-etil-3-(3-dimetilaminopropil) karbodiimid
FFA	:	serbest yağ asitleri
FJS	:	filmojenik solüsyon
G	:	gluten
GC	:	gerilme gücü
GD	:	gerilme direnci
GLS	:	gliserol
HCl	:	hidroklorik asit
HKD	:	hidrokolloid
HPMS	:	hidtoksipropil metilselüloz
IG		ışık geçirgenliği
İLZM	:	istiridye lizozimi
J	:	jelatin
KG	:	karragenan

K-kitin	:	kimyasal yöntemle elde edilmiş kitin
KL	:	kollajen
KP	:	kalsiyum propiyonat
KSU	:	kopma sırasındaki uzama
KT	:	kitosan
LDPE	:	alçak yoğunluklu polietilen
LOKS	:	lipid oksidasyonu
LPO	:	laktoperoksidaz
LPOS	:	laktoperoksidaz sistem
LZM	:	lizozim
MA	:	malonaldehit
MDA	:	malondialdehit
MFP	:	miyofibrilar protein
M-kitin	:	mikrobiyal yöntemle elde edilmiş kitin
MRCP	:	mercimek proteini
MS	:	metilselüloz
N	:	nisin
Na-aljinat	:	sodyum aljinat
NaOH	:	sodyum hidroksit
NTE	:	nohut albumin ekstraktı
OG	:	oksijen geçirgenliği
PAH	:	polisiklik aromatik hidrokarbon
PASP	:	peynir altı suyu proteini
PASPI	:	peynir altı suyu protein izolatı
PASPK	:	peynir altı suyu protein konsantresi
PE	:	polietilen
PEG	:	polietilen glikol

PG	:	propilen glikol
PGAL	:	propilen glikol aljinat
PLS	:	polisakkarit
PP	:	polipropilen
PRKP	:	pirinç kepeği proteini
PRO	:	peroksit
PS	:	polistiren
PTP	:	pamuk tohumu proteini
PVC	:	polivinilklorid
PVDC	:	polivinildiklorid
SBG	:	su buharı geçirgenliği
SDA	:	sodyum diasetat
SKZ	:	sukroz
SL	:	sodyum laktat
SLZ	:	selüloz
SPI	:	soya protein izolatı
SRA	:	sığır serum albumini
SRM	:	surimi
SRP	:	sarkoplazmik protein
SRT	:	sorbitol
S-S	:	sülfit-sülfit
STP	:	süt proteini
TBA	:	tiyobarbutirik asit
TBA-i	:	tiyobarbutirik asit indeksi
TCA	:	triklorasetik asit
TGaz	:	transglutaminaz
TMA-N	:	trimetilamin azot

TMAO	:	trimetilamin oksit
TVB-N	:	toplam uçucu bazik azot
UZE	:	üzüm çekirdeği ekstraktı
YAN	:	yüksek amilozlu nişasta
YATP	:	yumurta akı tozu proteini
YCE	:	yeşil çay ekstraktı
YFP	:	yerfıstığı proteini
YHB	:	yüksek hidrostatik basınç
YLZM	:	yumurta lizozimi
Z	:	zein
ZEN	:	etanolde çözündürülmüş ve nisin eklenmiş zein
ZENKP	:	etanolde çözündürülmüş, nisin ve kalsiyum propiyonat eklenmiş zein
ZPGNKP	:	PG'de çözündürülmüş, nisin ve kalsiyum propiyonat eklenmiş zein

ÖZET

DUMANLANMIŞ BALIKLARIN KALİTE VE RAF ÖMRÜ ÜZERİNE YENİLEBİLİR PROTEİN FİLM KAPLAMANIN ETKİSİ

Gıda endüstrisinde enzimatik ve bakteriyel bozulmanın geciktirilmesi ile raf ömrünün uzatılarak gıda güvenliğinin sağlanması için farklı muhafaza ve ambalaj teknikleri kullanılmaktadır. Bu konudaki önemli gelişmelerden birisi olan yenilebilir film ve kaplamalar; gıdaları korumak, raf ömürlerini uzatmak amacıyla bir gıdanın yüzeyi üzerinde oluşturulmuş ince tabakalı, gıdayla birlikte yenilebilen, sentetik olmayıp doğal kaynaklardan elde edilen maddelerdir.

Bu tez çalışmasında protein bazlı yenilebilir filmleri kullanarak su ürünlerinin kalitesi ve raf ömrünün olumlu yönde geliştirilmesi amaçlanmıştır. Tez kapsamında dumanlanmış alabalıklar izolat veya konsantre haldeki protein kaynaklarından (soya protein izolatı (SPI), konsantre peynir altı suyu proteini (PASP), yumurta akı tozu proteini (YATP), buğday proteini (G), mısır proteini (Z), jelatin (J), kollajen (KL)) ve ayrıca tarafımızca hazırlanmış iki balık türünün proteininden (alabalık proteini (AP) ve uskumru proteini (UP)) üretilen yenilebilir filmlerle kaplanmış, kaplanan örnekler 2±2 °C'de soğuk depoda 8 hafta depolanmış, duyusal, fiziksel, kimyasal ve mikrobiyolojik analizler periyodik olarak yapılmıştır.

SPI, G, Z, KL, AP ve UP gruplarının mikrobiyolojik analiz sonuçlarına göre 8 hafta süresince 7 log kob/g değerine ulaşmadığı bulunmuştur.

Duyusal analiz sonuçlara göre K, SPI, PASP, YATP, G, Z, AP ve UP gruplarının 3 hafta süreyle, J ve KL gruplarının 5 hafta süreyle tüketilebilir kaliteyi koruduğu tespit edilmiştir. TVB-N sonuçlarına göre; YATP grubu 2 haftalık, K grubu 3 haftalık, PASP grubu 4 haftalık, SPI ve KL grubu 5 haftalık, Z grubu 7 haftalık raf ömrüne sahip olurken; G, AP ve UP grupları ise 8 hafta sonunda belirlenen kabul edilebilir değeri aşmamıştır. Lipid oksidasyon parametrelerinden TBA-i değerinde KL ve AP gruplarının daha etkili olduğu belirlenmiştir. Uygulanan protein kaplamaların renk ve tekstür parametreleri üzerine olumsuz etkisi görülmemiştir.

Sonuç olarak; mikrobiyolojik, duyusal, kimyasal ve fiziksel analiz sonuçlarına göre KL filminin oldukça üstün özelliklere sahip olduğu, sıcak dumanlanmış alabalık örneklerinin raf ömrünü arttırdığı ve kalitesini yükselttiği açıkça görülmüştür.

Anahtar Kelimeler: Yenilebilir protein filmi, dumanlanmış balık, film kaplama, kalite, raf ömrü.

SUMMARY

THE EFFECT OF EDIBLE PROTEIN FILM COATING ON THE QUALITY AND SHELF LIFE OF SMOKED FISH

It is used different conservation and packaging techniques in food industry to prolong shelf life of products by delaying enzymatic and microbial spoilage. One of the important development in this issue is edible films and coatings. These materials are made from natural biopolymers and constituted with thin layer on the surface of food.

In our thesis study was aimed to enhance quality and shelf life of seafood positive using protein based edible films. In this context, edible films was produced from seven commercial protein sources (soy protein isolate (SPI), concentrated whey protein (PASP), egg white powder protein (YATP), wheat protein (G), corn protein (Z), gelatine (J) and collagen(KL)) and the protein of two fish species (Rainbow trout protein (AP) and Atlantic Bonito protein(UP)), which was prepared in our laboratory, to coating hot smoked rainbow trout's. Coated sample were stored at 2±2 °C during 8 weeks and was made sensorial, physical, chemical and microbial analysis periodically.

It was observed, that the groups of SPI, Z, KL, AP, UP were not reached to up 7 log cfu/g during 8 weeks according to microbiological analysis results. It was determined; that the groups of K, SPI, PASP, YATP, G, Z, AP and UP was found acceptability quality in 3th week of storage, the groups of J and KL was found acceptability quality in 5th week of storage. The result of TVB-N analysis that the shelf life of YATP group was 2 week, the shelf life of K group was 3 week, the shelf life of PASP group was 4 week, the shelf life of SPI and KL groups were 5 week, the shelf life of Z group was 7 week and the groups of G, AP and UP not exceeded acceptable limit value after 8 weeks.

Oxidation of the lipid parameters, the value TBA-i the groups of KL and AP was determined to be more effective. On colour and texture parameters of the applied protein coatings was not observed negative impact. According to microbiological, sensory, chemical and physical analysis results obtained that KL film had very superior features, was exceeded the shelf life of hot-smoked trout and was improved the quality of products.

Keywords: Edible protein films, smoked fish, film coating, quality, shelf life.

1. GİRİŞ

Gıdaların taşınması ve depolanması sırasında kalite kaybına neden olarak gıda güvenliğini olumsuz etkileyen birçok unsur bulunmaktadır. Nem, oksijen varlığı, gıdanın yağ içeriği ve kompozisyonu gibi faktörler gıdanın tadında acılaşmanın yanı sıra, dokuda kuruma, yumuşama veya buruşma gibi yapısal bozukluklar oluşturarak gıdalarda kalite kaybına neden olabilmektedir. Bu tür kimyasal ve fiziksel değişimlerin dışında bozulma etkeni mikroorganizmalar ve patojenler de gıdalarda ekonomik kaybın yanı sıra sağlık açısından risk oluşturabilecek durumlar ortaya çıkarmaktadırlar (Akbaba, 2006). Bu tür kötü oluşumlara neden olabilecek etkenleri bertaraf etmek veya gıdaya verecekleri zararları en aza indirmek için her gıda grubuna özgü farklı muhafaza metotları kullanılmaktadır.

Türkiye açısından büyük ekonomik öneme sahip olan su ürünleri kaynaklarını kullanarak yüksek kaliteli gıdaların geliştirilmesinde de birçok işleme ve ambalaj tekniğinden faydalanılmaktadır. Su ürünlerinin tazeliğini uzun süre koruması mümkün olmadığı için raf ömrünü uzatacak yöntemlere ihtiyaç duyulmakta ve her geçen gün yeni uygulamalar ortaya çıkmaktadır. Geliştirilen her muhafaza ve işleme metodunun en iyisi olan bir önceki metottan daha çok fayda sağladığı kanıtlandıktan sonra geçerliliği kabul edilmektedir. Yani balıktaki su aktivitesinin (a_w) düşürülmesi amacıyla kurutulmasının soğuk zincir altında muhafazadan daha etkili olduğu; kurutulmuş bir balığın nem, oksijen ve ışık geçirmeyen bir ambalaj malzemesiyle vakum altında paketlenmesinin ise çok daha faydalı bir teknik olduğu şüphesizdir.

Kurutmayla benzerlik gösteren, ancak a_w'nin düşürülmesinin yanında ürünün aromasını da oldukça geliştiren dumanlama teknolojisi eskiden beri bilinen ve balıklara sıklıkla uygulanan bir işleme yöntemidir. İlave faydası kanıtlandığı için dumanlanmış balıklar genellikle vakum ambalaj içerisinde pazara sunulmaktadır. Duman bileşenlerinin özellikle bakteriler üzerinde antimikrobiyal etkisi olmasına rağmen vakum altında anaerobik bir ortam oluştuğundan ve düşük a_w'de dahi küf gelişimi devam ettiğinden dolayı, bu ürünlerde mikrobiyolojik risk oluşabileceği asla göz ardı edilemez. Dumanlanmış balık ürünlerinde yağların parçalanması sonucu ransidite de ortaya çıkabilmektedir. İşte bu noktada daha uzun süre muhafaza edebilmek için yeni tekniklere ihtiyaç duyulmaktadır.

Gıdalarda kalitenin korunması ve böylece ürünün raf ömrünün uzatılarak daha güvenli hale gelmesi amacıyla geliştirilen yenilebilir film ve kaplamalar, gıdaları bahsedilen olumsuzluklara karşı korumanın güvenli yollarından biri olarak karşımıza çıkmaktadır. Tarımsal kökenli, doğal veya biyolojik olarak geri dönüşümlü maddelerden oluştukları için ürünle birlikte tüketilebilen bu malzemeler, ucuzlukları, çevre kirliliğine yol açmamaları, besin öğelerinin kaybını önlemeleri gibi birçok üstün özellikleriyle gıda ambalajı olarak teknolojideki yerini almaktadır (Akbaba, 2006).

Yenilebilir filmler kütle taşınımına (nem, gaz ve uçucu bileşenler) karşı bariyer olmasının dışında tat ajanlarını, antioksidantları, vitaminleri ve renklendiricileri içeren birçok gıda katkısı için taşıyıcı da olmaktadır. Benzoik asit, sorbik asit, propiyonik asit, laktik asit, nisin (N) ve lizozim (LZM) gibi antimikrobiyal ajanlar yenilebilir filmlere katıldığında, bu filmler etler ve peynirleri içeren pek çok ürünün yüzeyindeki bakteri, maya ve küf gelişimini geciktirmektedirler (Çağrı ve diğ., 2004). Yenilebilir filmlere vitamin ve besleyici maddeler eklenerek gıdanın bozulmalara karşı korunması arttırıldığı gibi besleyici özelliği de zenginleştirilebilmektedir (Sarıoğlu, 2005).

Uygun şekilde hazırlandığı takdirde fonksiyonel bir ambalajın sahip olabileceği tüm işlevleri yerine getirebilen yenilebilir filmlerin hazırlanmasında temelde hidrokolloidlerden (protein ve polisakkarit), lipidlerden ve kompozitlerden (hidrokolloid+lipid) yararlanılmaktadır. Yenilebilir protein filmleri ise bitkisel kökenli proteinler (mısır zeini, buğday gluteni, soya proteini, bezelye proteini, ayçiçeği proteini, yer fıstığı proteini ve çiğit proteini gibi) ve hayvansal kökenli proteinler (keratin, kollajen, jelatin, balık miyofibrilar proteini, yumurta beyazı proteini, kazein ve peynir altı suyu proteini gibi) olarak iki gruba ayrılmaktadır. Yenilebilir protein filmleri çeşitli protein kaynaklarından saflaştırılan izolat veya konsantre protein ürünlerinden oluşturulduğu gibi, işleme proseslerinden açığa çıkan atıkların değerlendirilmesiyle de üretilebilmektedir (Sarıkuş, 2006). Protein kaynaklı filmlerin mekaniksel ve bariyer özellikleri polisakkarit (PLS) kaynaklı filmlerden genelde daha iyidir (Sabato ve diğ., 2007).

Yenilebilir film ve kaplamalar ilk olarak meyve ve sebzelerin muhafazası amacıyla kullanılmıştır. Daha sonra yürütülen çalışmalar sayesinde biyolojik olarak parçalanabilen ve aynı zamanda birçok işlevsel özelliğe sahip olan bu materyallerin ürünlerin istekleri doğrultusunda farklı formülasyonlarda hazırlanarak diğer gıda ürünlerinde de kullanılabileceği sonucuna varılmıştır.

Peynir altı suyu proteini (PASP) ve asetillenmiş monogliseridle (AMG) kaplanan somon filetolarının dondurulmuş depolama periyotları süresince kaplanmayan kontrol örneklerine göre daha az nem kaybettiği ve daha düşük peroksit (PRO) değerine sahip olduğu tespit edilmiştir (Stuchell ve Krochta, 1995; Gennadios ve diğ., 1997; Anon., 2008). Soğuk dumanlanan somonların LZM içeren PASP ile kaplanması sadece *Listeria monocytogenes*'i (Min ve diğ., 2005), LZM ve/veya N ilave edilmiş aljinatlarla (AL) kaplanması ise hem *Listeria monocytogenes*'i hem de *Salmonella anatum*'u (Data ve diğ., 2008) inhibe ettiği görülmüştür. Balıktan (*Arrowtooth flounder*) elde edilen protein esaslı kaplama materyali ile kaplanan ve 3 ay boyunca dondurularak depolanan Pasifik somonu filetolarında nem kaybının azaldığı, lipid oksidasyonu (LOKS)'nun en aza indirildiği, renk ve tekstür özelliklerinin daha iyi olduğu ifade edilmiştir (Sathivel, 2005).

Sodyum aljinatla (Na-aljinat) kaplama, tuzlanan ve kurutulan uskumruların raf ömrünü uzatırken (Gennadios, 2002), nişasta-AL film solüsyonuyla kaplanan karidesin üç aylık donmuş depolamadan sonra orjinal tadını, tekstürünü ve rengini koruduğu bildirilmiştir (Erickson ve Hung, 1997). Uskumru filetolarının dondurulmadan önce sıvı karragenan (KG) solüsyonuna daldırılarak kaplanması, 5 aydan daha uzun süre herhangi bir duyusal değişikliğin olmasını önlemiştir. Dekstran kaplamalar karides ve balıkların buzdolabında veya dondurarak depolama sırasında tadını, rengini ve tazeliğini korumaktadır (Gennadios ve diğ., 1997).

Soğuk dumanlanmış sardalyaların (*Sardina pilchardus*) raf ömrünü uzatmak için uygulanan bitki ekstraktları ve kitosan (KT) eklenen yenilebilir jelatin (J) filmler oksidasyon seviyesini ve mikrobiyal gelişmeyi azaltmıştır (Gomez-Estaca ve diğ., 2007). İşlenmiş ringa balığına farklı viskozitelerde KT ilavesinin antioksidatif etki gösterdiği (Shahidi ve diğ., 2002), KT ile kaplamanın LOKS'yi, kimyasal bozulmayı ve mikroorganizma gelişimini azaltarak iki farklı balık türünün (*Gadus morhua* ve *Clupea harengus*) raf ömrünü uzattığı görülmüştür (Yılmaz ve diğ., 2006; Kyung ve diğ., 2007). KT ile kaplama somon (*Oncorhynchus nerka*) filetolarını çeşitli bakterilere (*Bacillus cereus, Eschericha coli, Listeria monocytogenes, Pseudomonas aeruginosa, Shigella dysenteriae, Staphylococcus aureus, Vibrio cholerae* ve *Vibrio parahaemolyticus*) ve *Candida albicans* ve *Fusarium oxysporum*'e karşı koruyarak raf ömrünü uzatmıştır (Gua-jane ve diğ., 2002). KT ile kaplama toplam uçucu bazik nitrojen (TVB-N) değerindeki ve özellikle gram negatif bakteri sayısındaki azalma sayesinde morina köftelerinin bozulmasını da önlemiştir (López-Caballero ve diğ., 2005).

Literatürdeki olumlu etkilerine rağmen yenilebilir filmlerin endüstriyel olarak kullanımı henüz çok yaygın değildir. Yenilebilir film kaplama oluşturulmasında kullanılabilecek farklı polimerler ile bunların taze, donmuş, işlenmiş ürünlerde kullanılmasına ve filmlerin geçirgenlik özelliklerinin belirlenmesine ilişkin teorik, deneysel çalışmalar halen devam etmektedir.

Bu çalışmada sıcak dumanlanmış alabalıklar (*Oncorhynchus mykiss*)'ın farklı özelliklerdeki yenilebilir protein filmlerle kaplanması ile bu ürünlerin soğuk (2±2 °C'de) depolama süresince fiziksel, kimyasal, duyusal ve mikrobiyolojik kalitesindeki değişimler incelenmiştir. Protein kaynağı olarak; soya protein izolatı (SPI), peynir altı suyu tozu proteini (PASP), yumurta akı tozu proteini (YATP), buğday gluteni (G), mısır zeini (Z), sığır jelatini (J) ve kollajen (KL)'in yanı sıra alabalık proteini (AP) ve uskumru proteini (UP) kullanılmıştır. Su ürünlerinin doğal yapısının yine doğal kaynaklardan elde edilen yenilebilir filmlerle kaplanmasıyla raf ömrünün uzatılarak kalitenin korunması ve bu sayede daha güvenli ürünlerin geliştirilebileceği konusunu gündeme getirmek amaçlanmıştır.

2. GENEL KISIMLAR

2.1. YENİLEBİLİR FİLM VE KAPLAMALAR

Yenilebilir film ve kaplamalar; gıdaları korumak, raf ömürlerini uzatmak amacıyla bir gıdanın yüzeyi üzerinde oluşturulmuş ince tabakalı, gıdayla birlikte yenilebilen, sentetik olmayıp doğal kaynaklardan elde edilen maddelerdir. Tarımsal kökenli bu koruyucu kaplamalar cam, teneke, polimer gibi ticari ambalajlama materyallerine alternatif olarak geliştirilmiştir. Bu doğal koruyucu kaplama tekniğinin en önemli işlevlerinden biri su buharı geçişine karşı gösterdikleri dirençtir. Bu sayede gıda maddelerinin ağırlık kayıpları azaltılabilmektedir. Yenebilir materyallerle (ambalajlarla) kaplanmış et ürünlerindeki yağların oksidasyonu engellendiğinden acılaşma meydana gelmeden, tazeliğini en iyi şekilde koruyan ürünler halinde market raflarında bulabilmek mümkün olabilecektir. Bu ambalajlar, suyun yanı sıra aroma bileşikleri, pigmentler, kararma reaksiyonlarını durduran iyonlar ve vitaminler gibi maddelerin ürünlerin içinde tutulmasını sağlamaktadır. Dolayısıyla, bitkisel ve hayvansal gıdaları korumak, bu ambalajlamanın önemli avantajları arasındadır. Daha da önemlisi yenilebilir film ve kaplamalar, plastiklerle yapılan gıda ambalajlamasının önemli bir sorunu olan kanserojen etki riskini taşımamakta ve atık sorunu da bulunmamaktadır.

Araştırıcılar, gelecekte her gıda maddesine göre uygun bir malzeme hazırlanarak gıdaların ambalajlanması bütünüyle yenilebilir film ve kaplamalarla yapılabilir fikrini kuvvetle savunmaktadır (Akbaba, 2006).

Gıda ürünlerinde yenilebilir filmlerin kullanımı yeni gibi görünmektedir, ancak bu uygulama yıllar öncesine dayanmaktadır. Vakslar ekşi meyvelerin dehidrasyonunu geciktirmek için, Çin'de 12. ve 13. yüzyıldan beri kullanılmaktadır. Asya' da 15. yüzyıldan beri bazı gıdaların görünüşünü ve muhafazasını geliştirmek için kaynamış soya sütünden elde edilen protein bazlı bir film olan Yuba'dan yararlanılmaktadır. Büzülmeyi önlemek için etlerin yağlarla kaplanması 16. yüzyıldan beri uygulanmaktadır. 19. yüzyılda ceviz, badem ve fındıkların depolanması sırasındaki oksidasyonu ve bozulmayı önlemek için yenilebilir koruyucu bir kaplama olarak ilk kez sukroz (SKZ) kullanılmıştır. Son yüzyılda etlerin ve diğer gıda kaynaklarının korunması için J filmleri ile kaplanması önerilmektedir. Şimdiye kadar yenilebilir film ve kaplamaların en önemli uygulaması, 1930'dan beri uygulanan, meyvelerin parlaklık, renk gibi önemli özelliklerini koruyan, yumuşaklık, solgunluğun başlaması, fungisitlerin taşınması gibi olumsuzlukları engelleyen, olgunlaşmasını daha iyi kontrol eden ve su kaybını geciktiren yağ ve vakslardan yapılan bir emülsiyonun kullanılmasıdır. AL, KG, selüloz (SLZ) esterleri, pektin ve nişasta derivatlarını içeren birçok yenilebilir kaplama depolanan etlerin kalitesini korumak için kullanılmaktadır. Kırk yıldan daha uzun süredir yenilebilir film ve kaplamaların formülasyonu, uygulanması ve karakterizasyonu üzerine hem bilimsel hem de patent literatürde pek çok çalışma yapılmıştır (Debeaufort ve diğ., 1998).

Doğal biyopolimer filmlerin geleneksel plastik materyallere göre avantajlarını şu şekilde özetlemek mümkündür (Rhim ve Eg, 2007):

- Yenilebilir,
- Biyolojik olarak parçalanabilir,
- Gıdaların besinsel değerini arttırır,

- Gıdanın görünüş, koku ve lezzet gibi duyusal karakteristiklerini geliştirir,
- Paket hacmini, ağırlığı ve atığını azaltır,
- Antimikrobiyal ajanlar ve antioksidantlarla birleşir ve taşıyıcı olarak fonksiyon görür,
- Ambalajsız ürünlerin raf ömrünü uzatır ve kalitesini yükseltir,
- Nem, gazlar, yağlar ve çözünenlerin geçişini kontrol eder,
- Fındık ve kuru üzüm gibi küçük partiküllü gıdaların bireysel paketlenmesini sağlar,
- Aktif bileşenlerin çıkışını kontrol eder ve mikro enkapsülasyonunu sağlar,
- Yenilemeyen filmlerle beraber çok katlı gıda ambalajında kullanılabilir,
- Düşük fiyatlı ve verimlidir,
- Her yıl yenilenebilir kaynaklardır.

Yenilebilir film ve kaplamaların bileşiminde bulunan biyolojik kaynaklı polimerler aşağıdaki şekilde sınıflandırılırken (Sarıkuş, 2006), yenilebilir filmlerin hazırlanmasında temelde hidrokolloidler (protein ve polisakkarit), lipidler ve kompozitlerden (hidrokolloid+lipid) yararlanılmaktadır.

Şekil 2.1: Biyolojik kaynaklı polimerlerin sınıflandırılması

PLS filmlerin içeriğini, AL, pektin, KG, nişasta, nişasta hidrolizatları, SLZ türevleri gibi maddeler oluşturmaktadır. Örneğin AL, esmer su yosununa benzeyen kahverengi deniz yosunlarından elde edilen bir moleküldür. AL'nin kullanıldığı ürünlerde, ürünün nem kaybını önlediği ve yağ oksidasyonuyla ortaya çıkan acılaşma üzerine olumlu etki yaptığı gözlemlenmiştir. KG ise, kırmızı deniz yosunlarından (İrlanda yosunu olarak da adlandırılıyor) elde edilen bir kıvam artırıcıdır. KG yapay bir nem bariyeri gibi görev yaparak, ürünün nem kaybını azaltmaktadır. SLZ ise, büyük yüzey alanı ve biyopolimerik yapısından dolayı, üründeki suyun büyük miktarını içine alma yeteneğine sahiptir. SLZ içerikli kaplamaların acılaşma üzerine de olumlu etkisi vardır (Akbaba, 2006).

Hidrokolloidleri (HKD) oluşturan diğer unsur olan protein filmler ise, bitkisel kökenli proteinler (mısır zeini, buğday gluteni, soya proteini, bezelye proteini, ayçiçeği proteini, yer fıstığı proteini ve çiğit proteini gibi) ve hayvansal kökenli proteinler (keratin, kollajen, jelatin, kazein, balık miyofibrilar proteini, yumurta beyazı ve peynir altı suyu proteini) olarak iki gruba ayrılmaktadır (Rhim ve Eg, 2007).

Protein yapıya sahip olan KL ve kazeinler uzun zamandan beri sosis ve et ürünlerinin ambalajlanmasında kullanılmaktadır. Sosis ve sucuklarda sıklıkla tercih edilen, fakat yenilebilir olmasına rağmen tüketiminden önce sosis veya sucuktan uzaklaştırılmaktadır (Sarıoğlu, 2005).

Yenilebilir filmlerin ikinci grubunda, asetillenmiş monogliseritler-AMG (gliserin, bir molekül yağ asidiyle birleşirse monogliserit oluşur), doğal mumlar ve çeşitli yağlı bileşikler, koruyucu kaplama olarak kullanılan yağlar bulunmaktadır. Bu tip malzemeler, nem kaybına engel olmalarını sağlayan özellikleri nedeniyle kullanılmaktadırlar. Bu özelliklerinden, daha çok beyaz ve kırmızı etleri bozulmalara karşı korumak amacıyla yararlanılmaktadır. Yağlar, kullanıldıkları ürünün solunumunu azaltarak, raf ömrünün uzamasını sağlamaktadır. Meyve ve sebzelerde yüzey parlaklığını sağlamak için de önerilmektedirler. Yağlı filmler meyvelerin küflenmesinin engellenmesinde de etkin bir koruyucudur (Akbaba, 2006).

PLS veya proteinlerden oluşan yenilebilir filmler esas olarak uygun mekaniksel ve optik özelliklere sahiptirler. Fakat bu filmler neme karşı oldukça hassastırlar ve su buharı bariyer özellikleri zayıftır. Diğer taraftan lipidlerden oluşan filmlerin su buharı bariyer özellikleri iyidir, fakat genelde opaktırlar ve esnek olmayan yapıya sahiptirler. PLS/lipidler veya proteinler/lipidlerden oluşan multikomponent filmler tek başına kullanılan film oluşturucu materyallerin avantajlarını kombine etmek için etkili olabilmektedir (Ryu ve diğ.,2002).

Bireysel grupların yapısal bütünlüğü ve karakteristik fonksiyonelliği olmadığından yenilebilir filmlerin hazırlanmasında genelde kombinasyonlar kullanılmaktadır. PLS, protein ve lipidlerin farklı özelliklerini bir araya getirmek amacıyla hazırlanan karışımlarda (kompozit film) bileşiklerin farklı özelliklerinden yararlanılmaktadır. Mesela hidrokolloidler hidrofilik oldukları için zayıf nem bariyeridir, fakat çok iyi bir nem bariyeri olan lipidlerin ilave edilmesiyle bu özelliği düzeltilmektedir. Kompozit filmler sayesinde farklı ürünlerin ihtiyaç duyduğu farklı bariyer ve mekanik özellikleri dikkate alınarak filmler üretilebilmekte ve böylece materyalin etkinliği artırılmaktadır. Film formülasyonunda ve kompozitlerde gliserol (GLS), polietilen glikol (PEG), sorbitol (SRT) gibi plastikleştiricilerin kullanımı filmlere esneklik avantajı kazandırmakta ve özelliklerini geliştirmektedir. Plastikleştiricilerin kullanımı lipid ve HKD molekülleri arasındaki hidrojen bağları sayesinde filmin gevrekliğini azaltmaktadır (Tharanathan, 2003).

2.2. YENİLEBİLİR PROTEİN FİLMLERİ VE KAPLAMALARI

Protein kaynaklı filmlerin mekaniksel ve bariyer özellikleri PLS kaynaklı filmlerden genelde daha iyidir. Homopolimer olan polisakkaritlerle karşılaştırıldığında, genel fonksiyonel özelliklerin geniş bir çeşidini, özellikle yüksek intermoleküler bağlama potansiyelini içeren proteinler spesifik bir yapıya (20 farklı monomere bağlı olan) sahiptirler (Sabato ve diğ., 2007).

Protein filmleri bir çözücünün ilavesiyle polipeptid zincirlerinin kısmi denatürasyonu, pH değişimi, çapraz bağlanmayı sağlayan bir elektrolitin eklenmesi ve/veya ısı uygulanması sayesinde oluşmaktadır (Rhim ve Eg, 2007). Protein yapısındaki filmlerin özellikleri protein kaynağı, protein solüsyonunun pH'sı, plastikleştirici, film kalınlığı, hazırlama şartları ve film oluşturucu solüsyon içine dahil olan yapılar gibi çeşitli faktörlere bağlıdır (Benjakul ve diğ., 2008). Proteinlerden elde edilen filmler kaplandıkları gıdanın besin değerini oldukça artırmaktadırlar.

2.2.1. Soya Protein İzolatı (SPI) Filmi

SPI, filmlerin yapımında ham materyal olarak yaygın şekilde kullanılan en önemli proteinlerden biridir. SPI yenilebilen ürünler için uygulanabilen ve biyolojik olarak kolay parçalanabilen çevre dostu bir üründür. SPI filmleri genel olarak film oluşturma çözeltilerinin ince tabakalarının kurutulmasıyla hazırlanmaktadır (Temiz ve Yeşilsu, 2006).

Tam soya unu ve elma pektini kombinasyonunun HKD yenilebilir film üretimi amacıyla hammadde olarak kullanıldığı bir çalışmada en iyi yoğunluktaki filmleri elde etmek için iki bileşen arasındaki oran "2:1

mg/cm^2, pektin-soya unu" olarak belirlenmiştir. Filmler soya polipeptid zincirleri arasında izopeptid bağlarını üreten enzim olan transglutaminaz (TGaz) varlığında da hazırlanmıştır. Mikroyapısal analizlere göre bu filmin daha yumuşak yüzeye ve daha yüksek homojeniteye sahip olduğu görülmüştür. Filmin mekaniksel özellikleri incelendiğinde Transglutaminazın gerilme gücü (GC)'nü ve esnekliğini artırdığı tespit edilmiştir. Bu sayede TGaz ile polimerize edilmiş pektin-SPI filminin yenilebilir gıda ve ilaç kaplama materyali olarak kullanımının mümkün olacağı sonucuna varılmıştır (Mariniello ve diğ., 2003).

SPI, PASP ve metilselüloz (MS)'un film oluşturma yetenekleri, kızartılmış hamur işleri için uygunlukları, su ve yağ transfer özellikleri incelendiğinde; kızartma sırasındaki yağ alımını azaltmak için en iyi kaplama materyali olduğu görülmüştür. SPI/MS ve SPI/PASP karışımı kaplamalar, daha yüksek indeks değeri (yağ alımındaki düşüş/su kaybındaki azalış) sağlamışlar ve yağ alımını %99.8 oranında azaltmışlardır (Albert ve Mittal, 2002).

SPI, stearik asit ve pullulandan oluşan, uygun özellikte yenilebilir bir film elde edilmiş ve kivilerin korunması için kullanılmıştır. Kaplanmış kivilerde olgunlaşma işleminin yavaşladığı, 37 günlük depolama süresince kaplanmış ve kaplanmamış kivilerin yumuşama oranlarının sırasıyla %29-%100 olduğu ve böylece kivilerin kaplanmasıyla depolama sürelerinin 3 kattan daha fazla arttığı tespit edilmiştir (Xu ve diğ., 2001).

2.2.2. Süt Proteini (STP) ve Peynir Altı Suyu Proteini (PASP) Filmi

Süt ve süt ürünlerinin en önemli bileşenlerinden olan süt proteinleri (STP), moleküler yapısı ve fizikokimyasal özellikleri birbirinden farklı, heterojen yapıdaki kazein ve PASP'den oluşmaktadır. STP bazlı filmler, gıdalarda tek başına kullanılabilecekleri gibi diğer kaplama materyalleri ile belirli oranlarda kombine edilerek de kullanılabilmektedirler (Yılmaz ve diğ., 2007).

STP bazlı yenilebilir film ve kaplamaların fonksiyonel özelliklerini aşağıdaki gibi özetlemek mümkündür (Yılmaz ve diğ., 2007):

- Kütle transferinin önlenmesi,
- Gıda maddesinin yapısal bütünlüğünün mekanik darbelere karşı korunması,
- İçine eklenen çeşitli komponentlerle (renk, tat vb. maddeler) desteklenerek gıda maddesinin duyusal özelliklerini çekici hale getirmesi,
- Gaz transferinin (oksijen, karbondioksit) yavaşlatılması,
- Lipid kökenli kaplamalarla oluşturulan kompozit filmlerin depolama ve pişme sırasında nem transferini yavaşlatması,
- Gıda yüzeyine kaplanan antioksidant ve antimikrobiyaller gibi koruyucu katkı maddeleri için taşıyıcı yüzey olarak kullanılması,
- Lezzet verici vb. maddelerin mikrokapsülasyonunda da kullanılarak bu maddelerin gıdaya geçişlerini kolaylaştırması,
- Çeşitli bileşenlerden oluşmuş heterojen yapıdaki gıdalarda tabakaların ayrılmasında emülgatör olarak stabilite sağlaması,
- Esmerleşme reaksiyonlarını önleyici iyonlar, vitamin ve besleyici maddeler ilavesi ile gıdanın besleyici özelliğinin arttırılması.

Kavrulmuş yerfıstıklarında oksidasyonu önlemek amacıyla antioksidantlar (askorbik palmitat ve α-tokoferol) eklenerek peynir altı suyu protein izolatı (PASPI)'ndan üretilen filmlerle kaplama yapılmıştır. Kaplama işleminin yer fıstıklarında 25 °C'de 16 haftalık depolama boyunca oksidasyonu önlemede başarılı sonuç verdiği gözlenmiştir (Han ve diğ., 2008).

Elma dilimlerinin başlangıçtaki solunum hızını kontrol etmek için, havaya karşı yarı geçirgen bir bariyer olarak kesilen elmalara yenilebilir kaplamalar uygulanmıştır. Başlangıçtaki solunum hızında KG ile (0.5 g/100 ml) kaplanan elmalarda % 5'lik, PASP konsantresi (5 g/100 ml) ile kaplanan elmalarda % 20'lik bir azalma görülmüştür. Esmerleşmeyi önleyici ajanlarla kombine edilen yenilebilir kaplamalar 3 °C'de tepsilerde ambalajlanarak depolanan elma dilimlerinin raf ömrünü 2 hafta uzatmıştır. Bu kaplama solüsyonlarına çeşitli esmerleşmeyi önleyici ajanların ilavesi depolama sırasında rengin korunmasında avantaj sağlamıştır. $CaCl_2$'nin ilavesi (1 g/100 ml) sertlik kaybını belirgin şekilde engellemiştir. Esmerleşmeyi önleyici ajanlarla yenilebilir kaplamaların bu kombinasyonu pozitif duyusal özellikler ve mikrobiyal seviyede azalma göstermiştir. Askorbik asite (1 g/100 ml) ilave olarak $CaCl_2$ (1 g/100 ml) içeren PASP kaplama (5 g/100 ml) 2 hafta sonunda duyusal kalitenin en etkin şekilde korunmasını sağlamıştır (Lee ve diğ., 2003).

Kalsiyum kazeinat (Ca-kazeinat) ve PASP solüsyonuyla kaplanan elma ve patates dilimleri üzerinde yapılan analizler her iki kaplamanın da oksijen bariyeri olarak etki ederek esmerleşmeyi geciktirdiğini göstermiştir. STP, Ca-kazeinattan daha iyi bir antioksidant kapasitesine sahiptir. Bu farklılık iki protein tipinin de amino asit kompozisyonunun çeşitliliğinden kaynaklanmaktadır. Sütte bulunan laktozun antioksidatif aktiviteyi artırdığı düşünülmektedir. Aynı şekilde film formülasyonununa karboksimetilselüloz gibi polisakkaritlerin ilavesi antioksidatif gücü belirgin şekilde geliştirmiştir. Tatsız, kokusuz ve yenilebilir olan proteinler kesilmiş meyve ve sebzelerdeki enzimatik esmerleşmeyi dokulara zarar vermeden kontrol altında tutmaktadırlar. Ajanlarla etkinleştirilen süt proteinleri bazı işlenmiş gıdalardaki hidroperoksit oluşumunu ve lipid peroksidasyonunu önlemek için kullanılmaktadır (Tien ve diğ., 2001).

Laktoperoksidaz (LPO) ilave edilen PASP filmlerin gıdalardaki *Penicillium commune*'nin inhibisyonu için de uygulanabileceği, LPO komponentlerinin plastikleştirici etkisinin ve kombinasyondaki oranının filmin fiziksel özelliklerini değiştirmediği bildirilmiştir (Min ve Krochta, 2005).

Yenilebilir kaplama kombinasyonlarında kullanılan antioksidanların tipinin ve içeriğinin etkisini incelemek için taze kesilmiş elmalar üzerinde çalışılmıştır. Yenilebilir kompozit kaplamalar PASP konsantresi ve balmumundan hazırlanmıştır. Antioksidant olarak askorbik asit %0.5 ve % 1, sistein %0.1, %0.3 ve %0.5, ve 4-hexylresorcinol %0.005 ve %0.02 oranlarında formülasyona eklenmiştir. Elma parçaları emülsiyon kaplamayla kaplanmış ve ağırlık kaybı, rengi ve duyusal değerleri depolama boyunca ölçülmüştür. Sonuçlar antioksidant ve kaplama kombinasyonunun antioksidantın tek başına kullanılmasına göre esmerleşmeyi azalttığını göstermiştir. Askorbik asit ve sistein içeriğinin artması kaplanan örneklerin esmerleşmesini azaltmıştır. En etkin muamele %1 askorbik asit veya %0.5 sistein içeren kaplamalarda elde edilmiştir (Perez-Gago ve diğ., 2005).

PASPI kaplamaların üç farklı oranının (% 6, %12 ve %18) taze yumurtanın kalitesi (ağırlık kaybı, pH ve renkler) ve raf ömrü üzerindeki etkisi oda sıcaklığında değerlendirilmiştir. Kaplanan bütün yumurtalar kaplanmayanlara göre daha az ağırlık kaybı göstermiştir. Kaplanmayan yumurtaların albumin pH'sı kaplanan yumurtalardan daha yüksek olmuştur. Sonuçlar PASPI kaplamaların yumurtaların raf ömrü için koruyucu bir bariyer olacağını açığa çıkarmıştır (Caner, 2005).

2.2.3. Yumurta Akı Tozu Proteini (Albumin-YATP) Filmi

Temel protein fraksiyonlarını oluşturan ovalbumin, konalbumin, ovomukoid, lizozim, globulin ve ovomukine sahip protein (albumin) yumurta akı maddesinin tek temel yapısıdır. Albumin sıvı yumurta akının şekersizleştirilmesinin (glukozun uzaklaştırılmasıyla) ardından sprey veya diğer kurutma teknikleriyle kurutularak kuru bir toz formunda üretilmektedir.Yumurta akı içerisinde farmasötik olarak aktif ingredientler enkapsule edilmiştir (Gennadios ve diğ., 1996; Handa ve diğ., 1999).

YATP'den yenilebilir ve/veya yenilemez ambalajlardaki potansiyel uygulamalarla film ve kaplamalar üretilebilmektedir. Gennadios ve diğ. (1996) tarafından YATP filmlerinin özellikleri ile diğer protein filmlerinin özelliklerinin benzer olduğu, ancak buğday gluteni, SPI ve mısır zeini filmlerinden daha açık ve daha transparan olduğu belirtilmiştir.

YATP filmlerinin içinde gelişen intermoleküler güçlerin anlaşılması bu tür filmlerin fonksiyonel özelliklerinin geliştirilmesini sağlamıştır. Örneğin; sülfit-sülfit (S-S) bağları yumurta akındaki jel oluşumunda önemli olduğu, S-S bağlanma dışında hidrofibik, hidrojen ve elektrostatik bağlanmanın da yumurta akının ısı indüklü jelatinasyon ve koagülasyonunda etkili olduğu görülmüştür. Bu yüzden YATP filmlerinin oluşumunda kovalent S-S bağları dışındaki bağların ilgisi de araştırılmaya değer bulunmuştur (Handa ve diğ., 1999).

YATP filmleri oldukça hidrofilik oldukları için, ticari kullanımdaki SLZ-eter bazlı suda çözünür poşetlere benzer şekilde gıda, kimyasal ve farmasötik endüstrilerdeki ingredientler için suda çözünür poşetlerin yapımında kullanılabileceği belirtilmiştir. Bu tür filmlerin mekaniksel ve bariyer özelliklerinin ilave edilen plastikleştiricilerin tipinin ve miktarının değiştirilmesiyle modifiye edilebileceği açıklanmıştır (Gennadios ve diğ., 1996).

Koruyucu YATP kaplama üzümlere uygulanmış ve bakteriyal gelişmeyi baskılamak için LZM ilave edilmiş istiridye yumurtası ve dökme YATP filmleri aktif paketleme olarak potansiyel göstermiştir. Bazı araştırmacılarca YATP'nin yenilebilir kaplama formülasyonlarındaki diğer biyopolimerlerle kombinasyonunda kullanımı önerilmiştir (Handa ve diğ., 1999).

Bu düşünceyle tasarlanan bir çalışmada KT-ovalbumin filmlerinin hazırlanmasında katalist olarak mikrobiyal TGaz kullanıldığında ise; filmler geniş bir pH aralığında düşük çözünürlük göstermiş ve tripsinle güçlü bir enzimatik hidrolize karşı etkili bulunmuştur. TGaz ile enzimatik muamelesinden sonra şişkinliğin derecesi azalmış ve KT-ovalbumin filmlerinin mekaniksel direnci 24 MPa'dan 35 MPa'ya yükselmiştir. TGaz ortamında çapraz bağlanarak hazırlanan filmlerin su buharına karşı bariyer etkinliği hafif derecede gelişmiştir. TGaz sayesinde bu yeni materyallerin mekaniksel ve çözünürlük özelliklerinin geliştirilmesi, bu enzimatik uygulamanın gıda kaplama ve farmasötik uygulamalar için yenilebilir filmlerin hazırlanmasında kullanışlı bir araç olabileceğini göstermiştir (Di Pierro ve diğ., 2007).

Lim ve diğ. (1998) tarafından yüksek-pH termal muamelenin TGaz ile katalize edilen çapraz bağlanma reaksiyonuna karşı YATP hassasiyetini geliştirmede etkinlik sağladığı ve diğer globular proteinlerin benzer enzimatik polimerizasyonunu gerçekleştirmek için de düşünülebileceği belirtilmiştir.

2.2.4. Buğday Proteini (Gluten-G) Filmi

Buğday gluteni (G), buğday nişastası üretiminde ortaya çıkan bir yan üründür. Yüksek molekül ağırlığı, yaygın apolar karakteri ve fraksiyonlarının çeşitliliği en önemli özellikleri arasındadır. G'den seçici gaz bariyer özelliği gibi orjinal özelliklere ve kauçuk benzeri mekanik özelliklere sahip filmler yapılabilmektedir. G filmleri homojen, saydam, mekanik olarak güçlü ve nispeten su dayanımına sahiptirler. Bu filmler gıda esaslı katkı maddeleri kullanıldığı ve kirletici maddeler kullanılmadığı zaman yenilebilmektedirler (Temiz ve Yeşilsu, 2006).

G filmlerinin nem bariyer özellikleri (su buharı geçirgenliği yaklaşık olarak $5x10^{-12}$ mol/m.s.Pa) alçak yoğunluklu polietilen-LDPE (su buharı geçirgenliği $0.05x10^{-12}$ mol/m.s.Pa) gibi sentetik filmlerle karşılaştırıldığı zaman nispeten düşüktür. G filmlerinin bariyer özellikleri, film yapısına yağlı bileşenlerin ilave edilmesiyle polietilen (PE) filmin özelliklerine benzetilebilmektedir (Temiz ve Yeşilsu, 2006).

G filmi üç farklı undan (ticari ekmek unu, sert kırmızı kışlık un ve yumuşak beyaz un) hazırlandığında oksijen geçirgenlikleri ticari naylonla aynı değerlerde olmuştur. Bütün filmlerin sarımsı renkte, yarı saydam ve yumuşak bir dokuya sahip olduğu görülmüştür. Undaki karetenoid ve flavonoid bileşenlerinin sarı rengin gelişmesinde etkili olduğu düşünülmüştür. Gerilme direnci (GD) olarak ölçülen film direnci filmlere sisteinin (çapraz bağlayıcı ajan) eklenmesiyle %50 oranında artmıştır (Rayas ve diğ., 1997).

GLS ile plastikleştirilmiş G filmlerinin mekaniksel ve fiziksel özellikleri farklı sıcaklıklarda (20 °C, 50 °C ve 80 °C) ve nispi rutubette (%35 ve %70) incelendiğinde, % 35 nispi rutubette kurutma sıcaklığı arttığında GC'nin de arttığı görülmüştür. %70 nispi rutubette sıcaklık arttığında ise GC azalmıştır. Filmlerin kalınlığı sıcaklığın artmasıyla azalmıştır. Filmin 50 °C'de ve %70 nispi rutubette kurutulmasının dışında % 1.5 sodyum dodesil sülfat eklenmesi bütün filmlerin çözünürlüğünü artırmıştır (Kayserilioğlu ve diğ., 2003).

Düşük miktarda GLS içeren G filmleri daha düşük su buharı geçirgenliği (SBG) ve oksijen geçirgenliği (OG), daha yüksek GD'ye ve daha az kopma sırasındaki uzamaya (KSU) sahip olmuşlardır. G kaplamalar kaplanmamış kontrollerle karşılaştırıldığında çeri domateslerinin iki haftalık depolanması sırasında ağırlık kaybını azaltmıştır. G'nin tek tabakalı kaplamasıyla karşılaştırıldığında G ve balmumundan oluşan iki tabakalı filmle kaplama, peynir küplerindeki ağırlık kaybını azaltmıştır (Tanada-Palmu ve diğ., 2000).

2.2.5. Mısır Proteini (Zein-Z) Filmi

Mısır endosperminde bulunan mısır proteininden hazırlanan yenilebilir filmler kırılgan bir yapıda olduğundan öncelikle esnekleştirilmekte; bu işleme de plastikleştirme denilmektedir. Z filmleri, kullanıldığı ürün üzerinde sert, parlak, mikroorganizma etkinliğini engelleyen koruyucu bir tabaka oluşturmaktadır. Z kaplamalar domateslerin üzerindeyken, sebzenin parlaklık ve nem kaybını azaltmaktadır, renk değişimini de geciktirmektedir. Yine peynirler üzerinde uygulandığında, peynirlerin yüzeyine koruyucu olarak uygulanan sorbik asidi korumaktadır. Böylece, bir anlamda koruyucunun koruyucusu olmaktadır (Akbaba, 2006).

Mısır proteini, hidrofobik yapıda olduğundan su absorpsiyon özelliği yüksek a_w'de yüksek, düşük a_w'de ise aşırı derecede düşük olmaktadır. Su absorpsiyonu açısından Z tozu ve plastikleştirilmemiş filmler arasında önemli farklar gözlemlenmemiştir. GLS ile plastikleştirilmiş filmlerin su absorpsiyonu 0.7'nin altındaki a_w'de en düşük iken, Z tozu ve plastikleştirilmemiş filmler için su absorpsiyonu 0.8'in altındaki a_w'de en düşük düzeydedir. GLS ile plastikleştirilmiş filmler yüksek a_w'de, plastikleştirilmemiş filmlerden beş kat daha fazla su absorpsiyon kapasitesine sahiptir. Plastikleştirilmiş filmlerin daha yüksek su tutma kapasiteleri GLS'nin hidrofilik özelliklerine bağlıdır. PEG veya laktik asit ile plastikleştirilmiş filmler GLS ile plastikleştirilmiş filmlerden daha düşük su absorpsiyonuna sahiptir (Temiz ve Yeşilsu, 2006).

Z kaplamaları fındık, şeker, şekerleme ürünleri ve diğer gıdalar için oksijen, lipid ve nem bariyeri olarak kullanılmaktadır. Vitamin ve minerallerle zenginleştirilmiş pirinçlerin soğuk suda yıkama esnasında vitamin ve mineral kayıplarını azaltmak için Z-stearik asit-odun reçinesi ile kaplanmaktadır (Temiz ve Yeşilsu, 2006).

Z filminin antimikrobiyal ve antioksidant aktivitesini belirlemek için; kısmen saflaştırılan LZM, nohut albumin ekstraktı (NTE), sığır serum albumini (SRA) ve disodyum EDTA kombinasyonu Z filmine ilave edilmiştir. LZM tek başına Z filminin çözünebilir serbest radikal temizleme aktivitesine katkıda bulunmamıştır. LZM'nin NTE kombinasyonuyla ilavesi Z filminin çözünürlüğünü artırmış ve hareketli serbest radikal temizleme aktivitesini %17-25'ten yaklaşık %84'e yükseltmiştir. Diğer taraftan SRA ilavesi LZM'nin daha heterojen şekilde dağılmasını sağlarken Z filminin serbest radikal temizleme aktivitesine önemli bir katkıda bulunmamıştır. LZM disodyum EDTA.$2H_2O$ veya NTE ve disodyum EDTA.$2H_2O$ ile birleşmesi Z filminin *Eschericha coli* ve *Bacillus subtilis* üzerinde etkin olmasını sağlamıştır. LZM'nin dağılmasını kontrol etmek için fonksiyonel protein ekstraktlarının kullanılması Z filminin antioksidant aktivitesini de geliştirmiştir (Güçbilmez ve diğ., 2007).

J filmi ve Z filmi solüsyonlarına nisin (N) ilave edilerek iki farklı yenilebilir antimikrobiyal film hazırlanmıştır. 12000 IU/ml N içeren Z filmi kontrolle karşılaştırıldığında GC'de 11.6 MPa'lık bir artışa sahip olurken J filminde ilave edilen N konsantrasyonuyla hafif bir artış olmuştur. Hem Z hem de J filminin SBG'si N konsantrasyonunun artmasıyla artmıştır, böylece suya karşı daha iyi bir bariyer oluşmuştur. N konsantrasyonunun artışıyla *Listeria monocytogenes*'e karşı artan antimikrobiyal aktivite 12000 IU/ml Z filmi için 1.4 log'luk ve J filmi için 6 log'luk bir azalmaya neden olmuştur. Bu sonuçlar N'nin antimikrobiyal yenilebilir ambalaj filmleriyle korunması sayesinde gıda ürünlerinin raf ömrünün uzamasına neden olan, depolama sırasında patojenik bakterilere karşı gösterdiği antimikrobiyal aktivitesinin yanında, Z ve J filmine ilavesinin filmlerin fiziksel özelliklerini geliştirdiğini göstermiştir (Ku ve Song, 2007).

Protein biyopolimerlerinden mısır zeini ticari olarak konfeksiyoner ürünler ve fıstıklarda yenilebilir film ve kaplama olarak kullanılan tek proteindir. Zein mükemmel film oluşturma özellikleri, ısıl yapışabilir ve iyi bariyer özellikleriyle alkolde çözünür bir prolamindir. Ancak plastikleştirici içeren Z filmi daha zayıf nem bariyeri özellikleri gösterdiğinden lipidler gibi iyi nem bariyeriyle kombine edilerek geliştirilmelidir. Bu amaçla mısırdan elde edilen lipid tabakasız veya lipid tabakalı yüksek amilozlu nişasta (YAN) ile ve/veya Z kullanılarak komposit yenilebilir filmlerin geliştirilmesi düşünülmüştür. %20'lik plastikleştirici konsantrasyonu yenilebilir filmlerin güçlü olduğu kadar esnek olmalarını da sağlamıştır. Z filmlerine karşın oleik asit nem bariyeri özelliklerini geliştirmede de katkı sağlayan avantajlı bir bileşen olarak görülmüştür. GLS içeren YAN filmleri SRT içerenlerden daha yüksek SBG'ye sahip olmuş, ancak fark anlamlı bulunmamıştır ($p>0.05$). Z filmlerinin SBG'si zeinin kendisinin kalıtsal hidrofobisitesi nedeniyle YAN filmlerininkinden daha düşük olmuştur. Komposit filmlerinin SBG'si Z filmlerininkinden daha yüksek, fakat Z ve oleik asitle kaplanan YAN filminin su buharı transmisyon oranı daha düşük bulunmuştur. Sonuç olarak Z ve oleik asitle kaplanan YAN filminin üstün güç, esneklik ve bariyer özellikleri nedeniyle dilimlenmiş peynirlerde iç ambalaj materyali olarak kullanılabileceği düşünülmüştür (Ryu ve diğ., 2002).

2.2.6. Jelatin (J) Filmi

Endüstriyel olarak kemik ve derilerdeki KL'den elde edilen çözünür jelatin, gıda ürünlerinin elastikliğini, kıvamını ve stabilitesini geliştirmek için katkı olarak yaygın şekilde kullanılmaktadır. Jelatinin kuruma, ışık ve oksijenden korumak için dış bir film olarak da kullanılabileceği düşünülmüştür. Jelatin, tekli KL zincirlerinin üçlü heliks yapısına kısmi dönüşümüyle soğukta tersinir bir jel oluşturma özelliğine sahiptir. Gıda kaynaklı J'nin kalitesi, özellikle transparanlık, renk ve tadın varlığı ve kolay çözünme gibi karakteristikleri sınırlandıran reolojik özelliklerine (jel direnci ve viskozite gibi) bağlıdır. Tüm bu özellikler nedeniyle J biyoaktif komponentler için matriks olarak kullanılan ilk materyallerden birisidir. Jelatin biyopolimerleri düşük fiyatlı ve mükemmel fonksiyonel özelliklere sahip oldukları için ilgi odağı olmaktadır (Gomez-Guillen ve diğ., 2007).

Bazı ülkelerde sıcak kanlı hayvanların jelatininin kullanılması deli dana hastalığının geçişi ve dini inançlar nedeniyle sınırlanmıştır. Bu yüzden balık endüstrisinin atıklarını avantaja dönüştüren balık jelatini (BLJ) üretimi son yıllarda önem kazanmıştır. Oldukça yeni olan, balık derisinden J filmi üretimi ve karakterizasyonu çalışmalarında bütün BLJ'lerin mükemmel film oluşturucu özelliğe sahip oldukları görülmüştür. Sıcak su balığı olan Nil levreği derisi J filminin KSU ve sıkıştırma özellikleri açısından dana kemiği jelatiniyle aynı olduğu kaydedilmiştir. GLS ile plastikleştirilen ton balığı derisi J filmi domuz derisi J filmiyle karşılaştırıldığında daha düşük SBG göstermiştir. Daha düşük SBG, amino asit kompozisyonuyla açıklanmıştır; bilindiği gibi BLJ hidrofobisitesi yüksek olan prolin (%16) özellikle hidroksiprolin (%18) açısından fakirdir (Carvalho ve diğ., 2008).

Morina ve somon J filmleri, balıkların dondurulmuş derilerinden ekstrakte edilmiş ve memelilerden elde edilen farklı J filmleriyle karşılaştırılmıştır. Soğuk su BLJ filmlerinin SBG değerinin sıcak su balıklarının ve memelilerin J filmlerinin SBG değerine göre daha az olduğu görülmüştür. Bu etkinin soğuk su balıklarında prolin ve hidroksiprolin miktarının daha az olmasından kaynaklandığı sanılmıştır. Yine jel gücü ve jel oluşum sıcaklığının soğuk su balıklarında daha düşük olduğu belirtilmiştir. Düşük SBG'ye sahip olan bu J filmlerinin dondurulmuş gıdalardaki veya enkapsüle edilen ilaçlardaki su kaybını azaltmak için kullanılabileceği düşünülmüştür (Avena-Bustillos ve diğ., 2006).

Atlantik kalkanı (*H. hippoglossus*)'ndan yenilebilir film üretmek için iki tip J üretilmiştir. Jelatin ekstraksiyonunun ardından, nihai çözelti kizelgur ve SLZ ile kaplanmadan önce dikey tabakalı basınçlı bir filtre ile filtre edilmiş ve iyon değiştiriciyle kısmen deiyonize edilmiştir. Birinci tip J'nin konsantrasyon derecesine bağlı olarak, sprey kurutmadan önce yaklaşık 60 °C'deki evaporasyonla %30 civarına konsantre edilmiştir. Diğer tip jelatinde ise ön konsantrasyon yapılmadan direkt olarak sprey kurutma uygulanmıştır. Her iki jelatinin de nihai nemi yaklaşık %15 olarak tespit edilmiştir. J üretiminden sonra film oluşturucu solüsyonun hazırlanmasına geçilmiştir. Jelatin filmojenik solüsyonu (FJS) şu şartlar altında üretilmiştir: 2 g J/100 ml su, 30 g SRT/100 g J ve solüsyonun doğal pH'sı. Daha sonra FJS'nin uygun bir miktarı fleksiglas tablalara (11.8x11.8 cm^2) alınmıştır. FJS hava sirkülasyonlu bir fırında 30 °C'de %55-65 nispi rutubette 18-20 saat kurutulmuştur (Carvalho ve diğ., 2008).

Carvalho ve diğ., (2008) tarafından yapılan çalışmada Atlantik kalkan derisinden ekstrakte edilen jelatin uygun filmojenik kapasiteye sahip, transparan, açık renkli ve uzayabilirliği yüksek filmler oluşturmuştur. Endüstriyel üretimde jelatini kurutmak için uygulanan, termal protein denatürasyonunu teşvik eden, 60 °C'deki orta düzeyli bir evaporasyon basamağı filmlerin daha az dirençli ve daha uzayabilir olmasına neden olmuştur. Daha düşük molekül ağırlıklı jelatinin SRT molekülleri tarafından daha çok plastikleştirildiği, sonuç filmlerin daha düşük dirençli ve uzayabilirliği daha yüksek olduğu görülmüştür.

İki farklı levrek türünden (*Lutjanus vitta*) ve (*Priacanthus macracanthus*) BLJ filminden protein içeriği daha düşük olan kaynaklara göre daha ince, mekaniksel özellikleri daha iyi ve SBG'si daha düşük olan filmler hazırlanmıştır. GLS içermeyen filmler GLS ile hazırlanan filmlere göre çoğunlukla parlak ve daha esnek olmuştur. GD, GLS konsantrasyonunun %25'ten %75'e artmasıyla genelde azalmıştır. GLS konsantrasyonunun artmasıyla filmlerin geçiş sıcaklığı ve geçiş entalpisi azalmıştır (Jongjareonrak ve diğ., 2006).

Kolodziejska ve Piotrowska (2007)'nın yürüttüğü bir çalışmada TGaz ve EDK (1-etil-3-(3-dimetilaminopropil) karbodiimid) ile çapraz bağlanmış J-KT filmlerinin (4:1, w/w) sudaki çözünürlükleri, mekaniksel ve su bariyeri özellikleri üzerine GLS'nin etkisi incelenmiştir. GLS'nin TGaz ve EDK ile modifiye edilmiş BLJ-KT filmlerine %30 (substrat kütlesinin) üzerindeki konsantrasyonda ilavesi pH 3 ve pH 6'nın tamponunda 25 °C ve 100 °C'de 60 dk ısıtılması sırasındaki çözünürlüğünü değiştirmemiştir. Bileşenlerin kimyasal ve enzimatik olarak çapraz bağlanması filmlerin su bariyeri özelliklerini artırmamıştır. EDK ve TGaz ile modifiye edilmiş filmlerin su buharı geçirgenlikleri substrat kütlesinin %25'inden daha çok konsantrasyondaki GLS'den etkilenmemiştir. GC bileşenlerin TGaz ve EDK ile modifikasyonundan sonra, sırasıyla; %25 ve %40 kadar azalmıştır. %20 GLS içeren enzimatik olarak modifiye edilmiş ve %15 GLS içeren kimyasal olarak modifiye edilmiş filmlerin uzaması plastikleştirilmemiş filmlerden, sırasıyla; 8 ve 13 kez daha yüksek olmuştur, ancak plastikleştirilmiş filmlerin GC'si, sırasıyla; 2.5 ve 5 kez daha düşük olmuştur. TGaz ile BLJ-KT filmlerinin modifikasyonu asidik pH ve yüksek sıcaklık gibi drastik koşullarda bile hazırlanan filmlerin gelişmiş çözünürlüğünün azalmasına neden olmuştur. Bu özelliklerin modifiye filmlerin ambalaj olarak pratik uygulamalarını yaygınlaştıracağı düşünülmüştür. Ancak, EDK ile modifikasyondan farklı olarak bileşenlerin ticari TGaz ile çapraz bağlanması filmlerin frajilitesini artırmıştır. Bu yüzden özellikle bu tür filmler plastikleştirilmiştir.

2.2.7. Kollajen (KL) Filmi

Ticari olarak en yaygın şekilde kullanılan yenilebilir bir protein filmidir. SBG'si çok iyi olmamasına karşın mükemmel bir OG'yi engelleme özelliğine sahiptir (Sarıoğlu, 2005). Omurgalı hayvanların deri, tendon ve kemiklerinde bulunan temel yapısal proteini olan KL'nin on farklı tipi tanımlanmıştır. Bunlardan dominant olanı tip 1'dir. Biyomateryal olarak KL'nin önemi onun düşük immunojenisitesi ve yüksek biyolojik uyumluluğudur. KL farklı genel ve biyomedikal uygulamalara sahiptir ve J formunda hem birçok kozmetiğin hem de gıda ürünlerinin genel yapısındadır (Meena ve diğ., 1999).

KL yapısal düzenin birincil, ikincil, üçüncül ve dördüncül gibi farklı seviyelerine sahip olmasıyla tektir. In vivo, tip 1 KL molekülleri fibriller olarak isimlendirilen düzenli sıralarda kümelenmiştir. Fibriller kovalent bağlanmanın intramoleküler ve intermoleküler denilen iki tipiyle güçlenmiştir. Makromoleküler fibrillerdeki KL molekülleri arasındaki kovalent intermoleküler bağlanma dayanıklılık için oldukça önemlidir ve çeşitli fizikokimyasal özelliklerden sorumludur. KL'nin biyomateryal yapımı bazı avantajlar sağlamaktadır; biyolojik uyumluluğa sahiptir ve birçok yapılara karşı nontoksiktir, kanıtlanmış yapısal, fiziksel, kimyasal ve immunolojik özelliklere sahiptir, çeşitli formlara işlenebilir ve kolaylıkla izole edilerek büyük miktarda saflaştırılır (Ho ve diğ., 2001).

KL kılıflar, sosis kaplamada büyük ölçüde doğal bağırsağın yerini almıştır. KL kılıflar çok kalın tabakalar şeklinde üretilmedikleri sürece kaplama sosisle birlikte tüketilebilir, aksi takdirde tüketilmeden önce üründen uzaklaştırılmalıdır (Sarıoğlu, 2005).

KL filmler sosis kaplamada doğal kaplamalara göre daha çok kullanılmaktadır. Bu filmlerin doğal kaplamalara göre birçok avantajı vardır:

1) Ürün işleme koşullarında sağlam kalabilen, gerilme miktarı yüksek olan esnek bir yapıya sahiptirler,
2) Şeffaf ve sağlıklıdırlar,
3) Kapladıkları ürünün net ağırlığını arttırırlar (Sarıkuş, 2006).

2.2.8. Balık Proteini (BLP) Filmi

Balık etinin suda çözünen proteinlerinden üretilen yenilebilir filmlerin diğer birçok protein filmiyle karşılaştırıldığında daha az SBG değeri gösterdiği ve daha esnek olduğu ifade edilmiştir (Iwata ve diğ., 2000).

Üretilen BLP filmlerinin kalitesi ve özellikleri üzerine hangi faktörlerin etkili olduğunu belirlemek ve bu sayede daha etkin filmler üretmek için çeşitli çalışmalar yürütülmüştür. Aşağıda bazılarından bahsedilen bu çalışmalar sonucunda pH değişimi, çeşitli fiziksel ve kimyasal muameleler ve plastikleştirici özelliklerinin BLP filminin kalitesinde etkili olduğu görülmüştür.

Nihai ürünün kalitesinin öncelikle hammaddenin kalitesine bağlı olduğu bilindiğinden BLP filmi üzerinde tazeliğin etkisi incelenmiştir. Ancak bu amaçla yürütülen çalışmada balık kas proteinlerinin fonksiyonel özelliklerinin balığın taze olmasından etkilenmediği, proteinin jel oluşturma yeteneğinden etkilendiği görülmüştür. Buzdaki depolama boyunca kas proteinlerinin denatürasyonu ve degradasyonu çoğunlukla jel oluşturma yeteneğinin kaybını sağlamıştır. Jel özellikleri üzerine balık kalitesinin etkisini inceleyen bazı araştırmalar, surimi (SRM)'nin kalitesinin de nihai filmin özeliklerini etkilediğini kaydetmişlerdir. Garcia ve Sobral (2005), film oluşturucu solüsyonun ön ısıtma sıcaklığının Tilapya proteininden yapılan filmin mekaniksel özelliklerini etkilediğini belirtmişlerdir. Ancak kas proteininden üretilen filmlerin özellikleri üzerine balık kalitesinin etkisiyle ilgili bir bilgi kaydedilmemiştir (Benjakul ve diğ., 2008).

Balık kıymasından hazırlanan protein kaynaklı filmlerin mekaniksel özelliklerini balıkların kalitesi etkilememiştir. Ancak, düşük kaliteli balık kullanıldığında filmler daha sarımsı hale gelmiştir. Film özelliklerinin geliştirilmesinin film hazırlanmadan önce kıymanın yıkanmasıyla başarılabileceği belirtilmiştir. Fakat düşük kaliteli balığın yıkanmış kıymasından hazırlanan filmlerde daha düşük mekaniksel özellikler bulunmuştur (Benjakul ve diğ., 2008).

Yine, BLP filmi üretildiğinde de balık kalitesinin film özellikleri üzerinde etkili olmadığı, ancak asidik ve alkali pH tarafından filmin mekaniksel özelliklerinin çok az da olsa etkilendiği görülmüştür. BLP filminin SBG değeri üzerinde hem balık kalitesinin hem de pH'nın etkili olmadığı anlaşılmıştır. Oldukça düşük kaliteli balıklardan yarı saydam ve esnek protein filmleri üretilmiştir. Kalitesiz hammadde kullanıldığından yüksek olan mikrobiyal popülasyonu azaltmak için film oluşturucu solüsyona epsilon polilisin eklenerek bu olumsuzluk ortadan kaldırılmıştır. Bu çalışma değersiz balıkların da biyolojik olarak parçalanabilen film üretiminde kullanılabileceğini kanıtlamıştır (Hamaguchi ve diğ., 2007). pH

4 ve pH 6 arasında izoelektrik noktalar etrafında zayıf protein dağılımı nedeniyle film oluşturulamadığı için miyofibrilar protein (MFP) kaynaklı filmler pH 2-3 ve pH 7-12 aralığında oluşturulmuştur. KSU pH'dan neredeyse etkilenmezken, asidik (pH 2-3) ve alkali (pH 11-12) pH'da hazırlanan filmlerin GD'si daha yüksek olmuştur. Film oluşturucu solüsyonun SBG değeri, ışık transmisyonu, film çözünürlüğü ve enzimatik hidrolizin pH'dan etkilenmediği görülmüştür. MFP filmlerinin SBG değerinin diğer protein kaynaklı filmlerinkinden biraz daha düşük olduğu belirlenmiştir. Daha stabil protein ağları içeren, daha düşük veya daha yüksek pH'da üretilen filmler sentetik filmlere yakın üstün transparanlığa sahip olmuştur (Shiku ve diğ., 2003).

Yenilebilir filmler, SRM yıkama suyunda bulunan balıketinin suda çözünür proteinlerinden de üretilebilmektedir. Endüstriyel SRM üretim prosesinde tatsız ve kokusuz bir ürün üretmek için sarkoplazmik protein (SRP)'leri uzaklaştırmak amacıyla balık kıyması soğutulmuş suyla birkaç kez yıkanmaktadır. Yıkamanın bir sonucu olarak balık kıymasının (öncelikle suda çözünen proteinleri içeren) yaklaşık 40-50 g/100 ml'si proseste kaybedilmektedir. SRM işleme endüstrisinden elde edilen yıkama suyu besleyici ve oldukça fonksiyonel olan suda çözünen proteinleri içermektedir. SRM yıkama suyundaki BLP'nin kullanımı sadece olumsuz çevresel etkileri ve çöp atıklarının maliyetini azaltmaz, aynı zamanda özellikle suda çözünen proteinlerden yenilebilir film şekline dönüştürülerek potansiyel fayda sağlamaktadır. Dönüştürülen proteinlerin gıda katkısı olarak kullanımları için gerekli teknikler olmadığından çoğunlukla hayvan yemi ve gübre olarak kullanılmaktadır (Bourtoom ve diğ., 2006b).

Yenilebilir morina SRM filminin özellikleri üzerine film oluşturucu solüsyona ısı muamelesinin etkisi incelenmiştir. Film oluşturucu solüsyon dondurulmuş morina surimisinden pH 3'te hazırlanmış ve SRM protein moleküllerinin çözülmesi için 45 °C'de, 70 °C'de ve 100 °C'de ısıtılmıştır. Isı muamelesinin sonucunda SRM proteinlerinin çözünürlüğü, yüzey hidrofobisitesi ve reaktif SH (sülfidril) grupları artmıştır. Isı muamelesinden (45 °C'deki) sonra SRM filmlerinin mekaniksel özellikleri, film çözünürlüğü ve protein çözünürlüğü etkilenmemiş ve SRM proteinlerinin uzun miyosin zinciri endojen asit proteinaz tarafından indirgenmiştir. Aksine daha yüksek sıcaklıklarda (70 °C ve 100 °C) SRM filmlerinin film çözünürlüğü ve protein çözünürlüğü azalırken uzun miyosin zincirinin indirgenmesi baskılanmış ve mekaniksel özellikler geliştirilmiştir. Isı muamelesiyle uzun miyosin zincirlerinin indirgenmesinin önlenmesi için SRM filminin mekaniksel özelliklerinin geliştirilmesi gerektiği açığa çıkmıştır. Optimum koşullar film oluşturucu solüsyonun (pH 3) 70 °C'de 20 dk ısıtılmasıyla bulunmuştur (Weng ve diğ., 2007).

Film formülasyonu, GC, KSU, SBG, ışık transmisyonu, transparanlık, film çözünürlüğü, protein çözünürlüğü ve enzim hidrolizi üzerinde SRM kalitesinin etkisini belirlemek için morina SRM filmlerinin kalitesi azaltılmıştır. Bunun için erimiş SRM öncelikle 30 °C'de 20 dk (hafif protein denatürasyonu) ve 30 °C'de 5 saat (tam protein denatürasyonu) inkübe edilmiştir. Hafif protein denatürasyonuyla KSU azalmış ve tam protein denatürasyonu GC ve KSU'nun azalmasını artırmıştır. Diğer özellikler azalan SRM kalitesinden belirgin olarak etkilenmemiştir. İyonik bağlarla birlikte hidrojen bağları SRM filmlerinin formasyonunda önemli bir rol oynamamıştır. Film hazırlanmasında tam protein denatürasyonu kullanıldığında hidrofobik interaksiyonlar bu oluşumda daha etkili olmuştur (Shiku ve diğ., 2004).

GLS ve PEG plastikleştiricileri balık proteininden elde edilen filmlere esnek bir yapı kazandırmıştır. GLS konsantrasyonu arttığında KSU ve SBG'nin artmasıyla birlikte GC azalmıştır. PEG, GC üzerinde KSU'ya göre daha etkili olmuştur. GLS:PEG oranı 2:1 olan filmler maksimum uzama değerine sahip olmuştur. GLS oranının PEG oranına göre artması filmlerin su buharı bariyer özelliklerini azaltmıştır (Tanaka ve diğ., 2001).

MFP kaynaklı filmler, balık kıymalarından film oluşturucu bir solüsyon geliştirilerek üretilmiş ve protein filminin kalitesi üzerine plastikleştiricilerin etkisi incelenmiştir. Plastikleştirici eklenmeden üretilen filmler son derece kırılgan olduğu ve elde edilirken oldukça dikkat gerektirdiği için filmlere GLS, SRT veya SKZ değişik konsantrasyonlarda katılmıştır. Plastikleştiricilerle sudaki film çözünürlüğünün artması plastikleştiricilerin sudaki çözünürlüğünü yansıtmıştır. Protein ağlarının sudaki çözünürlüğünü plastikleştiricilerin konsantrasyonu etkilememiştir. Diğer taraftan MFP kaynaklı filmlerin plastikleştirilmesi film gücünde ve elastikliğinde büyük azalmaya, deformasyon özelliklerinde ve SBG'de artışa neden olmuştur. Kullanılan plastikleştiriciler yapısal benzerliklere sahip olduğundan aynı moleküler içeriğe konulan plastikleştiriciler arasında fonksiyonel özellikler bakımından fark gözlemlenmemiştir (Cuq ve diğ., 1997).

SRT ile plastikleştirilmiş filmler en kırılgan olmuş, SRT'nin SBG üzerindeki etkisi düşük (30.42 g.mm/m^2.dk.Pa) olmasına rağmen; en yüksek (3.14 MPa) GC'ye sahip olduğu görülmüştür. Buna karşın GLS ve PEG ile plastikleştirilmiş filmler düşük bir GC'ye (sırasıyla; 2.13 MPa ve

1.80 MPa), daha yüksek SBG'ye (125.8 g.mm/m^2.dk.Pa ve 89.52 g.mm/m^2.dk.Pa) sahip olmasına rağmen esnek yapı sergilemiştir. Plastikleştirici konsantrasyonu arttığı zaman, KSU artmış, SBG yükselmiş ve GC azalmıştır. SRT ile plastikleştirilmiş filmler GLS ve PE ile plastikleştirilmiş filmlerle karşılaştırıldığında daha yüksek film çözünürlüğü ve protein çözünürlüğü göstermiştir. Plastikleştirici konsantrasyonunun artması hem film çözünürlüğünün hem de protein çözünürlüğünün daha yüksek olmasına neden olmuştur. Filmlerin rengi plastikleştiricinin konsantrasyonundan daha çok, plastikleştiricinin doğal yapısından etkilenmiştir (Bourtoom ve diğ., 2006a).

Morina SRM filminin mekaniksel özelliklerini geliştirmek için propilen glikol aljinat (PGAL) eklenmiştir. pH 11'de hazırlanan PGAL-SRM filminin GC'si pH 7'de hazırlanan SRM filmininkinden iki kat yüksek olmuştur. KSU, PGAL ilavesiyle değişmemiştir. PGAL-SRM filmlerinin SBG'si, film ve protein çözünürlüğü ve proteaz sindirilebilirliği pH değişiminden etkilenmemiştir. Filmlerdeki GC'nin artışından SRM proteinlerindeki lisin residülerinin epsilon amino grupları arasındaki çapraz bağlanma ve pH 10'un üzerindeki PGAL'nin mannuronik asit esterlerinin sorumlu olduğu ifade edilmiştir (Weng ve diğ., 2006).

Kullanılan plastikleştiriciler BLP filminin su buharı geçirgenlik özelliklerini de etkilemektedir. Balığın içerdiği MFP'den paketleme filmleri iki yöntemle geliştirilmektedir; solvent ve termoplastik proses. Solvent prosesi protein konsantrasyonu ve pH'dan etkilenen film oluşturucu bir solüsyonun oluşturulmasına dayanmaktadır. Termoplastik proses ise MFP'nin termoplastik özelliklerine dayanmaktadır. Kuru proteinlerde 215-250 °C olan cam transisyon sıcaklığı su veya hidrofilik plastikleştiricilerin (SKZ ve SRT) eklenmesiyle düşmüştür. Termo eritme tekniğiyle üretilen filmlerin fonksiyonel özellikleri bilinen protein filmlerininkine ve GD, alçak yoğunluklu PE filmlerininkine yakındır. Bütün HKD kaynaklı filmlerde olduğu gibi MFP kaynaklı filmlerin de su buharına karşı bariyer özelliği zayıftır. Fakat SBG'si, diğer protein kaynaklı filmlere göre biraz daha düşüktür. Aslında proteinlerin doğal hidrofilisitesinin sınırlandırdığı su buharının protein kaynaklı filmlere geçişi, suyun absorpsiyonunu artıran, hidrofilik bir plastikleştirici olan GLS varlığından kaynaklanmaktadır (Cuq ve diğ., 1998).

Plastikleştirici konsantrasyonunun bir fonksiyonu olarak gelişen, filmlerin mekaniksel özellikleri, rengi ve opaklığı üzerine Tilapya balığından elde edilen FJS'nin termal muamelesinin etkisi incelendiğinde 65 °C'de 30 dk muamele edilen FJS kaynaklı filmlerin 40 °C'de 30 dk muamele edilen filmlere göre daha dirençli ve sert olduğu tespit edilmiştir. Bu durum 2 g protein/100 g FJS içeren filmlerde daha da belirgin olarak ortaya çıkmıştır. Renk ve opaklık FJS'deki protein konsantrasyonundan oldukça etkilenmiştir. 2 g protein/100 g FJS içeren filmler 1 g protein/100 g FJS içeren filmlere göre daha koyu ve opak olmuştur (Garcia ve Sobral, 2005).

Tilapya kasından SRP ve MFP ile üretilen filmlerin bazı fiziksel özellikleri (renk, opaklık, mekaniksel özellikler ve viskoelastik özellikler) 90 °C'de 30 dk muamele edilen film oluşturucu solüsyondaki protein ve plastikleştiricilerin fonksiyonu olarak incelenmiştir. FJS şu şekilde üretilmiştir: 1-2 g protein/100 g FJS, 15-65 g gliserin/100 g protein, pH 2.7 (asetik asit) ve FJS'nin 90 °C'de 30 dk termal muamelesi. Filmlerin bütün özellikleri plastikleştiricilerin konsantrasyonundan etkilenmiştir. Protein konsantrasyonunun etkisinin en fazla mekaniksel özellikler üzerinde olduğu görülmüştür. 2 g SRP-MFP/100 g FJS ile hazırlanan filmler diğerlerinden daha dirençli olmuştur. SRP-MFP filmleri sadece MFP ile üretilen filmlerden daha koyu ve opak olduğu belirlenmiştir (Sobral ve diğ., 2005).

Decaptures maruadsi türü istavrit kasındaki MFP'nin SRP'ye olan oranının filmin özellikleri üzerindeki etkisi incelenmiştir. GD, artan SRP içeriği ile azalmıştır. MFP/SRP oranı 10:0 (w/w) olan filmler en yüksek GC'ye sahip olmuştur. %30'dan daha fazla SRP içeriğinden hazırlanan filmlerin KSU'su azalmıştır. SRP içeriği %20'nin üzerinde olursa filmlerin SBG değerinin arttığı, ancak %30'un üzerinde olursa azaldığı görülmüştür. Artan SRP içeriğiyle filmlerin çözünürlüğü azalırken proteinlerin çözünürlüğü ve filmin a* ve ΔE* değeri artmıştır (Arthan ve diğ., 2008).

2.2.9. Pamuk Tohumu Proteini (PTP) Filmi

Diğer protein izolatlarının aksine; PTP esaslı çözeltilerden film oluşturmak için gerekli şartların belirlenmesi oldukça zordur. Çünkü ham materyal protein, lipid, kül, SLZ ve karbonhidrat gibi maddelerden oluştuğundan oldukça komplekstir. Bu proteinden üretilen filmin yapışkanlığı polimer yapısına, film oluşturma işlemlerine, sıcaklığa, basınca, solvent tipine, katı madde solvent oranına, film uygulama teknolojisine, plastikleştiricilerin varlığına hacim oluşturma ve çapraz bağlanma ajanlarına bağlıdır (Temiz ve Yeşilsu, 2006).

PTP'den elde edilen filmler protein içeriklerinden dolayı yüksek hidrofilik özelliğe sahiptirler. Protein esaslı filmlerin mekanik özellikleri hem sıcaklık hem de nispi rutubet tarafından etkilenmektedir. Su protein ağlarında moleküler hareketliliği artırarak ve filmin mekanik özelliklerini değiştiren sıcaklığı azaltarak PTP filmlerinde bir plastikleştirici olarak görev yapmaktadır (Marquie ve Guilbert, 2002).

PTP'nin termoplastik makromoleküllere benzediği ve bu yüzden düşük nem teknolojisiyle üretilmeye uygun olduğu görülmüştür. Mekaniksel ve termal analizlere göre PTP'nin özellikleri üzerinde GLS iki önemli etkiye sahiptir. Birinci etkisi plastikleştirici olarak kullanılması, ikincisi ise GLS'nin fazla bir miktarıyla karıştırıldığında termal denatürasyona karşı daha stabil hale gelmesidir (Grevellec ve diğ., 2001).

PTP filmleri iyi mekanik dayanım ve suda çözünmemeye ihtiyaç duyulan gıda olmayan paketlemenin belirli uygulamaları için kullanılabileceği gibi, ürünleri korumak, tohumları kaplamak ve su kaybını önleyici paketler olarak da görev yapabilirler. Bu uygulamalarda film rengi, gözenekliliği ve biyolojik olarak parçalanabilirliliği önemlidir. Su kaybını önleyici filmler başlangıç görevlerini yerine getirdikten sonra doğal gübre olarak da kullanılabilirler (Marquie ve Guilbert, 2002).

PTP'ler çoğunlukla suda çözünen globulin ve albuminlerle karıştırılır. Pamuk filminin mekaniksel özelliklerini geliştirmek ve çözünürlüğünü artırmak için amino asit zincirleriyle tepkimeye giren bifonksiyonel belirteçlerle kimyasal olarak muamele edilmesi düşünülmüştür. PTP'nin gossipol, formaldehit ve glutaraldehit ile kimyasal modifikasyonu delinme gücünü artırmak ve çözünürlüğü azaltmak için kullanılmaktadır (Marquie ve diğ., 1995).

2.2.10. Bezelye Protein Konsantresi ve İzolatı (BZPK-BZPI) Filmi

Bezelye farklı fonksiyonel özellikleri ve yüksek besinsel değerinden dolayı kullanılan, baklagil familyasına ait protein kaynaklarından biridir.

Kurutulmuş bezelyeler genel olarak karbonhidrat (%35), protein (%27) ve çok az miktarda da lipid içermektedir. BZPK ve BZPI iyi bir besinsel kaliteye sahiptir ve diyetlerin proteince zenginleştirilmesinde sıklıkla kullanılmaktadır (Temiz ve Yeşilsu, 2006).

Yapılan çalışmalarda GLS gibi plastikleştirici konsantrasyonunun artması, filmin kopması için gerekli uzunluğu (belirli bir uzunluktaki materyalin koptuğu andaki uzama oranı-% olarak) artırırken, GC'yi ve elastik modülesini azaltmıştır. Diğer yenilebilir protein filmlerinde olduğu gibi 95 °C'de 25 dakika ısı denatürasyonu BZPK filmlerinin kuvvetini artırmıştır. BZPK'nın kuru filmine %40'a kadar plastikleştiricilerin ilave edilmesi su buharı geçirgenliklerini etkilememiş, sadece %50/%50 oranında film ve plastikleştiricinin kullanılması, SBG'yi önemli derecede yükseltmiştir (Choi ve Han, 2001).

BZPI'nın alkali dispersiyonundan protein filmi hazırlamak için plastikleştirici olarak polioller kullanılmıştır. Plastikleştiricinin zincir uzunluğunun artması biraz daha yüksek hidrofobisiteye, fakat zayıf mekaniksel özelliklere neden olmuştur. Film oluşturucu solüsyona monogliseridlerin eklenmesi filmlerin önemli derecede geliştirilmesini sağlamıştır. Protein çözücü ajan olarak sodyum hidroksit yerine amonyum hidroksitin kullanılması GD'yi ve yüzey hidrofobisitesini artırmıştır (Viroben ve diğ., 2000).

2.2.11. Yerfıstığı Proteini (YFP) Filmi

YFP filmlerinin özelliklerinin fiziksel ve kimyasal muamelelerle değiştiği tespit edilmiştir. Filmin renginin, mekaniksel direncinin, suda çözünürlüğünün, SBG ve OG değerinin bu değişimden etkilendiği görülmüştür. Filmin özelliklerindeki değişimleri tespit etmek için uygulanan fiziksel muamele film oluşturucu solüsyonun 60 °C, 70 °C, 80 °C ve 90 °C'de 30 dk ısıyla denatürasyonu, filmlerin 24 saat UV ışınlanması ve film oluşturucu solüsyonun üç ultrasoundlu işleminden oluşmaktadır. Kimyasal muamele ise aldehit ve anhidlerin eklenmesidir. 70 °C'de ısı muamelesi, 24 saatlik UV ışınlama, su banyosunda 10 dk ultrasound ve formaldehit ve glutaraldehit ilavesi filmlerin GC değerini önemli derecede artırmıştır. SBG ve OG ısıyla denatürasyondan ve aldehit muamelesinden sonra azalmıştır. OG, UV muamelesiyle de azalmıştır. Isı muamelesinin en etkili uygulama olduğu, uygulanan ısı sayesinde filmlerin daha güçlü, suya karşı daha dirençli, SBG ve OG değerinin ise en az olduğu tespit edilmiştir (Liu ve diğ., 2004).

2.2.12. Ayçiçeği Proteini (AYP) Filmi

Yağ endüstrisinden açığa çıkan genellikle hayvan yemi olarak kullanılan ayçiçeği yağ keki ucuz bir protein kaynağıdır ve %30'u proteindir. Bu proteinlerden alkali ekstraksiyonuyla birçok albumin ve globulinden oluşan protein izolatı üretilebileceği görülmüştür. Üretilen izolat %85 oranında protein içermektedir (Orliac ve Silvestre, 2003). Elde edilen izolatın film oluşturma potansiyeli incelendiğinde protein çözünürlüğü, bazların ve plastikleştiricilerin seçiminin AYP filminin mekanik özelliklerini etkilediği ifade edilmiştir. Film özelliklerini belirleyen protein-protein interaksiyonları plastikleştiricinin varlığıyla şekillenmektedir. Film oluşturucu solüsyona plastikleştiricilerin eklenmesi zorunludur. Plastikleştirici eklenmediği takdirde protein ağları işlenmek için çok gevrek olmaktadır. Proteini çözmek için kullanılan baz, filmlerin özellikleri üzerinde oldukça etkilidir. Nonkovalent bağlarla birleşen iyonik bazlar GD ve elastikliği artırmaktadır (Ayhllon-Meixueiro ve diğ., 2008). Plastikleştiricilerden GLS kırılmaya karşı en büyük direnci gösterirken, trietilen glikol en yüksek gerginliği göstermektedir (Orliac ve Silvestre, 2003).

2.2.13. Diğer Protein Filmleri

Yukarıda bahsedilen temel protein filmlerinin yanında farklı besinsel protein kaynaklarından da filmler üretilmiştir. Henüz üzerinde daha az çalışılmış bu protein filmleri pirinç kepeği proteini, mercimek proteini, turşu fermentasyon suyu proteini, domates proteini, elma proteini gibi farklı protein kaynaklarından oluşturulmuştur.

Karvakrol içeren domates yenilebilir filmleri zehirli patojen *Eschericha coli* O157:H7'yi inaktive etmekte ve inaktivasyon filmlerdeki kavrakrol oranıyla ilgili olmaktadır. Antimikrobiyal denemelere göre optimum antimikrobiyal etki film hazırlanmadan önce kavrakrolün domates püresine %0.75 oranında eklenmesiyle elde edilmektedir (Du ve diğ., 2007).

Orta derecede besleyici değeri olan mercimek proteini (MRCP) aynı zamanda yenilebilir film oluşumu için de iyi bir kaynaktır. MRCP filmi güçlü, elastik ve iyi nem bariyer özelliğine sahiptir. GD, diğer yenilebilir filmlerle karşılaştırıldığında selofandan daha iyidir. MRCP filminin iyi delinme gücüne sahip olması onu uygun bir yapıştırıcı yapmaktadır. SBG, mısır ve buğday protein filmlerinden daha yüksektir. MRCP konsantresi filmi diğer protein filmleriyle karşılaştırıldığında daha kırmızı ve sarı renkte olduğu görülmüştür. Filmin mekaniksel özelliklerinin, çözünürlüğünün ve SBG değerinin iyi olduğu belirtilmiştir (Bamdad ve diğ., 2006).

Pirinç kepeği (PRCK), pirinç öğütme prosesinden büyük miktarlarda üretilen, besleyici değeri iyi ve protein etkinlik oranı yüksek olan, değeri düşük, kullanılmayan bir yan üründür. PRCK filmlerinin delinme gücü pH

8'de artmış ve daha sonra azalmıştır. Daha yüksek GLS konsantrasyonları filmleri zayıflatmıştır. pH'nın PRCK filmlerinin sudaki çözünürlüğünü etkilediği ve en az çözünürlüğün pH 3'te olduğu görülmüştür (Adebiyi, 2006).

Turşu fermentasyon suyundaki proteinlerden üretilen filmlerin özellikleri üzerine ısı muamelesi ve pH'nın etkisi incelendiğinde pH 7'de GD'nin pH 9 ve pH 11'deki filmlerden daha yüksek olduğu görülmüştür. 70 °C'de ısıtılan turşu fermentasyon suyu proteininden üretilen filmlerde en yüksek delinme gücü pH 7'de gözlemlenmiştir. Alkali pH ve sıcaklık filmin GC ve delinme gücünün her ikisinin de azalmasına neden olmuştur. Filmlerin SBG'si pH'nın ve sıcaklığın artmasıyla azalmıştır. Sudaki filmlerin protein çözünürlüğü pH ve sıcaklığın artmasıyla artmıştır (Yıldırım ve Hettiarachchy, 1998).

Elma püresinden oluşturulan filmlere antimikrobiyal özellik kazandırmak için kekik-güveyotu, tarçın ve limon yaprağı yağı eklenmiş ve *Eschericha coli* O157:H7'ye karşı kekik yağının en etkili olduğu, tarçın yağının ise en az etkili olduğu görülmüştür. Film oluşturucu solüsyona esansiyel yağların eklenmesi SBG'yi azaltmış, OG'yi artırmış, fakat filmlerin GD'yi önemli derecede değiştirmemiştir (Rojas-Grau ve diğ., 2006).

Elma püresinden oluşturulan filmlere yine antimikrobiyal etkisinden dolayı kavrakrol katılmış ve optimum antimikrobiyal etkinin yaklaşık %1 oranındaki kavrakrol seviyesinde olduğu tespit edilmiştir. Film hazırlanmadan önce elma pürelerine kavrakrol ilavesi SBG'yi ve OG'yi azaltmıştır (Du ve diğ., 2008).

2.3. YENİLEBİLİR KAPLAMALARIN UYGULANMASI

Yenilebilir kaplamaların uygulanmasında daldırma, püskürtme, dökme ve boyama olmak üzere dört farklı teknik kullanılmaktadır.

2.3.1. Daldırma Yöntemi

Daldırma yönteminde ürün, sıvı kaplama materyallerine daldırılmakta ve sonra kuruması için materyalin fazlası üründen uzaklaştırılmaktadır. Ürün daldırma işleminden sonra bir kurutucuya taşınmakta veya kaplama maddesinin oda koşullarında kuruması sağlanmaktadır (Akbaba, 2006). Gıda maddesinin film çözeltisine daldırılması, fazla kaplama materyalinin gıda yüzeyinden akıtılması sonrasında kaplamanın kurutulması ve katılaştırılması uygulamasıdır. Bu yöntem düzgün olmayan yüzeylerin homojen bir şekilde kaplanması, kaplama materyalinin fazlasının uzaklaştırılması ve kurutulma olanağı gibi avantajlara sahiptir. Büyük hacimli gıdaların kaplanmasına uygun değildir. Et, balık ve tavuk etlerine asetil gliseritlerin, meyve ve sebzelere mumların uygulanmasında önerilmektedir (Polat, 2007).

2.3.2. Püskürtme Yöntemi

Bu yöntem, sadece bir yüzeyinin kaplanması istenen gıdalar için elverişli olup kaplanmış gıda yüzeyinde ikinci bir film tabakası oluşturmak için de kullanılabilmektedir. Örneğin, sosla kaplanacak olan pizza tabanları gibi, sadece bir yüzeyinde koruma sağlanacak maddeler için uygun bir yöntemdir (Polat, 2007).

Püskürtme yöntemi, ürünün belli bir yeri kaplanacaksa veya tekdüze ve ince bir tabaka elde edilecekse uygulanmaktadır. Özellikle meyve ve sebze kaplamada çok sık kullanılan bir yöntemdir. Bu yöntem birkaç değişik şekilde yapılmaktadır. Alttan püskürtme yönteminde (A) bir tank içerisinde bulunan parçacıklar, hava dağıtıcısıyla verilen hava yardımıyla tankta asılı durumda tutulmaktadır. Bu sırada bir enjektör yardımıyla akışkan formundaki kaplama çözeltisi tankın alt kısmından püskürtülerek havada asılı bulunan parçacıkları kaplamaktadır. Kaplanan bu parçacıklar tank kenarlarından aşağıya düşmektedir. Aşağıya düşen kaplanmış parçacıklar değişik düzenekler yardımıyla uzaklaştırılmaktadır. Sprey yönteminde (B) kaplama çözeltisi parçacıklara üstten enjekte edilmektedir. Fazla miktarda kaplama materyali kullanılması, yöntemin en önemli dezavantajıdır. Bu nedenle yardımcı süreçlerle ürün üzerindeki kaplamanın tekdüze bir şekilde dağıtılması sağlanmaktadır. Teğet yöntemindeyse (C) diğer yöntemlerden farklı olarak kaplama çözeltisi yandan püskürtülerek parçacıkların kaplanması sağlanmaktadır. Çok fazla tercih edilmeyen bir yöntemdir; kaplama verimi düşüktür. Bu yüzden iyi kaplanmayan parçacıklar tekrar tank içine gönderilmekte; böylece kaplama işlemi birkaç kez tekrarlanarak kaplama yapılmaktadır (Akbaba, 2006).

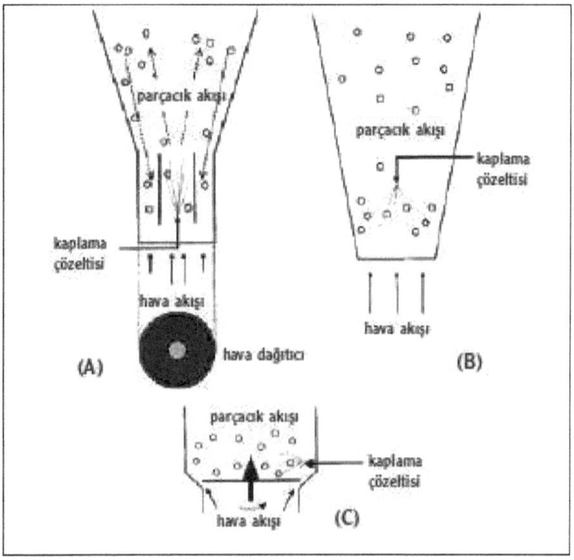

Şekil 2.2: Yenilebilir filmlere uygulanan farklı püskürtme yöntemleri

2.3.3. Dökme Yöntemi

Düzgün bir yüzey üzerine, film oluşturacak çözeltinin istenilen kalınlıkta dökülmesi, yayılması ve kurutulması ile film oluşturma yöntemidir. Bu metot püskürtme ve daldırma metotlarına yardımcı olarak kullanılmaktadır. Direkt olarak uygulanışı endüstride görülmemektedir. Çünkü ürünlerin yüzeyi fazla miktarda kaplama maddesi ile kaplanırsa ürünün gaz geçirgenliği çok az olmaktadır. Gaz geçirgenliğinin az olmasının meyve gibi ürünlerde bozulmalara neden olduğu belirtilmektedir (Akbaba, 2006; Polat, 2007).

2.3.4. Boyama Yöntemi

Homojen ve ince bir tabaka elde edilecekse veya bir ürünün belli bir yeri kaplanacaksa boyama metodu da yapılabilmektedir. Boyama metodunda, akışkan formundaki kaplama solüsyonu fırça yardımıyla boyama yapılarak ürünün üzerine kaplama işlemi gerçekleştirilmektedir (Polat, 2007).

2.4. ET ÜRÜNLERİ VE SU ÜRÜNLERİNDE YENİLEBİLİR FİLM VE KAPLAMA UYGULAMALARI

Kırmızı et, tavuk eti ve su ürünleri endüstrisinde yenilebilir film özellikli kaplamaların kullanılması birçok potansiyel fayda sağlamaktadır. Şimdiye kadar yürütülen çalışmalarda gözlemlenen bu faydalar şunlardır:

- Taze veya donmuş etlerin depolanması sırasındaki nem kaybı ürünlerde tekstür, flavor ve renk değişikliklerine neden olmaktadır ve ürün ağırlık kaybı da artmaktadır. İyi nem bariyeri özellikleri ile yenilebilir kaplamalar nem kaybının önlenmesine yardım etmektedirler. Örneğin; et vakum ambalajdan çıkarıldığı zaman nem evaporasyonu nedeniyle %3-5 oranında bir ağırlık azalması meydan gelmektedir. Oysa vakum ambalajlamadan önce kaplama uygulanması nem kaybını önlemekte ve satılabilir ürün miktarını artırarak önemli bir ekonomik etki yaratmaktadır.
- Taze kırmızı et, tavuk eti veya balık dilimleri plastik tepsilerde ambalajlandığında ürün suyunun sızması paketi tüketicilere karşı itici hale getirmektedir. Yenilebilir kaplamalar suyun içerisinde tutulabilmekte, sızıntıları önlemekte, ürünün sunumunu geliştirmekte ve bu sayede tepsinin dibine absorbent pedlerin yerleştirilmesine gerek kalmamaktadır.
- Kırmızı etteki LOKS'nin neden olduğu ransidite oranı ve miyoglobin oksidasyonunun neden olduğu esmerleşme düşük oksijen geçirgenlikli yenilebilir kaplamaların kullanılmasıyla azaltılabilmektedir.
- Uygulamadan önce ısıtılan yenilebilir kaplama solüsyonları bozulma yapıcı ve patojen mikroorganizma yükünü azaltabilmekte ve

kaplanan kırmızı et, tavuk eti ve balık dilimlerinin yüzeyindeki zararlı proteolitik enzimleri kısmen inaktive etmektedir.

- Kırmızı et, tavuk eti ve su ürünlerinden uçucu flavor kaybı ve yabancı kokuların gelişmesi yenilebilir kaplamalarla sınırlandırılabilmektedir.
- Aktif ambalajlamanın bir uygulaması olan, antimikrobiyalleri veya antioksidantları taşıyan yenilebilir kaplamalar et yüzeyine direkt olarak uygulanabilmektedir. Böylece ette ransidite oluşumu ile renk kaybı gecikmekte ve mikrobiyal yük azalmaktadır.
- Balık, tavuk eti ve kırmızı et parçalarının yüzeyine kaplama, paneleme ve kızartmadan önce uygulanan kaplamalar kızartma sırasındaki yağ alımını azaltarak ürünlerin besleyici değerini geliştirebilmektedir (Gennadios ve diğ., 1997).

Tüm bu bahsedilen nedenlerle yenilebilir kaplamalar kırmızı etler, tavuk etleri ve su ürünlerinin kalitesini büyük ölçüde geliştirmektedir. Ayrıca kırmızı et, tavuk eti ve su ürünleri endüstrisi, yan veya atık ürünlerden kendi biyopolimerlerini kullanarak yenilebilir film ve kaplamaların geliştirilmesi gibi bir faydaya da sahiptir. Bu biyopolimerler; J, kan proteini, keratin, balık MFP'si ve kabuklu su ürünlerinden üretilen PLS bazlı kitosandır (Gennadios ve diğ., 1997).

Etlere lipid kaplama uygulanmasının büzülmeyi önlediği, ilk kez 17. yüzyılda hayvansal yağlar et parçalarının kaplanması için kullanıldığında belgelenmiştir. Hayvansal yağlar dondurulmuş tavuk ürünlerini de içeren birçok gıdanın kaplanmasında bugün hala kullanılmaktadır. Esnekliği artırmak ve kaplama performansını geliştirmek için bu film kaplamalara vaks ve bitkisel yağlar da eklenmektedir. Donmuş etlerin vakslarla kaplanması kırmızı rengin solmasının neden olduğu taze etteki kalite kaybını elimine etmekte ve ambalajlama iş gücünü azaltmaktadır. Kaplanan gıdanın yapışkanlaşmasını önlemek için filmlere bazen lipid bazlı serbest ajanlar veya yağlayıcı maddeler katılmaktadır. Yenilebilir kaplamalar olarak kullanılan yağlar mükemmel bir oksijen ve nem bariyeri olarak hareket ederek uzun depolama periyodunda kaplanan ürünün kalitesini korumaktadır. Bu yağlar karideslerin, köftelerin ve sosislerin kaplanmasında kullanılmaktadır. Lipid materyaller, yenilebilir filmlerde hidrofobisiteyi, yapışkanlığı ve fleksibiliteyi geliştirmek için kullanılmaktadırlar. Lipid filmler iyi nem bariyeridir, çünkü yağların sıkı sarılmış kristalin yapıları su buharı moleküllerinin geçişini sınırlandırmaktadır. Ayrıca, lipid kaplamalar daha yüksek depolama sıcaklıklarında yapısal sağlamlığının olmaması ve hidrofilik yüzeylere iyi şekilde bağlanmaması nedeniyle anaerobik şartları da oluşturmaktadır. Ancak bazı lipid filmler oksijen, karbondioksit ve etilen gibi gazlara karşı çok az geçirgenlik göstermektedir (Gennadios, 2002).

AMG (ticari adı Mycavet 5-07 olan)'ye batırılarak (60 °C) kaplanan Pasifik somonu filetolarının -10 °C'deki depolama periyodunda kaplanmayan kontrol örneklerine göre daha az nem kaybettiği ve daha düşük PRO değerine sahip olduğu tespit edilmiştir. Dondurarak muhafazada (-10 °C'de 10 hafta) depolamadan sonra kaplanmayan örneklerde %84.3 olan nem içeriği, kaplanan örneklerde %97 civarında ölçülmüştür. Aynı çalışmada, AMG'nin sıvı emülsiyonu (90 g/kg), Ca-kazeinat (10 g/kg) ve hidroksipropil metilselüloz-HPMS (5 g/kg) da dondurulmuş somon filetoları üzerinde koruyucu kaplama olarak değerlendirilmiştir. Kaplanan örnekler kaplanmayan örneklerden biraz daha fazla nem içeriğine, fakat aynı PRO değerlerine sahip olmuşlardır. Kazeinat içeren kaplamaların daha esnek olduğu, fakat sadece AMG içeren kaplamalara göre OG ve SBG değerinin daha fazla olduğu bildirilmiştir (Gennadios ve diğ., 1997).

Stuchell ve Krochta (1995) AMG (ticari adı Mycavet 9-08 ve Mycavet 9.45 olan) ve AMG/PASPI kaplamaların -23 °C'de depolanan dondurulmuş Pasifik somon balığı parçalarındaki nem kaybını ve LOKS üzerindeki etkisini incelemişlerdir. Düşük erime noktasına sahip Mycavet 9-08 ve Mycavet 9-45 AMG kaplamaların, Mycavet 5-07 kaplamalara göre daha transparan, daha esnek ve düşük sıcaklıklardaki çatlamalara karşı daha hassas olduğu görülmüştür. Bu AMG kaplamaların balık yüzeyinde tek başına veya PASPI solüsyonu veya PASP tozu uygulamasından sonra kullanılması ilk üç haftalık depolama sırasındaki nem kaybını %42-65 oranında azaltmıştır. Depolama başlangıcında LOKS geciktirilmiş ve düşük PRO değerleri bulunmuştur.

PLS filmler iyi gaz bariyer özellikleri göstermektedir. Bu filmlerin modifiye edilmiş atmosferde istenilen gaz geçirgenlik özellikleri anaerobik şartlar yaratmadan ürünün raf ömrünü artırmaktadır. Ancak zayıf hidrofilik özellikleri nedeniyle zayıf su buharı bariyeri olan PLS filmler Japonya'da jambon ve tavuk etlerini içeren işlenmiş etlerin paketlenmesinde kullanılmaktadır. Filmler etin etrafına sarıldıktan sonra dumanlanmakta veya buharda pişirilmektedir. Duman sadece filme nüfuz etmez aynı zamanda film buharda pişirme sırasında da çözülmektedir. Etlerin kaplanması ürünü, yapıyı ve tekstürü geliştirmekte ve nem kaybını azaltmaktadır (Gennadios, 2002).

Su ürünleri ve et ürünlerinin kaplanmasında yenilebilir film olarak sıklıkla kullanılan maddelerden birisi de AL'dir. Kahverengi deniz yosunlarından alkali ile muamele edilerek izole edilen AL, gıda endüstrisinde ve endüstriyel uygulamalarda çok amaçlı olarak kullanılan hidrokolloidlerden biridir. Ticari kullanım için üretilen AL başlıca *Macrocystis pyrifera*, *Laminaria hyberborea*, *Laminaria digitata* ve *Ascorphyllum nodosum* türlerinden ekstrakte edilmektedir. Amerika Birleşik Devletleri, İngiltere, Fransa, İspanya, Norveç, Kanada ve Japonya dünya genelinde başlıca AL üretimi yapan önemli ülkelerdir. Aljinik asit ve türevleri polisakkarittir. Molekül ağırlığı 20.000–240.000 olan aljinik asit, suda sınırlı (çok az) çözünmesine rağmen, suyu iyi absorbe eden bir maddedir. Sodyum, potasyum ve amonyum tuzları suda iyi, kalsiyum tuzu ise az çözünür. Dondurma, şerbet ve peynirlerde stabilizör, sütlü puding ve jel halindeki sulu tatlılarda jelleştirici, meyveli içecek ve diğer meşrubatlarda süspansiyon oluşturucu ve koyulaştırıcı, birada köpük stabilizatörü, mayonezde emülgatör olarak kullanılmaktadır (Gombotz ve Wee, 1998).

Dondurulmuş su ürünleri için, depolama sırasındaki bozulmayı minimize eden yenilebilir bir kaplama geliştirilmiştir. Proses; genelde su ürünlerindeki enzimlerin ve bakterilerin inaktivasyonu için, kalsiyum veya alüminyum içeren bir jelleşme ajanı kullanılarak jelleştirilen yenilebilir nişasta-AL solüsyonunun bir kaplamasının oluşturulmasını içermiştir. Uzun depolama periyodu sırasında su ürünlerinin daha iyi korunması için, kaplamaya yenilebilir bir yağ da eklenmiştir. Daha sonra su ürünleri dondurulmuştur. Kontrol karides kuru, sert ve genelde zayıf tekstürlü bulunurken bu muameleyle kaplanan karidesin üç aylık donmuş depolamadan sonra orjinal flavorunu, tekstürünü ve rengini koruduğu bildirilmiştir (Erickson ve Hung, 1997).

Ca-Aljinat bazlı filmlerin doğal mikroflora ve koliform bakterilere karşı kalsiyum klorid varlığına atfedilen antimikrobiyal aktiviteye sahip olduğu ifade edilmiştir. Kuzu karkaslarına uygulandığı zaman AL kaplamalar plastik filmlere göre daha az mikrobiyal gelişme ve daha hızlı soğuma oranı göstermiştir. Bazı araştırmacılar karideslerin, balıkların ve sosislerin raf ömürlerini AL kaplamalarla uzatmışlardır. AL, kaplama ve ürün arasındaki adhezyonu geliştirmiş ve bunun sonucunda kaplamanın et ve balığın yüzeyinden kaybını azaltmıştır. Na-Aljinat'la kaplama, tuzlanan ve kurutulan uskumruların raf ömrünü uzatmak için başarılı bir şekilde kullanılmıştır (Gennadios, 2002).

Norveç'te 1950'lerde uskumru ve ringa balığı gibi kartonlarda blok olarak dondurulmuş yağlı balıkları oksidatif ransiditeden korumak için kalsiyum katyonlar tarafından AL jeliyle kaplanması şeklinde ticari bir proses geliştirilmiştir. Balıklar arasındaki boşluklar AL jeliyle doldurulmuş ve her bir balığın etrafında hava geçirmez filmler oluşturulmuştur. LOKS'yi önlemeye ilave olarak kartonlardaki hava boşluğunun eliminasyonu dondurma zamanını %20-25 oranında azaltmıştır. Ayrıca, kırmızı et, tavuk eti ve su ürünleri AL bazlı kaplamalarla iki aşamalı bir prosesle muamele edilmiştir. Sıvı Na-Aljinat solüsyonlarının ürünler üzerine daldırarak veya spreylemeyle uygulanmasının ardından jelatinizasyonu indüklemek için kalsiyum tuz solüsyonu uygulanmıştır. AL jel kaplama formasyonu için birkaç kalsiyum tuzu kullanılabilmektedir. Ancak, yürütülen bir çalışmada kalsiyum klorid ile kalsiyum glukonat, nitrat ve propiyonattan daha güçlü kaplamalar elde edilmiştir (Gennadios ve diğ., 1997).

İnokulasyon uygulanan pişirilmiş jambonların depolanması sırasındaki *Listeria monocytogenes* gelişimini kontrol etmek için yüksek hidrostatik basınç (YHB) prosesi ve aktif paketleme teknolojisi kombinasyonunun etkinliği değerlendirilmiştir. Pişirilmiş jambonlar; kontrol, AL filmiyle ambalajlananlar ve enterosinleri içeren antimikrobiyal AL filmleriyle ambalajlananlar olmak üzere üç parti halinde hazırlanmıştır. Ambalajlamadan sonra örneklerin yarısına YHB uygulanmıştır. 6 °C'de depolanan dilimlenmiş pişirilmiş jambonlarda *Listeria monocytogenes* hızlı bir gelişim göstermiştir. Hem antimikrobiyal ambalajlama hem YHB patojenlerin gelişimini geciktirmiştir. Ayrıca, 6 °C'deki antimikrobiyal ambalajlama ve YHB kombinasyonunun depolamanın 60 günü boyunca iyileşmenin yanısıra inokülasyon seviyesinde azalma sağlamak için de gerekli olduğu anlaşılmıştır. YHB uygulanmış, antimikrobiyal ambalajlanmış pişirilmiş jambonların 6 °C'de daha uzun süre depolanması *Listeria monocytogenes* seviyesinin deteksiyon limitinin (90 gün) altına düşmesine neden olmuştur. Diğer taraftan antimikrobiyal ambalajlama ve 1 °C'de depolama 60 günlük bir bakteriyostatik etki gösterirken, 1 °C'de depolama patojenlerin gelişimini YHB uygulanmamış jambonlarda 39 güne kadar kontrol altında tutmuştur. 1 °C'de depolanan bütün YHB partileri 60 günde mikroorganizma sayısının <100 kob/g olmasına izin vermiştir. Her iki teknolojinin kombinasyonunda benzer sonuçlar gözlemlenmiştir. Antimikrobiyal filmlerle ambalajlanmış, YHB uygulanmış jambonlarda her iki teknolojinin kombinasyonunun etkinliği görülerek, soğuk zincir kırıldıktan sonra *Listeria monocytogenes* gelişmesi gözlemlenmemiştir (Marcos ve diğ., 2008).

Dondurarak (-18 °C) depolama sırasında, Flavor-Tex AL kaplamalarla muamele edilen ve PE torbalara konulmuş bir tür levrek ve somon, PE torbalardaki kaplanmayan kontrollerden biraz daha yüksek nem içeriğine ve daha az LOKS'ye (Tiyobarbutirik asit-TBA deneyine bağlı olarak) sahip olmuştur (Gennadios ve diğ., 1997).

1960'ların sonlarında Ediflex olarak bilinen YAN filmleri ekstrüde edilmiş ve dondurulmuş et, tavuk ürünleri ve balıkların kaplanmasında kullanılmıştır. Bu esnek, oksijen geçirmeyen, yağa dirençli, ısıyla yapıştırılabilen ve suda çözünen filmlerin et ürünlerini dondurulmuş depolama sırasında koruduğur ve ayrıca etin çözündürülmesi ve pişirilmesi sırasında da çözündüğü ifade edilmektedir (Gennadios, 2002).

Su ürünlerini dondurarak depolama sırasındaki oksidasyondan ve dehidrasyondan korumak için bir metot geliştirilmiştir. Öncelikle su ürünlerindeki mikroorganizmalar ve enzimler suda ısıtılarak (70 °C'de 30 dk) inaktive edilmiştir, klor içeren sıvı bir solüsyonda veya asetik asitin zayıf bir solüsyonunda ıslatılmıştır. Daha sonra ürünler Na-Aljinat, yerli nişasta, okside nişasta veya dekstrinlerin sıvı bir dispersiyonuna daldırılmıştır. Daha iyi sonuçlar için karışıma bir sebze yağı da ilave edilmiştir. Kaplamanın jelleşmesi 0.2 mol/L $CaCl_2$ solüsyonuna daldırılarak (1-2 dk) gerçekleştirilmiştir. Karides, uskumru ve somonun bu şekilde muamele edilmesinin üç aylık depolamadan sonra orjinal flavor, tekstür ve rengin korunmasını sağladığı iddia edilmiştir (Gennadios ve diğ., 1997).

Dumanlanmış balık endüstrisinin en önemli problemi; ürünlerin *Listeria monocytogenes* ve *Salmonella* türleri ile kontamine olmasıdır. Soğuk dumanlamayla üretilen örneklerde bu mikroorganizmaların sayısı daha fazladır. Çünkü sıcak dumanlamadaki yüksek sıcaklığın etkisiyle bu mikroorganizmalar inhibe olmaktadır. *Listeria monocytogenes* vakum koşullarında da gelişmeye devam ettiğinden, genelde vakum ambalajlama uygulanan soğuk dumanlanmış balıklar buzdolabı sıcaklığında 3-4 haftalık bir raf ömrüne sahiptir. Bu olumsuzluğu ortadan kaldırılmak amacıyla soğuk dumanlanan balıkların AL ile kaplanması, hatta AL'nin etkinliğini daha da artırmak için LZM ve/veya N ilave edilmiş AL'nin kullanılması düşünülmüştür. *Listeria monocytogenes* ve *Salmonella anatum* N ile birlikte veya N olmadan istiridye lizozimi (İLZM) veya yumurta akı lizozimi (YLZM) ilave edilen Ca-Aljinat içerisine daldırılmış dumanlanmış somon örneklerine inokule edilmiştir (1 g) ve daha sonra 4 °C'de 35 gün depolanmıştır. İLZM veya YLZM'nin etkinlikleri Ca-Aljinat eklendikten sonra daha da gelişmiştir. Söz konusu mikroorganizmalara karşı İLZM ve YLZM arasında belirgin bir fark bulunmazken *Listeria monocytogenes* ve *Salmonella anatum*'un sayısının kullanılan komposit formulasyonuna göre 2.2-2.8 log kob/g aralığında olduğu, yani kontrol örneklerine göre her iki mikroorganizmanın da gelişiminin azaldığı görülmüştür (Data ve diğ., 2008).

Genelde mikrobiyolojik besi yerinde sıkılığı önlemek için kullanılan agar kendisini etlere kaplanması için kullanışlı yapan karakteristikler göstermektedir. Antibiyotikler agar kaplamayla birleştirilirse kaplanan tavuk ürünleri ve bifteklerin raf ömrü uzamaktadır, ancak agar nem kaybını azaltmamaktadır. Bakteriosin olan N'nin agar kaplamaya ilavesi tavuk ürünlerinin yüzeyindeki *Salmonella typhimurium* seviyesini etkili bir şekilde azaltmıştır (Gennadios, 2002).

Gıda uygulamalarında kullanılan KG bazlı kaplamalar kappa-(κ), iota-(ι) ve lambda-(λ) polimerlerinden yapılmaktadır ve tavuk ürünleri ve balıkların raf ömrünü uzatmak için kullanılmaktadır (Gennadios, 2002). Uskumru filetolarının dondurma ve -18 °C'de depolamadan önce sıvı KG solüsyonuna (10 g/kg) daldırılarak kaplanması, 5 aydan daha uzun süre herhangi bir duyusal değişikliğin olmasını önlemiştir. Oysa kaplanmayan kontroller 3 aydan sonra kabul edilemez hale gelmiştir. Bundan başka, KG kaplama solüsyonlarına antioksidantlar, gallik asit veya askorbik asit eklenmesinin -18 °C'deki depolamanın yedinci ve sekizinci ayına kadar bozulmayı geciktirdiği görülmüştür. KG et kaplamaların içine ilave edildiğinde lesitinin de etteki oksidasyonu azalttığı iddia edilmiştir (Gennadios ve diğ., 1997).

SLZ esterleri yenilebilir filmleri suda çözünen, yağa dirençli, sağlam ve esnek yapmak için kullanılmaktadır. Plastikleştirici olarak bir yağla kombine edilerek hem taze hem de dondurulmuş etlerin kaplanması için uygun hale getirilmektedir. MS veya HPMS ile etlerin kaplanması pişirme sırasındaki kaybı minimize etmekte, yağ alımını düşürmekte ve tavuk ürünleri ve su ürünlerine glaze olarak uygulandığında nem kaybını azaltmaktadır (Gennadios, 2002).

Pektinler bitkisel kökenli polisakkaritlerden bir gruptur. Metil ester içeriğiyle farklılaşmakta ve esterifikasyon derecesi çözünürlük ve jelleşme özelliklerini etkilemektedir. Pektin bazlı filmlerin düşük nemli gıdalarda iyi çalıştığı görülmüştür. Ancak tam anlamıyla bir nem bariyeri olmadıkları anlaşılmıştır. Kalsiyum pektinat jel kaplamanın biftek parçalarındaki büzülmeyi ve bakteriyel gelişmeyi azalttığı görülmüştür (Krochta, 2002).

Dekstranlar glikosid bağlarının farklı tipi ve miktarıyla D-glukopiranosil birimlerinden oluşan mikrobiyal gumlardır. Genellikle *Leuconostoc mesenteroides* ve *Leuconostoc dextranium* SKZ fermentasyonuyla dekstran biyosentezinden sorumlu olan mikroorganizmalardır. Sıvı solüsyon veya dispersiyon şeklinde uygulanan dekstran kaplamalar soyulmamış karides, soyulmuş karides, balık ve jambon, sosis ve pastırma gibi kırmızı et ürünlerinin buzdolabında veya dondurarak depolama sırasında flavorunu, rengini ve tazeliğini korumak için uygulanmaktadır (Gennadios ve diğ., 1997; Krochta, 2002).

Kaplanan ve panelenen balık, tavuk eti ve kırmızı et parçalarının yüzeyinde 18-38 °C'deki sıvı J solüsyonunun (100-350 g/kg) uygulanmasıyla oluşturulan J kaplamalar kızartma sırasındaki yağ absorpsiyonunu oldukça (%25-50) azaltmıştır (Gennadios ve diğ., 1997). J filmler tavuk ürünlerindeki antioksidant uygulamaları için taşıyıcı olarak kullanılmakta veya tavuk etlerinin yüzeyine direkt olarak uygulanmakta ya da mikrobiyal gelişmeyi, tuz pasını, iç yağın sızmasını, işleme zorluğunu, su transferini, nem kaybını ve kızartma sırasındaki yağ adsorbsiyonunu engellemektedir (Gennadios, 2002; Krochta, 2002).

Amerika'da 1980'lerin sonunda biftek, jambon, kılıflanmış rosto, kızartılmış biftek, balık filetoları ve kıymalarda kullanmak için ticari olarak yenilebilir bir KL filmi geliştirilmiştir. Üreticilere göre bu film pişirme ve büzülme kaybını azaltmakta, ürün suyunu arttırmakta ve pişirme veya dumanlamadan sonra elastik streç kılıfın kolayca uzaklaştırılmasına izin vererek jambonları ve sosisleri içeren pişirilmiş et ürünlerinin büyük çoğunluğunda sıvı serumları absorplamaktadır (Gennadios ve diğ., 1997; Gennadios, 2002).

Dondurulmuş kırmızı etler, tavuk eti ve su ürünleri donmuş şartlarda nem kaybı, LOKS, su tutma kapasitesi ve tekstürde değişikliklere neden olan protein değişimi, flavor, renk ve aroma değişiklikleri sayesinde bozunmaya karşı hassastır. Dondurulmuş etlerde buzla glazeleme işlemi sıklıkla kaplama olarak kullanılmaktadır, fakat buzun gevrekliği ve sublimasyon nedeniyle glazenin kaybedilmesi, kaplamanın korunması için depolama sırasında periyodik olarak yeniden glazeleme gerektirmektedir (Erickson ve

Hung, 1997). Yenilebilir film ve kaplamalar dondurulmuş et ürünlerini taze olarak saklanmasına hizmet etmektedir. G, SPI, KG ya da KT'nin hazır biftek köftelerinde nem kaybını azalttığı belirlenmiştir. Üstelik G ile kaplama ya da SPI ve KG ile hem kaplama hem de ambalajlama köftelerdeki LOKS'yi geciktirmiştir (Crackel ve diğ., 1988).

Yenilebilir film ve kaplamaların dondurulmuş gıdalardaki ilave potansiyel rolleri diğer yapısal ve duyusal kavramlar ile ilişkilidir. Yenilebilir kaplamalar dondurulmuş ürünlerdeki kaplama ve pane tabakasının korunması için de kullanılabilmektedir. Duyusal özelliklerle ilişkili olarak yenilebilir kaplamalar rengin, uçucu flavorların ve aromaların gıda ürününden kaybını yavaşlatmakta ve böylece bir ürünün tazeliğini daha uzun süre korumaktadır. Yenilebilir bir kaplama gıda ve çevresel atmosfer arasındaki nem transfer oranını azaltabilmekte, böylece paket buzu ve don yanığı görünüşünün oluşumu yavaşlamaktadır (Erickson ve Hung, 1997).

Soğuk dumanlanmış sardalyaların (*Sardina pilchardus*) raf ömrünü uzatmak için YHB (300 MPa/20 °C/15 dk) ve kekik ekstraktı veya biberiye ya da KT eklenerek zenginleştirilen J bazlı fonksiyonel yenilebilir filmler tek başına ya da kombinasyon halinde uygulanmıştır. Kaplanmayan balıklarda dumanlanma sırasında açığa çıkan fenoller antioksidant gücü göstermiştir. Kekik veya biberiye ekstraktıyla zenginleştirilen filmlerle kaplanan balıklar hem fenol içeriğini hem de antioksidant gücünü artırmıştır. Bitki ekstraktları eklenen yenilebilir filmler oksidasyon seviyesini ve mikrobiyal gelişmeyi azaltmıştır. J-KT filmi mikrobiyal gelişmeyi azaltmada en etkili olmuştur. YHB ve yenilebilir film kombinasyonu hem oksidasyonu önleme hem de mikrobiyal gelişmeyi inhibe etme açısından en iyi sonucu göstermiştir (Gómez-Estaca ve diğ., 2007a).

Dondurulmuş kral somonu filetoları üzerine AMG ve kazeinatla veya PASPI kombine kaplamaların uygulanması incelenmiştir. PASPI kaplamanın tek başına kullanılmasının ardından bir antioksidantın (askorbik asit ve sitrik asit) spreylenmesi nem kaybı oranını etkilememiş, fakat LOKS'nin başlangıcını geciktirmiş ve dondurulmuş kral somonu örneklerindeki PRO değerini azaltmıştır (Gennadios ve diğ., 1997).

Hindi frankfurterine inoküle edilen *Listeria monocytogenes* kolonileri üzerine üzüm çekirdeği ekstraktı (UZE), yeşil çay ekstraktı (YCE), N veya bu antimikrobiyal ajanların farklı kombinasyonlarıyla üretilen SPI filminin kaplanmasıyla oluşan inhibisyon etkisini incelemek için hazırlanan örnekler hem 4 °C'de hem de 10 °C'de depolanmıştır. Yenilebilir kaplamaların inhibitör etkileri 28 günlük depolama periyodunda haftalık olarak belirlenmiştir. En büyük inhibitör etkisi UZE (%1) ve N (1000 IU/ml) içeren fosfat buffer solüsyonu ortamında gözlemlenmiştir. Bu inhibisyon etkisiyle 37 °C'de 3 saatlik inkübasyondan sonra *Listeria monocytogenes* popülasyonunda 9 log'luk bir azalma meydana gelmiştir. UZE (%1)-N (1000 IU/ml) veya YCE (%1)-N (1000 IU/ml) kombinasyonu içeren örneklerin *Listeria monocytogenes* popülasyonunda (7.1 kob/g) 4 °C'de ve 10 °C'de 28 günlük depolamadan sonra 2 log'dan daha fazla bir azalma olmuştur (Theivendran ve diğ., 2006).

Laktoperoksidaz sistemle (LPOS) birleştirilen PASPI ile kızartılan hindilerdeki *Salmonella enterica* ve *Escherichia coli* O157:H7'nin inhibisyonu üzerine etkisi başlangıçta ve depolama boyunca incelenmiştir. %4 ve %7 LPOS içeren PASPI kaplama başlangıçta *Salmonella enterica*'yı

3 log kob/g ve *Escherichia coli* O157:H7'yi 2 log kob/g azaltmıştır. Depolama çalışmaları *Salmonella enterica* (6.0 log kob/g) veya *Escherichia coli* O157:H7 (5.6 kob/g) inoküle edilen hindi dilimlerinde 4 °C ve 10 °C'de 42 gün boyunca yürütülmüştür. *Salmonella enterica*'nın LPOS konsantrasyonu %5 ve *Escherichia coli* O157:H7'nin LPOS konsantrasyonu %3 olarak belirlenmiştir. LPOS-PASPI kaplama 4 °C ve 10 °C'de 42 gün depolanan hindilerin her ikisinde de *Salmonella enterica* ve *Escherichia coli* O157:H7'nin gelişimini inhibe etmiştir. İnokülasyondan önce hindi yüzeyine uygulanan kaplamanın inhibisyon etkisi, mikroorganizma inoküle edilmiş yüzeye uygulanan kaplamanın gösterdiği inhibisyon etkisinden daha belirgin olmuştur. LPOS-PASPI kaplama depolama periyodunda toplam aerobların gelişimini de baskılamıştır (Min ve diğ., 2006).

LZM ile birleştirilen PASP filmler ve kaplamaların mikrobiyal ortamdaki ve soğuk dumanlanmış somonlardaki *Listeria monocytogenes*'in inhibisyonu üzerindeki etkisi incelenmiştir. Model gıda olarak kullanılan dumanlanmış somonlardaki inhibisyon etkisi başlangıçta, 4 °C ve 10 °C'de 35 günlük depolama boyunca belirlenmiştir. LZM içeren ve içermeyen PASP filmlerinin gerilme özellikleri (elastik katsayısı, GC ve uzama yüzdesi), OG'si ve renkleri karşılaştırılmıştır. LZM, katı ve sıvı besiyerindeki *Listeria monocytogenes*'i inhibe etmiştir. Filmin her bir gramı için 204 mg ilave edilen LZM 4.4 log kob/cm^2 *Listeria monocytogenes* içeren bir preparatın gelişmesini baskılamıştır. Kaplama solüsyonunun her bir gramı için 25 mg kullanılan LZM başlangıçta dumanlanmış somon örneklerindeki *Listeria monocytogenes*'i 2.4 log kob/g, toplam aerobları 4.5 log kob/g ve mayalarla küfleri 3.0 log kob/g'dan daha fazla inaktif etmiştir. LZM içeren PASP kaplama hem 4 °C hem de 10 °C'de *Listeria monocytogenes*'in gelişimini geciktirmiştir (Min ve diğ., 2005).

Sığır etlerindeki patojen bakterilerin gelişimini kontrol etmek ve 4 °C'deki depolama boyunca raf ömrünü uzatmak için dağ kekiği (%1), yenibahar (%1) ve dağ kekiği-yenibahar (1:1) esansiyel yağlarını içeren PASP bazlı yenilebilir filmler uygulanmıştır. Etler ve filmler mikrobiyal ve biyokimyasal analizler için 7 gün boyunca periyodik olarak test edilmiştir. Yenibahar bazlı filmler en yüksek antioksidant aktivitesini gösterirken dağ kekiği bazlı filmler sığır etlerindeki LOKS'yi sınırlandırmıştır. *Escherichia coli* O157:H7 veya *Pseudomonas* spp. içeriği 10^3 kob/cm^2 olan et yüzeylerine biyoaktif filmler uygulandığında dağ kekiği içeren filmin her iki bakteriye karşı en etkili olduğu, yenibahar yağı içeren filmin ise en etkisiz olduğu görülmüştür. Dağ kekiği içeren filmlerin varlığında depolamanın sonunda *Pseudomonas* spp. seviyesinde 0.95 log'luk, *Escherichia coli* O157:H7 seviyesinde ise 1.12 log seviyesinde bir azalma gözlemlenmiştir (Oussalah ve diğ., 2004).

Janes ve diğ. (2002)'nin yürüttüğü çalışmada Z kaplamalarına eklenen N'nin yenmeye hazır tavuklardaki *Listeria monocytogenes*'e karşı etkisi incelenmiştir. *Listeria monocytogenes* inoküle edilmiş tavuk örnekleri N (1000 IU/g) ve/veya %1 kalsiyum propiyonat (KP) ilave edilmiş ve edilmemiş, propilen glikol (PG) veya etanolde (E) çözündürülmüş zein içerisine daldırılmıştır. Daha sonra 4 °C veya 8 °C'de 24 gün depolanmıştır. ZEN, ZPGNKP veya ZENKP'li örneklerde 4 °C'de 16 günün sonunda *Listeria monocytogenes* 6.8 log kob/g'luk inokülasyon miktarından 4.5-5 log kob/g'ya inerken; 2.7 log kob/g'lık inokülasyon miktarından 0. günden 24. güne kadar tespit edilemez seviyeye gelmiştir.

Gıdanın içine çözelti difüzyonunu azaltmak için yüzey filmleri kullanılabilmektedir. Örneğin, yüzeyinde yüksek oranda sorbik asit bulunan bir gıda maddesi protein bir filmle kaplanarak, sorbik asit muhafaza edilmekte ve mikrobiyal gelişme yavaşlatılmaktadır. Benzer bir uygulama da, karides ve yengecin tuzlu su içinde dondurulması sırasında gıda içine tuz difüzyonunu azaltmak amacıyla kullanılmasıdır. Yenilebilir kaplamalar kullanılarak, ürünün bazı durumlarda yapısal olarak daha dayanıklı hale getirilmesi de sağlanabilmektedir. Bunun sonucunda işleme, depolama ve dağıtım süresince ısıya karşı daha dayanıklı ürünler elde edilebilmektedir (Sarıoğlu, 2005).

Arrowtooth flounder (*Atherestes stomias*) türü yassı balık Alaska'nın körfezinde en çok bulunan ve az kullanılan balık kaynağıdır. Bu balık türü kendine özgü bir nedenle; yapısındaki proteinleri parçalayarak kıyma lapasına döndüren endojen proteolitik enzimlerin varlığıyla, yüksek oranda protein sağlamaktadır. Bu nedenle bazı araştırmacılar az kullanılan Arrowtooth flounder (AF) balığından BLP tozları üretmiş ve bunu yenilebilir film ve kaplama olarak farklı gıda ürünlerinde kullanmışlardır (Ambardekar, 2007). AF filmleri, YATP, KT, somon proteini ve SPI gibi farklı kaplamalar 3 ay boyunca dondurularak depolanan Pasifik somonu filetoları üzerine uygulanmıştır. En iyi etkiyi KT gösterirken Pasifik somonu filetolarının nem kaybı ve LOKS açısından AF filmiyle ve diğer filmlerle kaplama arasında fark bulunmamıştır. AF kaplama, kaplanmayan filetolarla karşılaştırıldığında nem kaybını azaltmış, LOKS'yi en aza indirmiş ve verimliliği artırmıştır. Yenilebilir filmle kaplanan balıkların rengi ve tekstür özellikleri kaplanmayan filetolardan daha iyi olmuştur. Balıklardaki kaplama verimini, çözünme verimini, pişirme verimini artırdığı ve çözünme kayıplarını azalttığı için AF proteinlerinin su ürünlerinde görünmez bir koruyucu olarak kullanım potansiyeline sahip olacağını düşündürmüştür (Sathivel, 2005).

Kitinden ekstrakte edilen KT, biyolojik olarak dönüştürülebilir olması ve toksik olmaması nedeniyle gıda uygulamalarında geniş kullanım alanına sahip çok amaçlı bir biyopolimerdir. KT ile kaplamanın LOKS'yi, kimyasal bozulmayı ve mikroorganizma gelişimini azaltarak, iki farklı balık türünün (*Gadus morhua* ve *Clupea harengus*) raf ömrünü uzattığı görülmüştür. KT'nin bu etkisi balık kas proteinlerindeki metal iyonların çelatasyonu, balık eti ve ortam arasındaki gaz değişiminin, kısmen oksijenin kontrolü ve KT'nin bakteriyel etkisidir (Yılmaz ve diğ., 2006).

İşlenmiş ringa balığına farklı viskozitelerde (14 cP, 57 cP ve 360 cP) KT ilavesinin antioksidant etkisi incelendiğinde genelde bütün viskozitelerdeki KT'nin antioksidatif etki gösterdiği görülmüştür. 14 cP 200 ppm KT'nin örneklerdeki TBA ve PRO miktarlarını 8 günlük depolamada kontrol grubuna göre ortalama %61 ve %52 oranlarında düşürdüğü gözlemlenmiştir. Yağ oksidasyonundan korunmada, farklı viskozitelerde KT kullanılmış olmasına rağmen; 14cP KT diğer viskozitelerdeki KT'den daha etkili olmuştur (Shahidi ve diğ., 2002).

KT'nin antimikrobiyal aktivitesi üzerine hazırlama yöntemlerinin ve deasetile derecesinin etkisinin araştırıldığı bir çalışmada yengeç kabuğundan kimyasal yöntemlerle (K-kitin) ve mikrobiyal yöntemlerle (M-kitin) kitin elde edilmiştir. K- kitin ve M-kitin %47-53 seviyesinde düşük, %74-46 seviyesinde orta ve %95-97 seviyesinde yüksek deasetile derecesinde çeşitli KT ürünlerinden deasetile edilmiştir. Bakteriyel testler için ise somon (*Oncorhynchus nerka*) filetolarına KT ilavesi yapılmıştır.

M-kitin ve K-kitin hiçbir antimikrobiyal aktivite göstermemiştir. Kitinin deasetile değeri arttıkça antimikrobiyal aktivite artmış ve mantarlardan ziyade bakterilere karşı etkili olmuştur. Yüksek deasitile derecesine sahip KT'nin 50-200 ppm aralığındaki minimum ölümcül konsantrasyonu *Bacillus cereus, Escherichia coli, Listeria monocytogenes, Pseudomonas aeruginosa, Shigella dysenteriae, Staphylococcus aureus, Vibrio cholerae* ve *Vibrio parahaemolyticus*'a karşı etkili olmasına ilaveten 200-500 ppm aralığındaki minimum ölümcül konsantrasyonu *Candia albicans* ve *Fusarium oxysporum*'e karşı etkili olmuştur. 200 ppm oranında *Aspergillus fumigatus* ve *Aspergillus parasiticus*'a karşı hiçbir antifungal tesir gösterememiştir. Sonuç olarak yüksek deasitile derecesine sahip KT balık filetolarını çeşitli bakterilere karşı korumuş ve raf ömrünü uzatmıştır (Gua-jane ve diğ., 2002).

Somon balıklarında farklı moleküler ağırlıklara sahip (30 kDa, 60 kDa ve 90 kDa) KT moleküllerinin antioksidant aktiviteleri araştırıldığında bütün molekül ağırlıklarındaki KT moleküllerinin antioksidatif faaliyet gösterdiği bildirilmiştir. KT ilavesi 7 günlük depolama süresinde LOKS'yi azaltmış ve TBA değeri seviyelerini kontrol gruplarından daha düşük hale getirmiştir. 15. güne kadar %0.2'lik ve %0.5'lik konsantrasyondaki KT ilavesinin TBA değerlerini %75 ve %45 oranında azalttığı, sonraki dönemde ise %1 konsantrasyondaki KT ilavesinin TBA seviyesini %32 azalttığı belirlenmiştir (Kyung ve diğ., 2007).

KT ve J solüsyonu karışımından oluşan bir kaplama maddesi dondurulmuş morinadan yapılan köftelere uygulanmış ve bu kaplamanın koruyucu etkisi renk ölçümleri, reolojik ölçümler (sertlik, elastiklik, yapışkanlık, çiğnenebilirlik, vb.), biyokimyasal tespitler (TVB-N ve ransiditenin ölçümü olarak TBA) ve mikrobiyal analizler (Toplam bakteri sayısı, parlak zon oluşturan bakteri, *Enterobacter* türleri, *Pseudomonas* türleri, laktik asit bakterileri ve *Staphylococcus aureus*) ile belirlenmiştir. Köftelerin içine konulan kurutulmuş toz KT karışımının etkisi de test edilmiştir. KT'nin hem kaplama hem de toz hali depolama periyodunun sonundaki renk parlaklığını etkilememiş, fakat sarılık değerinde bir artışa neden olmuştur. Kaplama köftenin elastikliğini arttırırken, toz KT'nin köfte karışımına ilavesi diğer reolojik parametre değerlerini artırmıştır. KT'nin ransidite üzerindeki etkisine ait bulgular morinada kaydedilen düşük değerler nedeniyle inandırıcı olmamıştır. Ancak KT ile kaplama, TVB-N değerindeki ve mikroorganizma sayısındaki (özellikle gram negatif bakteri) azalma sayesinde morina köftelerinin bozulmasını önlemiştir. Ancak, KT köfte karışımına toz halde eklendiğinde bozulma üzerindeki bu etkilerin hiçbiri gözlemlenmemiştir (López-Caballero ve diğ., 2005).

2.5. DUMANLAMA TEKNOLOJİSİ

Dumanlama işlemi yüzyıllardır gıdaları hem korumak hem de raf ömürlerini uzatmak için veya bu ürünlere özel duyusal karakteristikler (tat, koku) kazandırmak için kullanılmaktadır. Balık dumanlama, gelişmiş ülkelerde mekanik dumanlama üniteleri aracılığıyla uygulanmaktadır (Doe, 1998).

Farklı et ürünlerinin dumanlanması ile ilk bulgular bin yıl öncesine dayanmaktadır, bu nedenle gıda işleme metotlarının ilk sırasında yer almaktadır (Djinovic ve diğ., 2008). İnsanlar bu teknolojiyi yüzden fazla ülkede, gıdaları muhafaza etmek ve/veya özel duyusal karakteristikler kazandırmak için kullanmaktadır. Son on yılda, dumanın (ve ısıl işlemin) zararlı enzimatik bileşenler ve mikroorganizmalar üzerindeki inaktivasyon etkisi nedeniyle dumanlama yaygın bir şekilde uygulanmaktadır (Ŝimko, 2002). Günümüz gıda endüstrilerinde dumanlama teknolojisi, pazardaki yüksek talebi etkileyen spesifik bir duyusal profile sahip et ürünlerinin zenginleştirilmesi için kullanılmaktadır (Lorenzo ve diğ., 2010).

Gerek yağlı, gerekse yağsız balıklar için dumanlama teknolojisi uygulamaları yapılmaktadır. Yağsız balıklardan elde edilen ürünlerin daha uzun bir zaman periyodunda etkin şekilde muhafaza edildikleri görülmüştür. Bununla beraber, fumigasyon, depolama sıcaklığı ve tuz içeriği gibi faktörlerin bu ürünlerin raf ömrünü etkilediği bildirilmektedir (Erkan, 2010). Ayrıca, dumanın elde edildiği odun türü, dumanlama odasının nemi ve sıcaklığı gibi bazı faktörler 400'ün üzerindeki farklı duman içerik maddesinin balıketinde birikmesinde anahtar rol oynamaktadır. Odun ateşi ürünlerin kurutulması amacıyla kullanıldığında, dumanlamanın balıkların raf ömrünü uzatmak ve onlara özel duyusal karakteristikler kazandırmak için kullanılabileceği kabul edilmiştir (Horner, 1997).

Balık dumanlama prosesi iki temel kategoriye ayrılmaktadır: soğuk dumanlama ve sıcak dumanlama. Soğuk dumanlama prosesiyle ürünün 33 °C'ye yakın bir sıcaklıkta dumanlanması kastedilmektedir. Bu yöntemde, yoğun ısıl işlemden sakınılarak besin öğelerinin yapısı korunmaktadır. Ancak soğuk dumanlama zararlı mikroorganizmalara karşı yeterince koruma sağlayamamaktadır. Sıcak dumanlama 70-80 °C'ye ulaşan bir sıcaklıkta ürünün pişirilerek dumanlanması işlemidir (Bannerman,1980).

2.5.1. Dumanlama İşleminin Koruyucu Etkisi

Dumanın elde edildiği odunların yanması sırasında açığa çıkan formaldehit ve fenoller gibi maddeler dumana koruyucu özellikler kazandırmaktadır. Bu maddeler nedeniyle dumanlama işlemi birçok mikroorganizmanın gelişimini engellemekte ve oksidatif reaksiyonları sınırlandırmaktadır (Muratore ve diğ., 2007). Varlet ve diğ. (2007a)'ne göre dumanlama sıcaklığı ve şartlarıyla kombine olan yanma sonucunda üretilen fenolik bileşenler mikrobiyal gelişmenin ve oksidasyonun azalmasına neden olmaktadır.

Balığın dumana maruz kalması nem seviyesinin azalmasını ve balıketinin dumandaki fenolik maddelerle zenginleşmesini sağlamaktadır. Odunun yanmasıyla üretilen duman sayesinde birçok bakteriyi etkin şekilde baskılayan ve özellikle yüksek sıcaklık uygulamalarıyla kombine olan zararlı enzimatik reaksiyonları sınırlandıran bazı antimikrobiyal maddeler gıdaya geçmektedir (FAO, 1992).

Dumanlama işlenmiş ürünlerin yüksek seviyedeki organoleptik karakteristiklerini korumak, raf ömürlerini uzatmak ve böylece tüketiciler tarafından kabul edilebilirliğini geliştirmek için uygulanmaktadır. Dumanlama işlemi çeşitli antimikrobiyal ve antioksidantlarla balıketinin zenginleşmesini sağlamakla kalmaz, özel tat, lezzet ve aromanın ürüne geçmesini sağlamaktadır (Munasinghe ve diğ., 2003).

2.5.2. Dumanlama İşleminin Kalitesini Etkileyen Faktörler

2.5.2.1. Dumanlama Süreci

Son ürünün kalitesi direkt olarak çiğ ürünün kalitesine bağlı olduğundan dumanlanacak balıklar taze olmalıdır. Son ürünün kalitatif karakteristikleri üzerinde kilit rolü oynayan diğer faktörler avlama koşulları, dumanlama işleminin uygulanışı ve depolama koşullarıdır. Ayıklama ve temizleme, tuzlama ve kurutma gibi dumanlama öncesi uygulanan temel işlemler olarak gösterilmektedir. Dumanlanacak ürüne bağlı olarak farklı metotlar uygulanmaktadır. Etin parçalanıp dağılmasını engellemek için özel dikkat sarf edilmelidir. Balıkların iç organlarının çıkarılması ürünlerin hızlı denatürasyonu ve mikrobiyal yükün gelişimi nedeniyle kritik öneme sahiptir (Horner, 1997).

İşleme yöntemi, dumanlanmış ürünün kalitesi ve kompozisyonu üzerinde çiğ üründen sonraki en büyük etkiye sahiptir (Birkeland ve diğ., 2004). Ürünlerin zararlı mikroorganizmalardan ve oksidatif reaksiyonlardan etkin şekilde korunması, tuzlama, sıcaklık, a_w, dumanın yoğunluğu, dumanın uygulanma periyodu ve duman içindeki antimikrobiyal maddelerin konsantrasyonu gibi birçok faktöre bağlıdır (Kolodziejska ve diğ., 2002). Örneğin; Jittinandana ve diğ. (2002)'ne göre tuzlu salamura içeriği ve salamurada tutma süresi dumanlanmış alabalıkların tekstürü üzerinde önemli etkiye sahiptir. Yanar ve diğ. (2006) farklı tuz konsantrasyonlarında salamura edilerek hazırladıkları sıcak dumanlanmış *Oreochromis niloticus*'un kalite parametrelerindeki farklılığa dikkat çekerek dumanlanmış ürünlerin daha iyi korunmasını sağlayan uygun salamura tuz konsantrasyonunu %5 olarak bildirmişlerdir.

Dumanlama sürecinde raflar arasında eşit duman geçişinin olması için, duman yoğunluğu azalırken nem ve sıcaklığın artması gibi, önemli faktörlerin göz önünde tutularak dumanlama ünitelerinin dizayn edilmesi gereklidir (Horner,1997).

2.5.2.2. Dumanın Kaynağı ve Dumanın Bileşenleri

Balığın dumanlanması için yakıt olarak odun kullanıldığında fenolik bileşenler açığa çıkmaktadır. Bu bileşenler ürünü zararlı mikroorganizmalardan ve oksidatif reaksiyonlardan korumakta ve gıdaya özgü duyusal karakteristikleri geliştirmektedir. Ayrıca, bazı karbonil maddeler ürüne spesifik renk ve tekstür kazandırmakta ve karakteristik bir balık kokusunun gıdaya geçmesini sağlamaktadırlar (Varlet ve diğ., 2006).

Balık dumanlama sürecinde yakıt olarak en çok gürgen, meşe, kayın, ıhlamur, akağaç, elma ve kiraz gibi ağaç türlerinin ürünleri kullanılmaktadır (Varlık ve diğ., 2004). Fenolik maddelerin odun konsantrasyonu ağaçların farklı türleri arasında çeşitlilik göstermektedir. İğne yapraklı ağaçların odunları ağır koku ve katran içerikleri yüzünden tercih edilmemektedir (Conde ve diğ., 2006).

Horner (1997)'e göre; duman havanın sürekli fazındaki damlacıkların bir emülsiyonudur ve buharlar damlacıklar üzerindeki elektrostatik yükler tarafından stabilize edilmektedir. Duman buharları dumanlama sürecinde kritik öneme sahiptir. Duman, çoğunlukla gaz kromatografisi ve kütle spektrofotometresi ile tespit edilebilen, karbon monoksit, metan, uçucu organik bileşenler (C2–C7), formaldehit, akrolein, propiyonaldehit, butiraldehit, asetik asit, azot oksitler (NO, NO_2), fenol (ve derivatları), syringol (ve derivatları), katekol (ve derivatları), organik karbon, polisiklik aromatik hidrokarbonlar (PAH): floren, penatren, antrasin, metilantrasinler, florantin, piren, benzo(a)antrasin, krizen, benzoflorantenler, benzo(e)piren gibi 200'den fazla maddeden oluşmaktadır.

Dumanlama sırasında aldehitler, ketonlar, alkoller, asitler, hidrokarbonlar, esterler, fenoller, eterler vb. gibi çeşitli duman maddeleri dumanlanmış ürünün yüzeyinde birikmekte ve et içerisine doğru nüfuz etmektedir. Bu maddeler balıklara özel bir renk ve tat kazandırmakta ve zararlı mikroorganizmalardan ve enzimatik reaksiyonlardan koruyarak balıkların raf ömrünü uzatmaktadır. Fenoller, asitler ve karboniller etkin bir antimikrobiyal aktiviteye sahip oldukları için ürünün mikrobiyal yükünü kontrol etmede rol oynayan önemli faktörlerdir. Fenoller ayrıca, balığa dumanlanmış ürün kokusu kazandırmakta ve oksidatif ransiditeyi önemli derecede azaltmaktadır. Bu maddeler duman penetrasyonunun değerlendirilmesinin yanında dumanlamanın yoğunluğunu kontrol etmek için de kullanılmaktadırlar (Masengi ve diğ., 2002).

Duman üretimi sırasında ortaya çıkan PAH bileşiklerinin ürün güvenliğini tehlikeye soktuğu bilinmektedir. Çevre içinde zararlı olan bu bileşiklerden benzo-a-piren'in dumanlanmış üründe 1 ppb den az olması istenmektedir. PAH bileşiklerinin kontrol altında tutulmasında sıvı duman üretimi ve sıvı duman kullanılarak yapılan çevre dostu dumanlama şekli etkili olmaktadır (Hattula ve diğ., 2001; Muratore ve diğ., 2007).

2.5.3. Dumanlama Metotları ve Uygulamaları

Dumanlanacak hammaddede yağ miktarı önemlidir, çünkü dumanlamaya uygun olup olmadığı ve hangi dumanlama yönteminin kullanılacağı ürünün yağ miktarına göre belirlenmektedir. Dumanlanacak ürünün yağ miktarı %5'ten fazla olmalıdır. Yağ oranı %5-10 arasında olan su ürünleri soğuk dumanlama yöntemi ile, %10-15 yağ içeren su ürünleri ise sıcak dumanlama yöntemi ile dumanlanmaktadır (Varlık ve diğ., 2004).

2.5.3.1. Soğuk Dumanlama

Soğuk dumanlama prosedürü balığın 30 °C'nin altındaki bir sıcaklıkta dumanlanması olarak tanımlanmaktadır. Bu şartlar altında ne pişirme ne de protein koagülasyonu oluşmamaktadır. Soğuk dumanlanmış gıdalar tüketilmeden önce çoğunlukla etkin ısıl işleme gereksinim duyarken; sadece soğuk dumanlanmış somon direkt olarak tüketilmektedir Soğuk dumanlanan Atlantik somonu örneklerinin rengi ve genel kalite karakteristikleri büyük ölçüde prosedürde uygulanan sıcaklığa olduğu kadar salamurada tutulma süresine veya kuru tuzlama süresine de bağlıdır (Bannerman, 1980). Soğuk dumanlama üç ardışık adımdan oluşmaktadır: tuzlama, kurutma ve 30 °C'nin altındaki veya 30 °C'ye eşit sıcaklıkta dumanlama (Montero ve diğ., 2003).

Soğuk dumanlanmış balıklar gibi minimum derecede işlenmiş su ürünlerinde, tuz ilavesiyle a_w'nin azaltılması, dumanlama ve buzdolabı sıcaklıklarında depolama, ürünleri bozulma yapan ve patojenik mikroorganizmalardan korumak için uygulanan tek metottur. Nitrat, sorbat ve benzoat gibi bazı koruyucular da bu amaçla kullanılmaktadır. Ancak, bu şekilde hafifçe korunan ürünler *Clostridium botulinum* E tip riskine ve *Listeria monocytogenes*'e karşı etkin bir şekilde korunamamaktadır. Bu ürünlerin etkin bir ısıl işlem olmadan tüketilmesi hassas popülasyonlarda sağlık problemlerine neden olduğu için ürünün pişirilmesi gıda kaynaklı hastalıkların riskini yok etmektedir (Huang ve diğ., 2002; Nilsson ve Gram, 2002; Løje ve diğ., 2007).

Vaz-Velho ve diğ. (2001)'ne göre soğuk dumanlamanın uygulanması sırasında ürünün muhafaza sıcaklığına (4–6 °C) ilaveten dumanlama sıcaklığı (<30 °C) ve tuz konsantrasyonu (%3–5 NaCl) *Listeria monocytogenes*'in gelişimi için etkin bariyerler değildir. Bu yüzden bütün potansiyel kontaminantları ve bunların soğuk dumanlanmış balık imalatındaki gelişme oranını tam olarak belirlemek için bu bakterilerin yaşam döngüsünün, biyolojisinin ve fizyolojisinin sistematik olarak çalışılması gerekmektedir. Fakültatif anaerobik ve psikrotrofik doğası nedeniyle bu bakteri yenmeye hazır, vakum paket uygulanmış, soğuk dumanlanmış veya daha başka yarı işlenmiş gıdalara kolaylıkla kontamine olabilmektedir. Nykänen ve diğ. (2000) minimum şekilde işlenmiş gıdalarda, bu bakterilerin yaygınlığının soğuk dumanlanmış balıklarda en yüksek seviyede bulunduğunu (%0-75) belirtmişlerdir.

2.5.3.2. Sıcak Dumanlama

Güvenli ve kabul edilebilir balık ürünlerinin üretilmesinde sıklıkla uygulanan teknikler arasında yer alan ısıl işlem aynı zamanda ürünlerin raf ömrünü de uzatmaktadır. Yüksek sıcaklıklardaki ısıl işlemin çoğunlukla işlenmiş ürünlerin kalitatif degradasyonundan sorumlu olduğu düşünülmektedir. Sonuç olarak balıkların en az düzeyde ısıl işleme maruz kalması çok önemlidir (Rosnes ve diğ., 2011).

Sıcak dumanlama sırasında işlem soğuk dumanlanmaya göre daha yüksek bir sıcaklıkta olmakta ve bazı aşamalarda dumanlama işlem sıcaklığı 70-80

°C'ye ulaşmaktadır. Bu durum balıketinin pişirilmesine neden olarak dumanlamadan sonra başka bir ısıl işleme gerek duyulmamaktadır (Bannerman, 1980). Sıcak dumanlama ile ürünün işlenmesi sırasında sıcaklığın arttırılması yaygın şekilde uygulanmaktadır (Huang ve diğ., 2002).

Sıcak dumanlama metodunun etkinliğini etkileyen birkaç faktör vardır. Bunlardan en önemlisi çiğ materyalin avlanma şartları, işlem sırasındaki sıcaklık, a_w, duman karakteristikleri ve dumanlama süresidir (Goulas ve Kontominas, 2005). Sıcak dumanlama prosesi, dumanlamayla ısıtma ve kurutmaya neden olan ısıl işlemi memnuniyet verici şekilde birleştirmekte; böylece zararlı mikroorganizmaların gelişimi için uygun olmayan şartları oluşturmakta ve oksidatif reaksiyonların oranını minimize etmektedir.

Sıcak dumanlanmış ürünlerin üretilmesi için işlenen balıklar daima taze olmalıdır, çünkü bayat balıkların kullanılması son ürünün kalitesi üzerinde negatif bir etki yaratmaktadır. Taze balık yıkanmalı, tamamen temizlenmeli ve iç organları uzaklaştırılmalıdır. Eğer gerekiyorsa baş da ayrılmalıdır. Sıcak dumanlamadan önce gerekli tat ve lezzeti elde etmek için balıklar tuzlu salamuraya daldırılmaktadır. Daha yüksek salamura konsantrasyonu daha kısa süre için uygulanabilmektedir, fakat bu, tuz kristalizasyonuyla balık derisinde lekelenmeye neden olmaktadır (Bannerman, 1980). Günümüzdeki dumanlanmış ürünler soğuk dumanlanmış balıklarla karşılaştırıldığında etin spesifik duyusal karakteristikleri, daha yüksek nem ve daha düşük tuz konsantrasyonları ile ayrılmaktadır (Kolodziejska ve diğ., 2002).

Sıcak dumanlama prosesinde gıdanın merkez noktasındaki sıcaklık 85 °C'ye ulaşırken; ürünler geniş bir sıcaklık aralığına (40-100 °C) maruz kalmaktadır. Ünlüsayın ve diğ. (2006)'ne göre; farklı bileşenlerin et yüzeyinde birikme oranı balık yüzeyinin özelliklerinin yanında dumanın sıcaklığına, nemine, akış oranına ve yoğunluğuna, özel bileşenlerin sudaki çözünürlüğüne ve uçuculuğuna bağlıdır. Örneğin; dumanın akış oranı ve yoğunluğunun artması artan birikme oranı görünümüne neden olurken; nemin ve sıcaklığın artması birikme oranını azaltmaktadır. Sıcaklık sayesinde, en yüksek birikme oranını elde etmek için tanımlanan uygun bir değer her zaman vardır. Bu, birçok duman maddesinin dumanlanmış balığın yüzeyindeki birikme oranını arttıran maddelerle etkileşimde olduğunu göstermektedir. US Gıda ve İlaç Dairesi'ne göre ürün sıcaklığı 62.8 °C'ye ulaşmalı ve bu şartlarda 30 dk tutulmalıdır. Bu yolla gıda pastörizasyonu sayesinde zararlı mikroorganizmalara karşı korunma sağlanmaktadır (Huang ve diğ., 2002).

Sıcak dumanlamadan sonra ürün oda sıcaklığına veya altındaki sıcaklık derecelerine dek soğutulmalıdır. Bu ürünlerinin paketlenmesinde vakum paket şartlarının yanında karton ve PE gibi ambalaj materyalleri kullanılmaktadır. Hiçbir ön soğutma olmadan depolanan balık ürünleri küflerle kolaylıkla kontamine olabilmektedir. Sıcak dumanlanmış gıdalar normal buzdolabı koşullarında muhafaza edilebileceği gibi -30 °C'de 6 aydan daha uzun süre etkin bir şekilde muhafaza edilebilmektedir (Bannerman, 1980).

Farklı ülkeler için farklı prosedürler ve depolama sıcaklıkları tavsiye edildiğinden dumanlama tekniği farklılıklar göstermektedir. USA'da sıcak dumanlamayla muamele edilen su ürünlerinin bir su banyosunda paket içinde pastörizasyon metodu yaygın şeklide kullanılmaktadır. Bu tekniğin ürünleri *Clostridium botulinum*'dan etkin şekilde koruduğu görülmüştür

(Lindström ve diğ., 2003). Soğuk dumanlanmış Atlantik somonu Fransa'da yaygın şekilde tüketilmektedir. Genellikle dilimlenmiş halde ve vakum paketleme şartlarında 100-200 g'lık parçalar halinde ambalajlanmaktadır.Günümüzde muamele edilen balıkların çoğu kültür balıkçılığından elde edilmektedir (Espe ve diğ., 2004).

Sıcak dumanlama, daha uzun raf ömürlü gıdalar oluşturduğu ve daha kısa sürede gerçekleştiği için soğuk dumanlamaya genellikle tercih edilmektedir. Sıcak dumanlama prosesinin önemli bir dezavantajı üretim maliyetini önemli derecede arttıran yüksek yakıt tüketimidir (FAO, 1992).

2.5.3.3. Diğer Dumanlama Metotları

En sık kullanılan dumanlama metotlarından (soğuk ve sıcak dumanlama prosesi) ayrı olarak bazı diğer metotlar da yaygın şekilde uygulanmaktadır. Bu metotlar termostat tabakalar ve friksiyon veya sıvı dumanda atomizasyondur. Varlet ve diğ. (2007b)'ne göre; 2002'de dumanlanan balıkların %65'i sık kullanılan iki metotla, %30'u termostat tabakalarla, %5'i sıvı duman atomizasyonu kullanılarak işlenmiştir.

Gıdanın direkt olarak dumana maruz kalması geleneksel dumanlamanın genel bir karakteristiğidir ve PAH gibi zararlı maddelerin balıketinin içine akümülasyonunu sağlamaktadır. Bu maddelerin açığa çıkması odunun tam olarak yanmaması nedeniyle olmakta ve çeşitli sağlık problemlerine yol açmaktadır. Dumanlanmış balığın kalitesini ilgilendiren diğer bir dezavantaj uçucu bileşenlerin et içine düzensiz akümülasyonudur (Munasinghe ve diğ., 2003).

Sıvı duman atomizasyonu geleneksel dumanlamanın istenmeyen sonuçlarından kaçınmak için uygulanmaktadır (Munasinghe ve diğ., 2003).

Metot, son 40 yıldır etleri ve balıkları korumak ve onlara özel lezzet ve tat kazandırmak için kullanılmaktadır (Hattula ve diğ., 2001) ve Varlet ve diğ. (2007b)'ne göre; bu uygulama, odun dumanının kondensasyonuyla sıvı dumanın atomizasyonundan (buharlaştırma) oluşmaktadır. Bu prosedür maddelerin büyük bir çeşitlilikte oluşumunu sağlamaktadır. Bu teknoloji uygulandığında odunun yanmasıyla üretilen ve çeşitli kanserlerin oluşumuyla bağlantılı maddelerden olan PAH konsantrasyonu önlenebilmektedir.

Sonuç olarak her bir dumanlama prosesi kendi avantaj ve dezavantajlarına sahiptir. Endüstride, muamele edilen balıkların karakteristiklerine ve istenilen son ürüne bağlı olarak en uygun metot seçilmektedir. Sıvı dumanlama zor proses kontrolünü ve yüksek maliyeti içeren bazı dezavantajlara sahiptir. Diğer taraftan kaza olasılığını azaltma ve dumanlamanın yaygın şekilde kullanılmasını sağlayan metot etkinliği gibi bazı avantajlara sahiptir. Odunla üretilen dumanlama, ürünlere büyük ölçüde kontamine olan metotlar arasında bulunurken; termostat plakalar dumanlanmış su ürünlerinde PAH'nin en düşük transfer oranını göstermektedir.

Soğuk ve sıcak dumanlama sadece balık ürünlerinin kalitesini korumak ve raf ömrünü uzatmak için uygulanmaz, aynı zamanda onlara spesifik ve arzu edilir duyusal karakteristikler de kazandırmaktadır. Teknolojik avantajlar bütün kolay bozulan ürünlerin raf ömrünü etkin bir şekilde uzatan gelişmiş muhafaza metotlarının tanınmasını kolaylaştırmaktadır. Bu yüzden; dumanlama, uluslararası balık pazarını daha da genişletme amacıyla yüksek değerdeki gıdaları üretmek için genellikle kullanılmaktadır.

2.5.4. Dumanlanmış Balık ve Su Ürünlerinin Kalitesi ve Güvenliği

Dumanlanmış balıkların etkin bir şekilde korunması nemin azalması ve bazı duman kaynaklı antimikrobiyal maddelerin faaliyetine dayanmaktadır. Dumanlamanın etkinliği çoğunlukla, artan buhar fazı ve azalan sıcaklıkla arttığı için odun dumanının partikül fazına bağlıdır (Horner, 1997).

Birkeland ve diğ. (2004)'ne göre yüksek yağ seviyeleri dumanlanmış balıkların kalitatif karakteristiklerini düşürmektedir. Bu gerçeği destekleyen çok büyük miktarda veri olmasına rağmen, birçok üretici bunu aquakültür yönetiminin spesifik bir sorunu olarak kabul etmemiştir. Avrupa'da farklı tuz seviyelerinde, fenol konsantrasyonlarında ve kalitatif karakteristiklerde çok çeşitli dumanlanmış somon ürünü üretilmektedir. Tüketici tercihleri duyusal karakteristiklere (koku, tat) ve kullanılan duman/odun tipine bağlı olarak değişmektedir.

USA'da birçok gıda ürünü gıda kaynaklı hastalıkların oluşumundan sorumlu olmasına rağmen, balık ürünleri %10-25 oranında vakaya neden olarak en tehlikeli gıdalar listesinde 3. sırada yer almaktadır (Nilsson ve Gram, 2002). Su ürünlerinde hastalıklara neden olabilen birçok bakteri bulunabilmekte ve yetersiz muameleden ve uygun olmayan şartlarda depolamadan dolayı sorun oluşturmaktadır. Bu organizmalar arasında taze ürünlerde yüksek sayıda bulunan *Clostridium botulinum*, *Listeria monocytogenes*, *Vibrio parahaemolyticus* ve *Vibrio vulnificus* gibi farklı *Vibrio* türleri yer almaktadır. Bu mikroorganizmalar Botulizm, Listeriosis ve Vibriosis gibi bazı hastalıklara neden olmaktadır (Nilsson ve Gram, 2002).

2.5.5. Dumanlamayla Birlikte Uygulanan Kombine Metotlar

Son on yılda dünyada çok sayıda Botulizm, Listeriosis ve Salmonellosis vakası kaydedilmiştir. Bu vakaların oluşmasından sorumlu olan temel gıdaların dumanlanmış balıklar olduğu düşünülmektedir. Bu gıdalardaki bu patojenlerin gelişmesinin nedeni; tuzun düşük miktarda kullanılması veya prosesin uygun olmayan sıcaklıkta yürütülmesi gibi hatalı veya yanlış üretim prosesleri nedeniyle oluşmaktadır. Dumanlama öncesi tuz salamurasının konsantrasyonu, süresi, ortamın sıcaklığı, çiğ ürünün büyüklüğünün bu konuda önemli bir faktör olduğu bildirilmiştir (Jittinandana ve diğ., 2002).

Huss ve diğ. (1996)'ne göre; soğuk dumanlanmış somonlarda sayısız zararlı bakteri tespit edilmiştir. Bunlar *Clostridium botulinum* (ürünlerin %100'e yakın miktarında), *Listeria monocytogenes* (ürünlerin %80'e yakın miktarında), *Aeromonas hydrophila* ve *Vibrio* spp. gibi bakterileri kapsamaktadır. Bu mikroorganizmalar genellikle canlı balıkta bulunduğu için soğuk dumanlanmış balıkta bunların tespit edilmesi balığın temin edildiği yere bağlıdır. *Salmonella*'nın bazı üyeleri, *Eschericha coli* ve *Staphylococcus* gibi bakteriler ise insanlardan veya hayvanlardan enfekte olmaktadır.

Zararlı mikroorganizmaların inhibisyonunda en etkili kabul edilen metot "hurdle konsepti"nin uygulanmasıdır. Bu konsept patojen ve bozulmaya neden olan mikroorganizmaların sıcaklık, tuzlama, duman bileşenleri ve dehidrasyon gibi çoklu bariyerler uygulanarak kabul edilebilir seviyeye azaltılmasını içermektedir. Tamamen güvenli ürünlerin üretimini sağlamak için sıcak dumanlanmış balıkların korunması zaman-sıcaklık indikatörleri eşliğinde buzdolabı sıcaklıklarında depolamayı gerektirmektedir (Kolodziejska ve diğ., 2002).

Dumanlama balık ürünlerinde gıda kaynaklı hastalıkların açığa çıkma olasılığını en aza indirmek ve ürün kalitesini yükseltmek için soğutma, dondurma, ışınlama gibi diğer muhafaza metotlarıyla beraber kullanılmaktadır (Muratore ve diğ., 2007).

YHB uygulamaları soğuk dumanlanmış balıkların kalite karakteristiklerini korumak için son zamanlarda kullanılmaktadır. YHB muamelesi dumanlanmış yunus balığının mikrobiyal yükünü azaltmak için uygulanmaktadır. 300 MPa/20 °C/15 dk uygulama ürünün duyusal karakteristiklerini oldukça etkilemesinin yanında tüketiciler tarafından da kabul görmektedir. Sonuç olarak YHB muamelesi dumanlanmış balıkların korunmasında başarılı şekilde uygulanabilmektedir (Gómez-Estaca ve diğ., 2007b). Ayrıca, YHB uygulaması soğuk dumanlamayla muamele edilen somon ürünlerinin proteolitik enzimlerini (katepsin, kalpain) inhibe etmede önemli bir etkiye sahip olmuştur (Lakshmanan ve diğ., 2005).

Listeria monocytogenes dumanlama uygulanmasından sonra ve düşük sıcaklıklardaki (≥1 °C) depolamada bile balıklarda gelişen ve ürün güvenliğini düşüren en dirençli mikroorganizmalar arasındadır. Bu mikroorganizmanın 1 °C ve 45 °C arasındaki sıcaklıklarda gelişebildiği ve popülasyonunun varlığı dumanlanmış somon ürünlerinde birçok kez kaydedilmiştir. Bakteriosinler genellikle güvenli mikroorganizmalar olarak kabul edilen laktik asit bakterisinden karakterize olarak üretildikleri için bakteriosin uygulaması güvenli biyolojik muhafaza metotları arasına girmiştir. Bakteriosin kullanımı *Listeria monocytogenes* bakterisine karşı tüketicileri ve gıdaları korumada en iyi etken olarak görülmüştür (Vaz-

Velho ve diğ., 2005; Tomé ve diğ., 2008). Sodyum nitrit ve sodyum laktatın (SL) *Listeria monocytogenes*'in inhibisyonu üzerindeki etkinliği çokça kaydedilmesine rağmen; tüketici sağlığını tam olarak koruyamadıkları görülmüştür. SL'nin sodyum diasetat (SDA) ile uygulanması bu zararlı mikroorganizmanın inhibisyonunda etkin olmaktadır. SDA ve potasyum laktat kombinasyonu da soğuk dumanlanmış somonları *Listreria monocytogenes*'e karşı koruyarak etkin şekilde muhafaza etmektedir (Vogel ve diğ., 2006).

Ozon muamelesi birçok et ürününün korunmasında yaygın şekilde uygulanmasına rağmen, dumanlanmış balıklarda oluşan *Listeria monocytogenes*'in inhibisyonunda ozonun etkinliğini belirlemek için daha büyük ölçüde araştırmalar gerekmektedir. Vaz-Velho ve diğ. (2006) Portekiz'de soğuk dumanlanan balık ürünlerinde bulunan bütün *Listeria* türlerinin tetrasiklin hassaslığı olan *Listeria monocytogenes* ve *Listeria innocua* türlerine 20 dk'lık $0.1x10^3$ g/L ozon konsantrasyonu uygulanmış ve iki türün varlığını da etkin şekilde sınırlandırmıştır. Bu metodun soğuk dumanlanmış balıkları korumak ve raf ömürlerini önemli derecede uzatmak için başarılı bir şekilde kullanılabileceği görülmüştür. Medina ve diğ. (2009) soğuk dumanlanmış somonları zararlı mikroorganizmalara karşı korumak için YHB muamelesi uygulamış ve en etkin metodu bulmak amacıyla sonuçlar karşılaştırılmıştır. 5 dk, 10 dk, 15 dk, 20 dk ve 25 dk'lık 450 MPa basınç uygulaması sırasıyla 1.94 log kob/g, 3.20 log kob/g, 3.21 log kob/g, 3.54 log kob/g ve 3.63 log kob/g'lık mikrobiyal azalma sağlamıştır.

Dumanlanmış tekir balığının X-ray ile ışınlanan örnekleri *Listeria monocytogenes*'e karşı etkin bir şekilde korunmakta ve muhafaza edilmektedir. Muamelenin ardından 2 kGy'lik ışınlama *Listeria monocytogenes*'in 10^4 kob/g seviyesini etkin bir şekilde inhibe ederken ürünün kalitatif karakteristiklerinin yüksek seviyede olmasını sağlamıştır (Robertson ve diğ., 2006).

Dondurma ve dondurarak saklama sıcaklıkları bazı mikroorganizmaların inhibisyonunda yaygın şekilde kullanılmaktadır. Ancak, bu şartlar birçok gıda ürününe geniş çaplı zarar veren bozulmaya neden olan birçok bakterinin inhibisyonunu hemen hemen hiç sağlayamamaktadır. Burada 0 °C'nin altındaki donma sıcaklıklarda YHB uygulamasının etkili sonuçlar verdiğini bildiren araştırmalar mevcuttur (Picart ve diğ., 2004; Picart ve diğ., 2005).

Literatür araştırmalarında dumanlanmış ürünlerde yenilebilir film ve kaplamaların kullanımıyla ilgili olarak sınırlı sayıda çalışmaya rastlanmıştır. Zayıf hidrofilik özellikleri nedeniyle zayıf su buharı bariyeri olan PLS filmler Japonya'da jambon ve tavuk etlerini içeren işlenmiş etlerin etrafına sarıldıktan sonra dumanlanmakta veya buharda pişirilmektedir. Duman sadece filme nüfuz etmez, aynı zamanda film buharda pişirme sırasında da çözülmektedir. Etlerin kaplanması ürünü, yapıyı ve tekstürü geliştirmekte ve nem kaybını azaltmaktadır (Gennadios, 2002).

Dumanlanmış balık endüstrisinin en önemli problemi; ürünlerin *Listeria monocytogenes* ve *Salmonella* türleri ile kontamine olmasıdır. Soğuk dumanlamayla üretilen örneklerde bu mikroorganizmaların miktarı daha fazladır. Çünkü sıcak dumanlamadaki yüksek sıcaklığın etkisiyle bu mikroorganizmalar inhibe olmaktadır. *Listeria monocytogenes* vakum koşullarında da gelişmeye devam ettiğinden, genelde vakum ambalajlama uygulanan soğuk dumanlanmış balıklar buzdolabı sıcaklığında 3-4 haftalık bir raf ömrüne sahiptir. Bu olumsuzluğu ortadan kaldırılmak amacıyla soğuk dumanlanan balıkların AL ile kaplanması, hatta AL'nin etkinliğini daha da artırmak için LZM ve/veya N ilave edilmiş AL'nin kullanılması düşünülmüştür. *Listeria monocytogenes* ve *Salmonella anatum* N ile birlikte veya N olmadan istiridye lizozimi (İLZM) veya yumurta akı lizozimi (YLZM) ilave edilen Ca-Aljinat içerisine daldırılmış dumanlanmış somon örneklerine inokule edilmiştir (1 g) ve daha sonra 4 °C'de 35 gün depolanmıştır. İLZM veya YLZM'nin etkinlikleri Ca-Aljinat eklendikten sonra daha da gelişmiştir. Söz konusu mikroorganizmalara karşı İLZM ve YLZM arasında belirgin bir fark bulunmazken *Listeria monocytogenes* ve *Salmonella anatum*'un miktarlarının kullanılan komposit formülasyonuna göre 2.2-2.8 log kob/g aralığında olduğu, yani kontrol örneklerine göre her iki mikroorganizmanın da gelişiminin azaldığı görülmüştür (Data ve diğ., 2008).

Soğuk dumanlanmış sardalyaların (*Sardina pilchardus*) raf ömrünü uzatmak için YHB (300 MPa/20 °C/15 dk) ve kekik ekstraktı veya biberiye ya da KT eklenerek zenginleştirilen J bazlı fonksiyonel yenilebilir filmler tek başına ya da kombinasyon halinde uygulanmıştır. Kaplanmayan balıklarda dumanlanma sırasında açığa çıkan fenoller antioksidant gücü göstermiştir. Kekik veya biberiye ekstraktıyla zenginleştirilen filmlerle kaplanan balıklar hem fenol içeriğini hem de antioksidant gücünü artırmıştır. Bitki ekstraktları eklenen yenilebilir filmler oksidasyon seviyesini ve mikrobiyal gelişmeyi azaltmıştır. J-KT filmi mikrobiyal gelişmeyi azaltmada en etkili olmuştur. YHB ve yenilebilir film kombinasyonu hem oksidasyonu önleme hem de mikrobiyal gelişmeyi inhibe etme açısından en iyi sonucu göstermiştir (Gomez-Estaca ve diğ., 2007a).

LZM ile birleştirilen PASP film ve kaplamaların mikrobiyal ortamdaki ve soğuk dumanlanmış somonlardaki *Listeria monocytogenes*'in inhibisyonu üzerindeki etkisi incelenmiştir. Model gıda olarak kullanılan dumanlanmış somonlardaki inhibisyon etkisi başlangıçta, 4 °C ve 10 °C'de 35 günlük depolama boyunca belirlenmiştir. LZM içeren ve içermeyen PASP filmlerinin gerilme özellikleri (elastik katsayısı, GC ve uzama yüzdesi), OG'si ve renkleri karşılaştırılmıştır. LZM, katı ve sıvı besiyerindeki *Listeria monocytogenes*'i inhibe etmiştir. Filmin her bir gramı için 204 mg ilave edilen LZM 4.4 log kob/cm^2 *Listeria monocytogenes* içeren bir preparatın gelişmesini baskılamıştır. Kaplama solüsyonunun her bir gramı için 25 mg kullanılan LZM başlangıçta dumanlanmış somon örneklerindeki *Listeria monocytogenes*'i 2.4 log kob/g, toplam aerobları 4.5 log kob/g ve mayalarla küfleri 3.0 log kob/g'dan daha fazla inaktif etmiştir. LZM içeren PASP kaplama hem 4 °C hem de 10 °C'de *Listeria monocytogenes*'in gelişimini geciktirmiştir (Min ve diğ., 2005).

Bu tez çalışmasında, vakum paketlemenin protein bazlı yenilebilir kaplama ile birlikte kullanımı ile sıcak dumanlanmış alabalık filetolarındaki ekonomik kayıpların engellenmesi, bu ürünlerin raf ömrünün arttırılması ve yeni bir aktif ambalaj teknolojisi geliştirilmiştir. Soya, yumurta akı tozu, peynir altı suyu tozu, buğday, mısır, jelatin, kollajen ve balık proteinlerinden üretilen kaplamaların uygulandığı vakum paketlenmiş sıcak dumanlanmış alabalık filetolarında 2±2 °C sıcaklıktaki depolama sırasında meydana gelen kalite değişimlerinin incelenmesi amaçlanmıştır.

3. MALZEME VE YÖNTEM

3.1. MALZEME

Bu çalışmada materyal olarak İstanbul Balık Hali'nde bulunan Bozo Balıkçılık şirketinden satın alınan taze alabalıklar (*Oncorhynchus mykiss*) İşleme Teknolojileri Proses Laboratuvarına getirilmiştir. Çalışmada kullanılan alabalıkların ortalama ağırlığı 268.27±24.01 g, boyu 28.07±1.21 cm'dir (Şekil 3.1). Araştırma İstanbul Üniversitesi Su Ürünleri Fakültesi İşleme Teknolojisi Bölümü laboratuvarlarında gerçekleştirilmiştir.

Şekil 3.1: Taze alabalıklar

3.1.1. Dumanlanacak Materyalin Hazırlanması

İç organları ayıklanan ve yıkanan alabalıklar % 6.5 tuz solüsyonunda balık:tuz solüsyonu oranı 1:1 olacak şekilde yaklaşık 18 saat 2±2 °C'de bekletilmiştir. Salamuradan çıkarılan balıklar temiz içme suyu içinde 1 saat tutulduktan sonra kancalara asılarak dumanlama kabinine uygun aralıklarla yerleştirilmiştir. Balıklar, fazla suyun süzülmesi için 15 dakika boyunca oda sıcaklığında tutulduktan sonra dumanlama işlemine geçilmiştir.

3.1.2. Dumanlama Ünitesi ve Dumanlama İşlemi

Dumanlama işleminde sanayi tipi dumanlama ünitesi ve duman üretilmesinde meşe talaşı kullanılmıştır. Uygulanan işlemler sırasıyla; oda sıcaklığında (20 °C'de) 15 dakika kurutma, 70 °C'de 45-60 dakika boyunca pişirme ve 80 °C'de 120 dakika boyunca dumanlama olarak belirlenmiştir (Şekil 3.2.). Dumanlama işlemi bittikten sonra alabalıklar fırın içinde oda sıcaklığına kadar soğuyana kadar bekletilmiştir. Soğuyan balıklar çengellerinden çıkartılmış ve deri, baş ve kılçıklarından ayrılarak fileto haline getirilmiştir. Hazırlanan filetolar önceden hazırlanmış protein bazlı kaplamalarla oda sıcaklığında daldırma yöntemine göre muamele edilmiştir.

Şekil 3.2: Dumanlanmış alabalıklar

Sıcak dumanlanmış alabalık filetoları dumanlama işlemi sırasında hazırlanmış her bir protein filmiyle kaplandıktan sonra vakum uygulanarak paketlenmiş ve 2±2 °C'deki soğuk odada depolanmıştır.

3.1.3. Yenilebilir Protein Filmi Solüsyonlarının Hazırlanması

Yenilebilir protein film üretiminde kullanılan malzemeler Smart Kimya (İzmir, Türkiye) şirketinden temin edilmiştir.

3.1.3.1. Soya Protein İzolatı (SPI) Filmi Solüsyonu

Almanya'da üretilmiş olan ve %90 oranında protein içeren 5 g SPI, 100 ml saf su ve 2.5 ml GLS 55-60 °C'de 15-20 dk karıştırılmıştır. 2 M sodyum hidroksit (NaOH) ile çözeltinin pH'sı 10.5'e ayarlandıktan sonra 75-80 °C'de 10-15 dk daha karıştırılmış ve bir bez yardımıyla süzülmüştür (Denavi ve diğ., 2009).

3.1.3.2. Peynir Altı Suyu Proteini (PASP) Filmi Solüsyonu

Almanya'daki Lactoprot firması tarafından üretilmiş olan ve %80 oranında protein içeren 5 g PASP, 100 ml saf su, 5 ml GLS 55-60 °C'de 15-20 dk karıştırılmıştır. 2 N NaOH ile çözeltinin pH'sı 8'e ayarlandıktan sonra 75-80 °C'de 15 dk karıştırılmış ve bez yardımıyla süzülmüştür (Sarıkuş, 2006).

3.1.3.3. Yumurta Akı Tozu Proteini (YATP) Filmi Solüsyonu

Türkiye'de üretilmiş olan ve %78 oranında protein içeren 9 g YATP, 100 ml saf su, 4.5 ml GLS oda sıcaklığında 5 dk karıştırıldıktan sonra 1 N NaOH ile çözeltinin pH'sı 11.25'e ayarlanmıştır. 45 °C'deki su banyosunda 20 dk tutulmuş ve bez yardımıyla süzülmüştür (Gennadios ve diğ., 1996).

3.1.3.4. Buğday Proteini (Gluten-G) Filmi Solüsyonu

Belçika'da üretilmiş olan ve %75-82 oranında protein içeren 7.5 g G, 55 ml %95'lik etil alkol, 45 ml saf su ve 3.75 ml GLS 55 °C'de 15 dk karıştırıldıktan sonra % 50'lik asetik asitle çözeltinin pH'sı 4'e ayarlanmıştır. 70 °C'de 15 dakika daha karıştırılmasının ardından bir bez yardımıyla süzülmüştür (Tanadu-Palmu, 2000).

3.1.3.5. Mısır Proteini (Zein-Z) Filmi Solüsyonu

Amerika'daki Sigma Aldrich firması tarafından üretilmiş olan ve % 90 oranında protein içeren zein proteininden film çözeltisi Baysal ve diğ., (2009)'nin geliştirdiği yöntem modifiye edilerek hazırlanmıştır. 2.5 g Z, 60 ml %95'lik etil alkol, 1 ml GLS 75-80 °C'de 30 dk karıştırılmıştır (Baysal, 2009). Bu şekilde hazırlanan Z filmi solüsyonunun pH'sı 5.8 olmuştur.

3.1.3.6. Jelatin (J) Filmi Solüsyonu

Arjantin'deki Rousselot firması tarafından üretilmiş olan ve %83 oranında protein içeren 2 g J, 100 ml su, 1.1 ml GLS 55-60 °C'de 30 dk karıştırılmış ve bez yardımıyla süzülmüştür (Thomazine ve diğ., 2005). Belirtilen şekilde hazırlanan J filmi solüsyonunun pH'sı 5.1 olarak belirlenmiştir.

3.1.3.7. Kollajen (KL) Filmi Solüsyonu

Türkiye'de üretilen ve %90 oranında protein içeren 3 g KL, 200 ml %3'lük asetik asit, 1.5 ml GLS 75-80 °C'de 30 dk karıştırılmıştır (Ho ve diğ., 2001). Bu yönteme göre hazırlanan KL filmi solüsyonunun pH'sı 3.3 olmuştur.

3.1.3.8. Alabalık Protein (AP) Filmi Solüsyonu

İstanbul Balık Hali'nden alınarak uygun koşullarda laboratuvara ulaştırılan film üretilecek alabalıkların baş, kuyruk, iç organları ve kemiksi yapıları ayıklandıktan sonra derisi sıyrılmış ve kıyma haline getirilmiştir. Ağırlığının 3-4 katındaki soğuk su içerisinde 5-10 dk bekletilerek suda çözünen proteinler, kan ve kirlilik unsurlarının uzaklaşması için 2-3 kez yıkanmıştır. Yıkama işleminin ardından bir bez yardımıyla iyice sıkılarak balık kıymasındaki fazla su uzaklaştırılmıştır. Bu şekilde hazırlanan yıkanmış balık kıyması yenilebilir balık filminin hammaddesini oluşturmuştur. Yenilebilir film üretimine geçilmeden önce bu kıymadan protein ve nem analizleri yapılmıştır. AP oranı %18.48 ve nem oranı %73.35 olarak bulunmuştur. Hazırlanacak çözeltinin protein oranının %2'ye ayarlanması gerektiği için analiz sonuçlarına göre gerekli miktarda saf su ve protein oranının %50'si oranında da GLS ilave edildikten sonra karışım iyice blenderde parçalanmış ve süzülmüştür. 75-80 °C'de 10-15 dk karıştırıldıktan sonra %50'lik asetik asitle çözeltinin pH'sı 3'e ayarlanmıştır. 75-80 °C'de 10-15 dk daha karıştırılarak hazır hale getirilmiştir (Cuq ve diğ., 1997).

3.1.3.9. Uskumru Protein (UP) Filmi Solüsyonu

Film üretiminde kullanılacak olan uskumru balık kıyması alabalık balık kıymasında olduğu gibi aynı yerden elde edilerek, aynı şekilde temizlenip yıkanarak hazırlanmıştır. UP oranı %23.38 ve nem oranı %72.62 olarak bulunmuştur. Uskumrulardan film üretim yöntemi de alabalık filminde olduğu gibidir. Yalnız UP oranı daha yüksek olduğu için film solüsyonunun protein oranını %2'ye ayarlarken daha az saf su ilave edilmiştir. Çözeltinin pH'sı yine 3'e ayarlanmıştır (Cuq ve diğ., 1997).

3.1.4. Film Solüsyonlarıyla Kaplama ve Vakum Paketleme

Balık filetoları yenilebilir protein filmi solüsyonlarının içerisinde 30-45 sn bekletildikten sonra her bir paket içerisine alüminyum tabaklar içinde iki fileto yerleştirilmiş ve vakum uygulanarak paketlenmiştir (Şekil 3.3). Böylece protein film solüsyonlarıyla kaplanmış ve herhangi bir muameleye tabi tutulmamış kontrol grubu olmak üzere toplam on analiz grubu oluşturulmuştur. Uygulama yapılan gruplar şu şekilde kodlanmıştır: kontrol grubu (K), soya protein izolatı ile kaplanmış örnekler (SPI), peynir altı suyu protein filmi ile kaplanmış örnekler (PASP), yumurta akı tozu protein filmi ile kaplanmış örnekler (YATP), buğday gluteni filmi ile kaplanmış örnekler (G), mısır zeini filmi ile kaplanmış örnekler (Z), jelatin filmi ile kaplanmış örnekler (J) , kollajen filmi ile kaplanmış örnekler (KL), alabalık protein filmi ile kaplanmış örnekler (AP), uskumru protein filmi ile kaplanmış örnekler (UP).

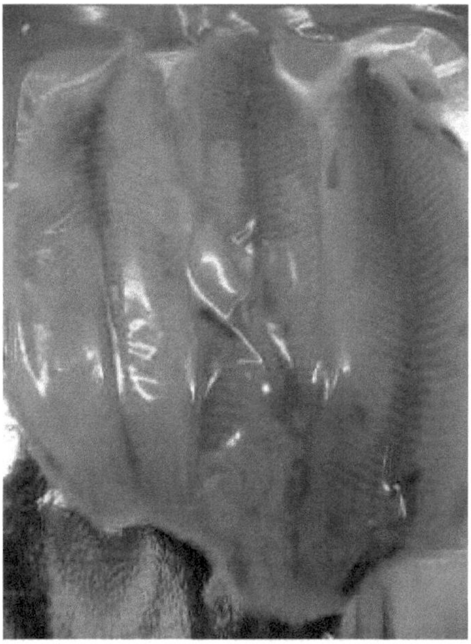

Şekil 3.3: Yenilebilir protein kaplama uygulanmış vakum paketlenmiş sıcak dumanlanmış alabalık filetoları

Filetolar vakum ambalaj için Polinas Plastik Firması (Manisa, Türkiye)'ndan temin edilen PE bazlı torbalara (kalınlık; 90µm, toplam ışık geçirgenliği: %30; O_2 geçirgenliği: %75 nispi rutubette ve 25 °C'de 160 cm^3/m^2/gün/atm; su buharı geçirgenliği: %100 nispi rutubette ve 25 °C'de 8.50 g/m^2/gün) yerleştirilmiş ve Henkovac model (ML's Hertogenbosch, Hollanda) vakum makinası kullanılarak paketlenmiştir. Paketlenen örnekler 2±2 °C' deki soğuk hava deposuna yerleştirilmiştir.

3.2. YÖNTEM

Yenilebilir protein kaplama uygulanmış sıcak dumanlanmış vakum paketlenmiş alabalık örneklerinde depolanma süresince meydana gelen mikrobiyolojik, duyusal, fiziksel ve kimyasal değişimler aşağıda belirtilen yöntemlerle incelenmiştir.

3.2.1. Mikrobiyolojik Analizler

3.2.1.1. Örnek Alımı

Depolama süresi boyunca tüm örneklerde incelenen bakteri yükü için örnek (25 g) alüminyum folyo üzerinde tartıldıktan sonra steril bir şekilde stomaher poşetlerine (Seward Medikal, İngiltere) alınmıştır. Daha sonra bu poşetlere 225 ml'lik steril peptonlu su (Merck, cat No: 107214) ilave edilerek peristaltik karıştırıcı ile (Stomacher, IU Instrumnet, İspanya) 2 dk süreyle homojenize edilmiş ve analize hazır hale getirilmiştir. Bundan sonra 9 ml peptonlu su bulunan tüplerden seri dilüsyonlar hazırlanmış ve ekimler yapılmıştır (Bell ve diğ., 2005). Mikrobiyolojik analizler her bir dilüsyondan çift paralleli ekim yapılarak gerçekleştirilmiştir.

3.2.1.2. Toplam Mezofilik Aerobik Bakteri Yükünün Belirlenmesi

Toplam mezofilik aerobik bakteri sayımı için Plate Count Agar (PCA, cat No: 105463, Merck, Darmstadt, Almanya) besiyeri kullanılarak dökme plak yöntemiyle 1.0 ml ekim yapılarak 30 °C'de 24-48 saat inkübasyon uygulanmıştır (Bell ve diğ., 2005).

3.2.1.3. Toplam Psikrotrofik Bakteri Yükünün Belirlenmesi

Toplam psikrotrofik bakteri sayımında da Plate Count Agar (PCA, cat No: 105463, Merck, Darmstadt, Almanya) besiyeri kullanılarak dökme plak yöntemine göre ekim yapılmış, 7 °C'de 10 gün inkübasyon uygulanmıştır (Bell ve diğ., 2005).

3.2.1.4. Toplam Anaerobik Bakteri Yükünün Belirlenmesi

Toplam anaerobik bakteri yükü de Plate Count Agar (PCA, cat No: 105463, Merck, Darmstadt, Almanya) kullanılarak dökme plak yöntemiyle ekim yapılarak anaerobik şartlar CO_2'li inkübatör (%5 CO_2, HF 90 model, Shanghai, Çin) kullanılarak sağlanmış ve 30 °C'de 72 saat inkübasyon uygulanmıştır (Bell ve diğ., 2005).

3.2.1.5. Anaerobik Sülfit İndirgeyici *Clostridium* spp. Sayımı

Differential Reinforced Clostridial Broth (DRCM, cat No: 1.11699, Merck, Darmstadt, Almanya) besiyeri kullanılarak tüp yöntemine göre ekim yapılmış ve anaerobik şartlarda (%5 CO_2'li inkübatör) 30 °C'de 14 gün inkübe edilmiştir (ICMSF, 1986).

3.2.1.6. *Clostridium perfringens* Sayımı

Clostridum perfringens supplement içeren (cat No: 100888 Merck, Darmstadt, Almanya) Tryptose Sulfite Cycloserine Agar (TSC Agar, cat No: 111972 Merck, Darmstadt, Almanya) besiyeri kullanılarak dökme plak yöntemine göre ekim yapılmış ve anaerobik şartlarda (%5 CO_2'li inkübatör) 30 °C'de 48 saat inkübe edilmiştir (ICMSF, 1986).

3.2.1.7. *Clostridium botulinum* Tespiti

Cooked meat medium (R. C. Medium, cat no: M 149, Himedia, Mumbai, India) besiyeri kullanılarak 35 °C'de 5-15 gün ön zenginleştirmeye tabi tutulmuş örnekler içerisindeki sporlar ısı ile muamele edilerek veya absolute etanol ile öldürüldükten sonra Anaerobik Agar acc. to Brewer (A. Agar, cat No: 1.05452, Merck, Darmstadt, Almanya) besiyerinin olduğu petrilere özeyle ekim yapılmış anaerobik şartlarda (%5 CO_2'li inkübatör) 35 °C'de 5 gün inkübe edilmiştir (ICMSF, 1986).

3.2.1.8. Toplam Maya-Küf Yükünün Belirlenmesi

Dichloran Rose Bengal Chloramphenical (DRBC, cat No: 100466 Merck, Darmstadt, Almanya) besiyeri kullanılarak yayma plak yöntemiyle 0.1 ml ekim yapılarak 25 °C'de 5-7 gün aerobik inkübasyon uygulanmıştır (Bell ve diğ., 2005).

Mezofilik aerobik bakteri, psikrotrofik bakteri, anerobik bakteri, maya-küf yükü, *Clostridium perfringens*, *Clostridium botulinum* yükünün sonuçları log kob/g olarak anaerobik sülfit indirgeyici *Clostridium* spp. sonuçları log EMS/g olarak hesaplanmıştır.

3.2.2. Duyusal Analizler

Duyusal değerlendirmede Huss (1988)'in geliştirdiği skala kullanılmıştır. Bu skalaya göre örneklerin genel görünüşü, kokusu, tadı ve doku yapısı 4 paneliste tattırılmak suretiyle lezzetinde meydana gelen değişimler 1 ile 9 değeri baz alınarak değerlendirilmesi istenmiştir. Genel görünüş, koku, tat ve doku puanlarının ortalamalarının alınmasıyla her grubun kaç hafta tüketilebildiği de belirlenmiştir. Duyusal değerlendirmede kullanılan form örneği Tablo 3.1'de verilmiştir. Formdaki "5" puan değeri tüketilebilirlik sınırını göstermektedir.

Tablo 3.1: Yenilebilir protein kaplama uygulanmış vakum paketlenmiş sıcak dumanlanmış alabalık filetolarının duyusal değerlendirme formu

Duyusal Parametreler	9	8	7	6	5	4	3	2	1
Genel Görünüş	Çok iyi	Oldukça iyi	İyi	Biraz iyi	Tüketim sınırı	Biraz kötü	Kötü	Oldukça kötü	Çok kötü
Koku	Çok iyi	Oldukça iyi	İyi	Biraz iyi	Tüketim sınırı	Biraz kötü	Kötü	Oldukça kötü	Çok kötü
Tat	Çok iyi	Oldukça iyi	İyi	Biraz iyi	Tüketim sınırı	Biraz kötü	Kötü	Oldukça kötü	Çok kötü
Doku	Çok iyi	Oldukça iyi	İyi	Biraz iyi	Tüketim sınırı	Biraz kötü	Kötü	Oldukça kötü	Çok kötü

3.2.3. Fiziksel Analizler

3.2.3.1. Renk Ölçümü

Renk ölçümleri Konica Minolta Chromo Meter (model CR 400/410; Minolta, Osaka, Japonya) kullanılarak gerçekleştirilmiştir. Her grup örnekte fileto üzerinde sırta yakın orta bölgede 3 noktadan renk ölçümü yapılmıştır. Renk ölçümleri depolamanın başlangıcında ve duyusal panel testlerinde elde edilen genel değerlendirme sonuçları doğrultusunda belirlenen, tüketilebildikleri son haftada olmak üzere iki kez uygulanmıştır. Ölçülen parametreler L*, a* ve b* değerleridir. Hunter Lab sisteminde L* değeri parlaklığı (0'dan 100'e kadar derecelendirme siyahtan beyaza renk dağılımını); a* değeri pozitif değerdeyken kırmızı negatif değerde yeşili ve b* değeri pozitif değerde sarıyı negatif değerdeyken mavi renk aralığını ifade etmektedir.

Elde edilen renk değerleri kullanılarak, ($\Delta L^2+\Delta a^2+\Delta b^2$)'nin karekökünün alınması ile ΔE^* (renk farkı) de hesaplanmıştır (Gerdes ve Santos Valdez, 1991).

3.2.3.2. Tekstürel Parametrelerin Ölçümü

Tekstür analizi her gruba ait dumanlanmış alabalık filetolarının sırt orta kısmından alınan 3x3 cm kare şeklindeki örneklerden gerçekleştirilmiştir. Toplam 1.5 kg yüke sahip CT3 Tekstür Analyzer (Brookfield Texture Analyzer, Guangzhou, Çin) cihazı kullanılarak; Target type: Distance, Test type: TPA (basma testi); Target value: 4 mm, Hold time:0 s, Trigger load: 0.02 N, Test speed: 1.00 mm/second, Return speed: 1.00 mm/second, Probe type: TA 50, Fixture: TA-RT-KI, Load Cell: 1500 g olacak şekilde ölçüm yapılmıştır. Filmlerin tekstürel özellikleri de renk ölçümlerinde olduğu gibi depolamanın başlangıcında ve duyusal panel testlerinde elde edilen genel değerlendirme sonuçları doğrultusunda belirlenen, tüketilebildikleri son haftada olmak üzere yine iki kez uygulanan testlerle tespit edilmiştir. Ölçülen parametreler; kırılganlık (N), sertlik (N), esneklik (mm), yapışıklık (Nxmm), gam yapı (N), çiğnenebilirlik (Nxmm), yapışkanlık ve elastikiyet değerleridir. Her gruba ait üç filetodan üçer adet ölçüm yapılmıştır.

Yenilebilir protein filmlerinin kopma ve gerilmeye karşı göstereceği direncin tespit edilmesi amacıyla gerçekleştirilen çekme testleri; Target type: Distance, Test type: Tension (çekme); Target value: 40-90 mm, Trigger load: 0.04 N, Test speed: 0.5 mm/second, Return speed: 4.5 mm/second, Probe type: TA3/100, Fixture: TA-DGA, Load cell:1500 g olacak şekilde gerçekleştirilmiştir. Ölçülen parametreler; gerilme kuvveti (N), maksimum uzama (mm)'dır. Her gruba ait üç protein filminden üçer adet ölçüm yapılmıştır.

3.2.3.3. Yenilebilir Protein Filmlerinin Işık ve Oksijen Geçirgenliklerinin Belirlenmesi

Yenilebilir protein filmlerinin ışık geçirgenlikleri Perkin Elmer marka çift demetli, görülebilir konumda ölçüm yapan spektrofotometre kullanılarak

560 nm'de, 23±2 °C'de okuma yapılarak ölçülmüştür. Her gruba ait üç protein filminden üçer adet ölçüm yapılmıştır. Cihazdan elde edilen ışık yoğunluk değerine göre filmlerin ışık geçirgenlikleri aşağıdaki formüle göre hesaplanmıştır (ASTM D1746-09, 2009).

$T_r = (I_r/I_0)x\ 100$ olarak hesaplanır. Burada;

T_r: Yüzde ışık geçirgenliği

I_r: Spektrofotometre küvetinin numuneli ışık yoğunluk değeri

I_0: Spektrofotometre küvetinin numunesiz ışık yoğunluk değeri

Yenilebilir protein filmlerinin oksijen geçirgenlikleri ise Systech marka gaz geçirgenliği test cihazı kullanılarak yine 23±2 °C'de 170 bar O_2 basıncı verilerek 4 saat süresince ölçülmüştür (ASTM D3985–05, 2010). Her gruba ait üç protein filminden üçer adet ölçüm yapılmıştır.

3.2.4. Kimyasal Analizler

3.2.4.1. pH Ölçümü

pH ölçümü Hanna pH 211 Microprocessor pH meter (HANNA Instruments, Michigan, USA) kullanılarak Vyncke (1981) metoduna göre gerçekleştirilmiştir. Ölçüm işlemi sırasında her gruptan homojenize edilmiş 1'er gram örnek tartılıp, 1:10 (w/v) oranında sulandırıldıktan sonra probun çözeltilerin içine daldırılması suretiyle 3 paralelli olarak oda sıcaklığında ölçüm yapılmıştır.

3.2.4.2. Toplam Uçucu Bazik Azot (TVB-N) Analizi

TVB-N analizi Antonocopoulos ve Vyncke (1989) yöntemine göre yapılmıştır. Öncelikle tespit edilmek istenilen balık etlerindeki bileşenlerin açığa çıkması amacıyla homojenizatörde parçalanmış 10 g balık etine, 90 ml %7.5'lik triklorasetik asit (TCA) solüsyonu ilave edilmiştir. Karışım 1-2 dk süreyle disperser (ultra toraks, IKA T 25 Basic, Staufen, Almanya) ile karıştırılmıştır. Disperserde karıştırılan örnekler 1-2 dk oda sıcaklığında bekletildikten sonra kaba filtre kağıdından süzülerek 250 ml'lik erlen mayerlere aktarılmıştır. Elde edilen destilattan 50 ml Kjeldahl tüpüne alınmış, üzerine 50 ml destile su, 5-10 ml %20'lik NaOH (pembe renk oluşana dek) ve bir kaç damla köpük önleyici eklenmiştir. Destilasyon köprüsünün çıkışına konulan 250 ml'lik erlenmayere 10 ml %3'lük borik asit ve bir kaç damla taşiro indikatörü ilave edilmiştir. 50 ml destilat köprü çıkışında birikene kadar destilasyon işlemi gerçekleştirilmiştir. Destilasyon işlemi için Büchi marka (Model K-350, Flawil 1, İsviçre) destilasyon cihazı kullanılmıştır. Biriken destilat 0.01 N hidroklorik asit (HCl) içeren otomatik titratör (DL 25 Titratör, Mettler-Toledo AG, Greifensee, İsviçre) yardımıyla titre edilerek aşağıdaki formüle göre, sonuç mg/100g olarak hesaplanmıştır.

TVB-N (mg/100g)= (örnek için harcanan HCl-köre harcanan HCl) x 0.01 x14 x 2 x 100 /örnek ağırlığı

3.2.4.3. Trimetilamin Azot (TMA-N) Analizi

TMA-N analizi AOAC (1998)'e göre yapılmıştır. Homojenizatörde homojenize edilen örnek erlen mayer içerisine tartılmış ve üzerine %7.5'lik TCA eklenerek disperser ile 1-2 dk karıştırılmıştır. Homojenize örnek oda sıcaklığında 1-2 dk tutulduktan sonra kaba filtre kağıdından süzülmüştür. Elde edilen destilattan pipet yardımıyla 4 ml alınıp reaktif tüplerine konulmuştur. Ardından yöntemde belirtildiği gibi 1 ml %20'lik formaldehit, 3 ml %50'lik potasyum hidroksit ve 10 ml saf toluol eklenmiştir. Üç-dört dakika süre ile karıştırıldıktan sonra 15 dk bekletilerek faz oluşumu sağlanmıştır. Üst fazdan pipet yardımıyla 5 ml alındıktan sonra, üzerine 5 ml %0.02'lik toluolde hazırlanmış pikrik asit çözeltisi eklenmiş ve spektrofotometrede (UV/VIS çift demetli spektrofotometre, T80 Series, PG Instruments Ltd., Wibtoft. Leics, İngiltere) 410 nm dalga boyunda köre karşı okuma yapılmıştır. Bu aşamada aynı işlem 0.0025-0.01 mg/ml TMA-N içeren seri standartlara da uygulanmıştır. Standart olarak trimetilamonyumklorid (Merck, 8.211/8.0005) kullanılmıştır. Örneklerin TMA-N değeri aşağıdaki formüle göre hesaplanmıştır.

TMA-N (mg/100 g)= Standart eğriden okunan TMA-N değeri x dilüsyon faktörü/örnek ağırlığı

3.2.4.4. Tiyobarbitürik Asit İndeksi (TBA-i) Analizi

TBA-i analizi Erkan ve Özden (2008)'e göre yapılmıştır. Homojenize edilmiş balıketi örneği 10 g (0.01 g hassasiyetindeki terazi ile) tartılarak üzerine, etanolde 1 g/L olacak şekilde hazırlanan bütillendirilmiş hidroksitoluen çözeltisinden 500 µL ve 90 ml %5'lik TCA ilave edildikten sonra disperser ile orta devirde parçalanmıştır. Elde edilen karışım kaba filtre kağıdından süzüldükten sonra eldeki destilattan 5 ml alınarak 20 ml'lik tüpe aktarılmış ve üzerine %10'luk glasiyel asetik asitte hazırlanmış TBA reaktifi (Fluka, 88481)'nden 0.02 mol/L eklenerek ağzı sıkıca kapatılmıştır. Reaksiyonun oluşması için tüpler 80 °C'de su banyosunda 40 dk tutulduktan sonra oda sıcaklığına soğutulmuştur.

Bu işlemlerin tümü kör ve 0.002-0.014 µg/ml MDA (malondialdehit) içeren standartlara da uygulanmıştır. Standart olarak 1,1,3,3-tetraetoksipropan MDA-dimetil asetal (Merck, 8.20756.0250) kullanılmıştır. Standart ve örneklerin, 532 nm dalga boyunda, UV/VIS spektrofotometrede köre karşı okuması yapılmıştır. Spektrofotometrede okunan MDA değeri standartların regresyon eğrisi denklemi üzerinde yerine konularak aşağıdaki formüle göre hesaplama yapılmıştır.

TBA-i (mg MDA/kg)= Standart eğriden okunan MDA değeri x dilüsyon faktörü/örnek ağırlığı

3.2.4.5. Serbest Yağ Asidi (FFA) Analizi

FFA analizi Mattissek ve diğ. (1992)'e göre yapılmıştır. Bunun için homojenizatörde homojenize edilen örnekten 1-2±0.05 g hassasiyette tartılmıştır. Üzerine 25 ml dietileter, 25 ml etil alkol karışımı dökülerek biraz bekletilmiştir. Ardından 1 ml fenolfitaleyn (%1 alkolde hazırlanmış) katılmıştır. Pembe renk elde edilinceye dek 0.1 N NaOH ile titre edilmiştir. Örneklerdeki serbest yağ asiti miktarı titrasyonda harcanan NaOH miktarı aşağıdaki formülde yerine konularak oleik asit cinsinden % olarak hesaplanmıştır.

% FFA= 28.2 x ((Örnek için harcanan NaOH-kör için harcanan NaOH)) x NaOH'nin normalitesi /örnek ağırlığı

3.2.5. İstatistiksel Analizler

İstatistiksel analizler, IBM SPSS Statistics 20 istatistik paket programı kullanılarak yapılmıştır. Sonuçlar, ortalama±standart sapma olarak verilmiştir. Çoklu karşılaştırmalar için parametrik varsayımların gerçekleştiği verilerde tek yönlü varyans analizi (One-Way ANOVA) uygulanmıştır. Bu test ile fark bulunan gruplarda, farklılığın nereden kaynaklandığını bulmak için Tukey testi kullanılmıştır. Gruplar arası ve depolamaya bağlı parametrelerde değerlendirmeler ve parametreler arası ilişkide $p<0.05$ olması anlamlı kabul edilmiştir (Sümbüloğlu ve Sümbüloğlu, 2002).

4. BULGULAR

4.1. YENİLEBİLİR PROTEİN FİLMLERİYLE KAPLANAN DUMANLANMIŞ ALABALIKLARIN KALİTE BULGULARI

4.1.1. Mikrobiyolojik Analiz Sonuçları

4.1.1.1. Toplam Mezofilik Aerobik Bakteri Sayımı Sonucu

Dumanlanmış alabalık örneklerinin toplam mezofilik aerobik bakteri yükü depolamanın (2±2 °C) başlangıcında kontrol grubu örneklerde 3.63±0.02 log kob/g olarak bulunurken yenilebilir protein filmleriyle kaplanan örneklerde <1±0.00 log kob/g olarak tespit edilmiştir. Depolamanın 2. haftasında kontrol grubu örneklerde 6.03±0.02 log kob/g olan mezofilik aerobik bakteri yükü, PASP grubu örneklerde 7.46±0.03 log kob/g olarak bulunmuştur. Mezofilik aerobik bakteri yükü YATP grubu örneklerde depolamanın 3. haftasında 6.94±0.05 log kob/g'a, J grubu örneklerde ise depolamanın 4. haftasında 7.57±0.02 log kob/g'a ulaşmıştır. Depolamanın 8. haftasında SPI grubu örneklerin mezofilik aerobik bakteri yükü 3.24±0.03 log kob/g, UP grubu örneklerininki 2.81±0.02 log kob/g olarak gözlenmiştir. G, Z, KL ve AP grubu örneklerde ise sekiz haftalık depolama periyodu süresince bu tür bakteri yükü 1±0.00 log kob/g'ın altında kalmıştır (Tablo 4.1 ve Şekil 4.1). Depolama süresince toplam mezofilik aerobik bakteri yükü kontrol grubuna göre SPI, G, Z, KL, AP ve UP gruplarında daha düşük değerlerde ($p<0.05$) bulunmuştur. Depolamanın 6. haftasında PASP ve YATP gruplarına ait toplam mezofilik aerobik bakteri yükleri arasındaki farkın anlamsız ($p>0.05$) olduğu görülmüştür. J grubunda depolamanın 5., 6. ve 7. haftalarında elde edilen mezofilik aerobik bakteri sayıları oldukça benzer ($p>0.05$) bulunmuştur.

Tablo 4.1: Yenilebilir protein kaplama uygulanmış vakum paketlenmiş sıcak dumanlanmış alabalık filetolarının 2±2 °C'de depolanması sırasında belirlenen toplam mezofilik aerobik bakteri sayıları (log kob/g)

Depolama Süresi (Hafta)	K	SPI	PASP	YATP	G	Z	J	KL	AP	UP
0	3.63 ± 0.02^{Aa}	$<1.00\pm0.00^{Ba}$	$<1.00\pm0.00^{Ba}$	$<1.00\pm0.00^{Ba}$	$<1.00\pm0.00^{Ba}$	$<1.00\pm0.00^{Ba}$	$<1.00\pm0.00^{Ba}$	$<1.00\pm0.00^{Ba}$	$<1.00\pm0.00^{Ba}$	$<1.00\pm0.00^{Ba}$
1	5.12 ± 0.01^{Ab}	$<1.00\pm0.00^{Ba}$	5.01 ± 0.13^{Ab}	3.99 ± 0.07^{Cb}	$<1.00\pm0.00^{Ba}$	$<1.00\pm0.00^{Ba}$	2.91 ± 0.03^{Db}	$<1.00\pm0.00^{Ba}$	$<1.00\pm0.00^{Ba}$	$<1.00\pm0.00^{Ba}$
2	6.03 ± 0.02^{Ac}	$<1.00\pm0.00^{Ba}$	7.46 ± 0.03^{Cc}	5.41 ± 0.02^{Dc}	$<1.00\pm0.00^{Ba}$	$<1.00\pm0.00^{Ba}$	3.89 ± 0.07^{Ec}	$<1.00\pm0.00^{Ba}$	$<1.00\pm0.00^{Ba}$	$<1.00\pm0.00^{Ba}$
3	7.13 ± 0.07^{Ad}	2.83 ± 0.02^{Bb}	8.31 ± 0.04^{Cd}	6.94 ± 0.05^{Dd}	$<1.00\pm0.00^{Ea}$	$<1.00\pm0.00^{Ea}$	4.25 ± 0.09^{Fd}	$<1.00\pm0.00^{Ea}$	$<1.00\pm0.00^{Ea}$	$<1.00\pm0.00^{Ea}$
4	7.50 ± 0.33^{Ae}	$<1.00\pm0.00^{Ba}$	8.55 ± 0.04^{Ce}	7.53 ± 0.07^{Ae}	$<1.00\pm0.00^{Ba}$	$<1.00\pm0.00^{Ba}$	7.57 ± 0.02^{Ae}	$<1.00\pm0.00^{Ba}$	$<1.00\pm0.00^{Ba}$	$<1.00\pm0.00^{Ba}$
5	7.96 ± 0.04^{Af}	$<1.00\pm0.00^{Ba}$	8.60 ± 0.17^{Cef}	7.65 ± 0.05^{Df}	$<1.00\pm0.00^{Ba}$	$<1.00\pm0.00^{Ba}$	8.06 ± 0.06^{Af}	$<1.00\pm0.00^{Ba}$	$<1.00\pm0.00^{Ba}$	$<1.00\pm0.00^{Ba}$
6	6.60 ± 0.00^{Ag}	2.80 ± 0.06^{Bb}	8.77 ± 0.01^{Cf}	8.75 ± 0.02^{Cg}	$<1.00\pm0.00^{Da}$	$<1.00\pm0.00^{Da}$	8.06 ± 0.06^{Ef}	$<1.00\pm0.00^{Da}$	$<1.00\pm0.00^{Da}$	$<1.00\pm0.00^{Da}$
7	7.33 ± 0.02^{Ade}	3.11 ± 0.00^{Bc}	8.45 ± 0.04^{Cde}	8.66 ± 0.02^{Dg}	$<1.00\pm0.00^{Ea}$	$<1.00\pm0.00^{Ea}$	8.01 ± 0.11^{Ff}	$<1.00\pm0.00^{Ea}$	$<1.00\pm0.00^{Ea}$	$<1.00\pm0.00^{Ea}$
8	6.00 ± 0.00^{Ac}	3.24 ± 0.03^{Bd}	8.81 ± 0.05^{Cf}	8.91 ± 0.02^{Dh}	$<1.00\pm0.00^{Ea}$	$<1.00\pm0.00^{Ea}$	7.24 ± 0.06^{Fg}	$<1.00\pm0.00^{Ea}$	$<1.00\pm0.00^{Ea}$	2.81 ± 0.02^{Gb}

Not: Büyük harfler her satırdaki sütunlar arası farkı ($p<0.05$), küçük harfler her sütundaki satırlar arası farkı ($p<0.05$) ifade etmektedir.

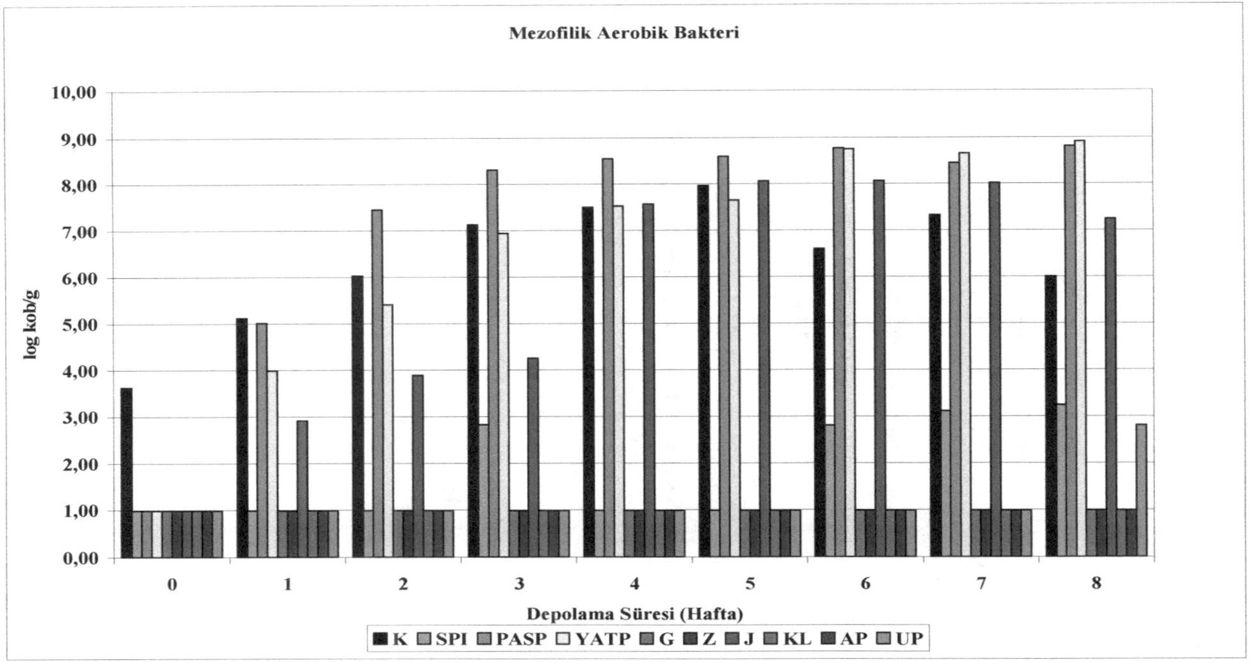

Şekil 4.1: Yenilebilir protein kaplama uygulanmış vakum paketlenmiş sıcak dumanlanmış alabalık filetolarının 2±2 °C'de depolanması sırasında toplam mezofilik aerobik bakteri yüklerinde meydana gelen değişimler

4.1.1.2. Toplam Psikrotrofik Bakteri Sayımı Sonucu

Dumanlanmış alabalık örneklerinin toplam psikrotrofik bakteri yükü depolamanın (2±2 °C) başlangıcında kontrol grubu örneklerde 3.14±0.01 log kob/g olarak bulunurken yenilebilir protein filmleriyle kaplanan örneklerde <1±0.00 log kob/g olarak tespit edilmiştir. Depolamanın 2. haftasında PASP grubu örneklerde 7.69±0.01 log kob/g olarak bulunan psikrotrofik bakteri yükü depolamanın 3. haftasında kontrol grubu örneklerde 7.51±0.00 log kob/g olarak, YATP grubu örneklerde ise 7.52±0.02 log kob/g olarak bulunmuştur. Toplam psikrotrofik bakteri yükü J grubu örneklerde depolamanın 4. haftasında 6.78±0.03 log kob/g'a ulaşmıştır. G, Z ve AP grubu örneklerde ise sekiz haftalık depolama periyodu süresince bu tür bakteri yükü <1±0.00 log kob/g değerinde tespit edilmiştir (Tablo 4.2 ve Şekil 4.2). Depolama süresince toplam psikrotrofik bakteri yükü SPI, KL ve UP gruplarında kontrol, PASP, YATP ve J grubuna göre daha düşük değerlerde ($p<0.05$) bulunmuştur. J grubunda 5., 6., ve 7. haftalarda elde edilen toplam psikrotrofik bakteri sayıları arasındaki farkın anlamsız ($p>0.05$) olduğu görülmüştür. Alabalık filetolarının psikrotrofik bakteri sayımı sonuçları mezofilik aerobik bakteri sayım sonuçlarıyla paralellik göstermiştir.

Tablo 4.2: Yenilebilir protein kaplama uygulanmış vakum paketlenmiş sıcak dumanlanmış alabalık filetolarının 2±2 °C'de depolanması sırasında belirlenen toplam psikrotrofik bakteri sayıları (log kob/g)

Depolama Süresi (Hafta)	K	SPI	PASP	YATP	G	Z	J	KL	AP	UP
0	3.14 ± 0.01^{Aa}	$<1.00\pm0.00^{Ba}$	$<1.00\pm0.00^{Ba}$	$<1.00\pm0.00^{Ba}$	$<1.00\pm0.00^{Ba}$	$<1.00\pm0.00^{Ba}$	$<1.00\pm0.00^{Ba}$	$<1.00\pm0.00^{Ba}$	$<1.00\pm0.00^{Ba}$	$<1.00\pm0.00^{Ba}$
1	5.39 ± 0.01^{Ab}	$<1.00\pm0.00^{Ba}$	5.67 ± 0.07^{Cb}	3.87 ± 0.08^{Db}	$<1.00\pm0.00^{Ba}$	$<1.00\pm0.00^{Ba}$	3.99 ± 0.12^{Db}	$<1.00\pm0.00^{Ba}$	$<1.00\pm0.00^{Ba}$	$<1.00\pm0.00^{Ba}$
2	5.46 ± 0.00^{Ab}	$<1.00\pm0.00^{Ba}$	7.69 ± 0.01^{Cc}	5.38 ± 0.02^{Dc}	$<1.00\pm0.00^{Ba}$	$<1.00\pm0.00^{Ba}$	4.99 ± 0.06^{Ec}	$<1.00\pm0.00^{Ba}$	$<1.00\pm0.00^{Ba}$	$<1.00\pm0.00^{Ba}$
3	7.51 ± 0.00^{Ac}	2.73 ± 0.01^{Bb}	8.35 ± 0.02^{Cd}	7.52 ± 0.00^{Ad}	$<1.00\pm0.00^{Da}$	$<1.00\pm0.00^{Da}$	5.19 ± 0.05^{Ed}	$<1.00\pm0.00^{Da}$	$<1.00\pm0.00^{Da}$	$<1.00\pm0.00^{Da}$
4	7.88 ± 0.03^{Ad}	$<2.00\pm0.00^{Bc}$	8.61 ± 0.02^{Ce}	7.30 ± 0.00^{De}	$<1.00\pm0.00^{Ea}$	$<1.00\pm0.00^{Ea}$	6.78 ± 0.03^{Fe}	$<1.00\pm0.00^{Ea}$	$<1.00\pm0.00^{Ea}$	$<1.00\pm0.00^{Ea}$
5	8.34 ± 0.07^{Ae}	3.16 ± 0.02^{Bd}	8.81 ± 0.12^{Cfg}	7.47 ± 0.00^{Dd}	$<1.00\pm0.00^{Ea}$	$<1.00\pm0.00^{Ea}$	8.11 ± 0.00^{Ff}	$<1.00\pm0.00^{Ea}$	$<1.00\pm0.00^{Ea}$	$<1.00\pm0.00^{Ea}$
6	6.81 ± 0.07^{Af}	2.75 ± 0.07^{Bb}	8.85 ± 0.00^{Cg}	8.68 ± 0.12^{Df}	$<1.00\pm0.00^{Ea}$	$<1.00\pm0.00^{Ea}$	8.14 ± 0.05^{Ff}	$<1.00\pm0.00^{Ea}$	$<1.00\pm0.00^{Ea}$	$<1.00\pm0.00^{Ea}$
7	7.63 ± 0.00^{Ag}	3.39 ± 0.05^{Be}	8.68 ± 0.02^{Cef}	8.62 ± 0.03^{Cf}	$<1.00\pm0.00^{Da}$	$<1.00\pm0.00^{Da}$	8.21 ± 0.07^{Ef}	2.74 ± 0.01^{Fb}	$<1.00\pm0.00^{Da}$	$<1.00\pm0.00^{Da}$
8	6.72 ± 0.02^{Af}	3.09 ± 0.02^{Bd}	8.79 ± 0.02^{Cfg}	8.97 ± 0.02^{Dg}	$<1.00\pm0.00^{Ea}$	$<1.00\pm0.00^{Ea}$	7.35 ± 0.05^{Fg}	$<1.00\pm0.00^{Ea}$	$<1.00\pm0.00^{Ea}$	2.59 ± 0.07^{Gb}

Not: Büyük harfler her satırdaki sütunlar arası farkı ($p<0.05$), küçük harfler her sütundaki satırlar arası farkı ($p<0.05$) ifade etmektedir.

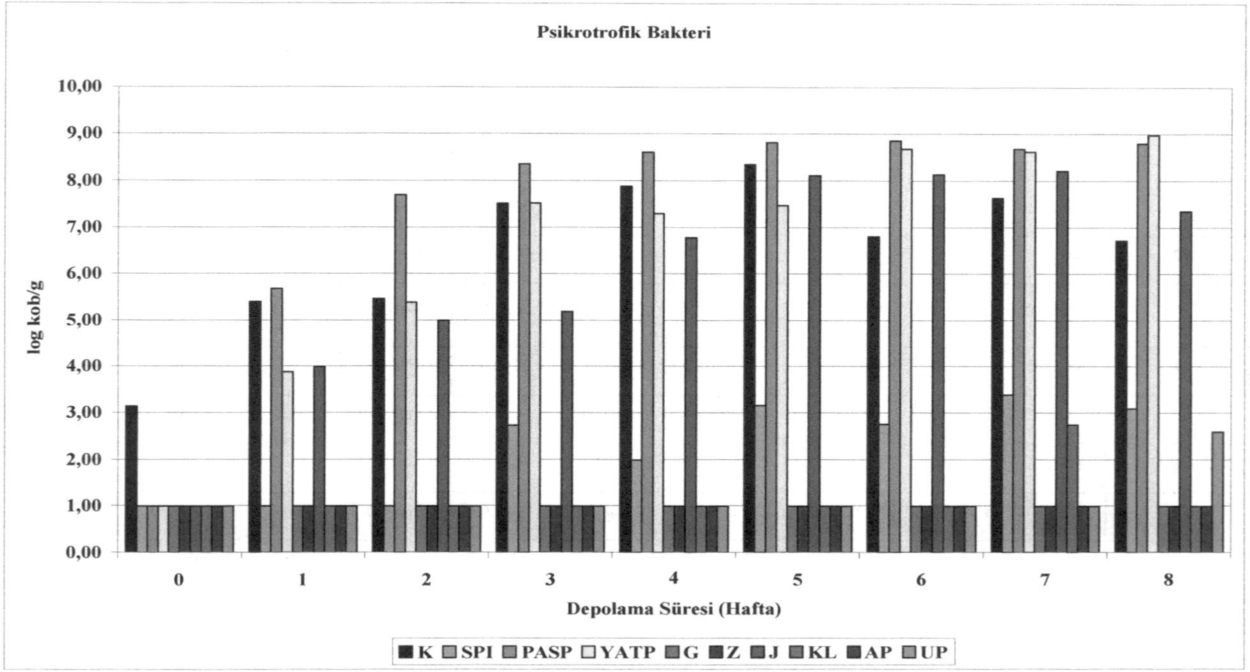

Şekil 4.2: Yenilebilir protein kaplama uygulanmış vakum paketlenmiş sıcak dumanlanmış alabalık filetolarının 2±2 °C'de depolanması sırasında toplam psikrotrofik bakteri yüklerinde meydana gelen değişimler

4.1.1.3. Toplam Anaerobik Bakteri Sayımı Sonucu

Dumanlanmış alabalık örneklerinin toplam anaerobik bakteri yükü depolamanın (2±2 °C) başlangıcında kontrol grubu örneklerde 3.29±0.01 log kob/g olarak bulunurken diğer gruplarda <1±0.00 log kob/g olarak tespit edilmiştir. PASP grubu örneklerde depolamanın 2. haftasında 7.62±0.02 log kob/g olan anaerobik bakteri yükü, depolamanın 3. haftasında kontrol grubu örneklerde 6.40±0.01 log kob/g olarak, YATP grubu örneklerde ise 7.39±0.02 log kob/g olarak bulunmuştur. J grubu örneklerde ise anaerobik bakteri yükü depolamanın 4. haftasında 6.69±0.00 log kob/g'a ulaşmıştır. Sekiz haftalık depolama boyunca toplam anaerobik bakteri yükü Z ve AP grubu örneklerde 1±0.00 log kob/g'ın altında kalırken SPI, G, KL ve UP grubu örneklerde kontrol, PASP, YATP ve J grubuna göre daha düşük değerlerde ($p<0.05$) bulunmuştur (Tablo 4.3 ve Şekil 4.3). PASP grubunda depolamanın 3., 4., 5. ve 7. haftasında elde edilen toplam anaerobik bakteri sayıları arasında istatistiki açıdan fark bulunamamıştır ($p>0.05$).

Tablo 4.3: Yenilebilir protein kaplama uygulanmış vakum paketlenmiş sıcak dumanlanmış alabalık filetolarının 2±2 °C'de depolanması sırasında belirlenen toplam anaerobik bakteri sayıları (log kob/g)

Depolama Süresi (Hafta)	K	SPI	PASP	YATP	G	Z	J	KL	AP	UP
0	3.29 ± 0.01^{Aa}	$<1.00\pm0.00^{Ba}$	$<1.00\pm0.00^{Ba}$	$<1.00\pm0.00^{Ba}$	$<1.00\pm0.00^{Ba}$	$<1.00\pm0.00^{Ba}$	$<1.00\pm0.00^{Ba}$	$<1.00\pm0.00^{Ba}$	$<1.00\pm0.00^{Ba}$	$<1.00\pm0.00^{Ba}$
1	5.40 ± 0.02^{Ab}	$<1.00\pm0.00^{Ba}$	5.64 ± 0.12^{Cb}	4.50 ± 0.10^{Db}	$<1.00\pm0.00^{Ba}$	$<1.00\pm0.00^{Ba}$	3.73 ± 0.03^{Eb}	$<2.00\pm0.00^{Fb}$	$<1.00\pm0.00^{Ba}$	$<1.00\pm0.00^{Ba}$
2	5.40 ± 0.08^{Ab}	$<1.00\pm0.00^{Ba}$	7.62 ± 0.02^{Cc}	5.50 ± 0.00^{Dc}	$<1.00\pm0.00^{Ba}$	$<1.00\pm0.00^{Ba}$	4.71 ± 0.08^{Ec}	$<2.00\pm0.00^{Fb}$	$<1.00\pm0.00^{Ba}$	$<1.00\pm0.00^{Ba}$
3	6.40 ± 0.01^{Ac}	2.78 ± 0.01^{Bc}	8.41 ± 0.04^{Cd}	7.39 ± 0.02^{Dd}	$<2.00\pm0.00^{Eb}$	$<1.00\pm0.00^{Fa}$	4.84 ± 0.10^{Gd}	2.47 ± 0.01^{Hc}	$<1.00\pm0.00^{Fa}$	$<1.00\pm0.00^{Fa}$
4	6.81 ± 0.04^{Ad}	$<2.00\pm0.00^{Bd}$	8.29 ± 0.11^{Cd}	7.34 ± 0.11^{Dd}	$<2.00\pm0.00^{Bb}$	$<1.00\pm0.00^{Ea}$	6.69 ± 0.00^{Ae}	2.60 ± 0.06^{Fcd}	$<1.00\pm0.00^{Ea}$	$<1.00\pm0.00^{Ea}$
5	8.14 ± 0.01^{Ae}	$<2.00\pm0.00^{Bd}$	8.55 ± 0.01^{Cde}	8.19 ± 0.01^{De}	$<2.00\pm0.00^{Bb}$	$<1.00\pm0.00^{Ea}$	8.11 ± 0.00^{Ff}	$<2.00\pm0.00^{Bb}$	$<1.00\pm0.00^{Ea}$	$<1.00\pm0.00^{Ea}$
6	6.51 ± 0.03^{Af}	2.45 ± 0.06^{Be}	8.64 ± 0.03^{Ce}	8.76 ± 0.00^{Df}	2.10 ± 0.03^{Ec}	$<1.00\pm0.00^{Fa}$	8.04 ± 0.03^{Gfg}	$<1\pm0.00^{Fa}$	$<1.00\pm0.00^{Fa}$	$<1.00\pm0.00^{Fa}$
7	7.49 ± 0.02^{Ag}	$<1.00\pm0.00^{Ba}$	8.33 ± 0.07^{Cd}	8.51 ± 0.02^{Dg}	$<1.00\pm0.00^{Ba}$	$<1.00\pm0.00^{Ba}$	7.98 ± 0.02^{Eg}	2.65 ± 0.14^{Fd}	$<1.00\pm0.00^{Ba}$	$<1.00\pm0.00^{Ba}$
8	6.35 ± 0.05^{Ac}	3.28 ± 0.00^{Bf}	8.69 ± 0.01^{Ce}	8.98 ± 0.02^{Dh}	$<1.00\pm0.00^{Ea}$	$<1.00\pm0.00^{Ea}$	7.74 ± 0.00^{Fh}	$<1.00\pm0.00^{Ea}$	$<1.00\pm0.00^{Ea}$	2.84 ± 0.04^{Gb}

Not: Büyük harfler her satırdaki sütunlar arası farkı ($p<0.05$), küçük harfler her sütundaki satırlar arası farkı ($p<0.05$) ifade etmektedir.

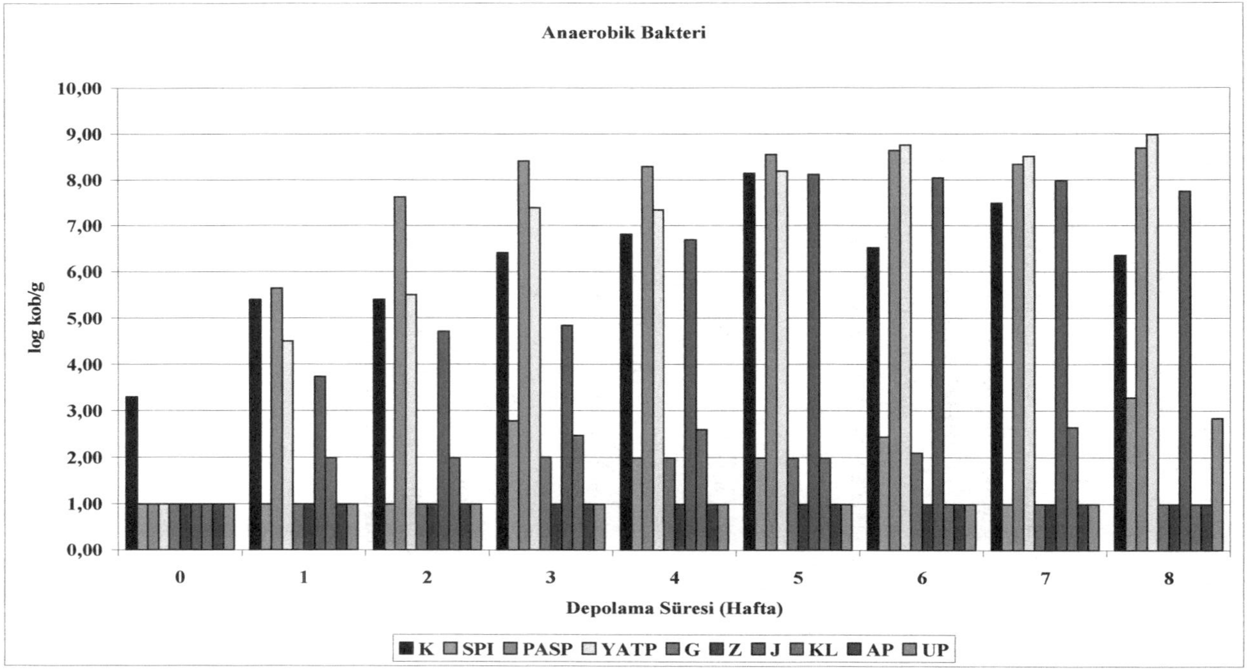

Şekil 4.3: Yenilebilir protein kaplama uygulanmış vakum paketlenmiş sıcak dumanlanmış alabalık filetolarının 2±2 °C'de depolanması sırasında toplam anaerobik bakteri yüklerinde meydana gelen değişimler

4.1.1.4. Anaerobik Sülfit İndirgeyici *Clostridium* spp. Sayımı Sonucu

Depolama periyodunun başlangıcında anaerobik sülfit indirgeyici *Clostridium* spp. sayıları tüm uygulama gruplarında gruplar arası fark olmaksızın ($p>0.05$) <1.47±0.00 log EMS/g olarak tespit edilmiştir. Depolamanın 4. haftasında PASP grubu örneklerde 3.44±0.00 log EMS/g ve YATP grubu örneklerde 5.04±0.00 log EMS/g olan *Clostridium* spp. sayısı, kontrol grubu örneklerde depolamanın 5. haftasında ancak 2.60±0.00 log EMS/g'a kadar yükselmiştir ($p<0.05$). *Clostridium* spp. sayısı J grubu örneklerde depolamanın 6. ve 7. haftasında 2.84±0.00 log EMS/g iken; 1.60±0.00 log EMS/g'a KL grubunda depolamanın 1. haftasında, UP grubunda ise depolamanın 3. haftasında ulaşmıştır (Tablo 4.4 ve Şekil 4.4). SPI, G, Z ve AP gruplarının sekiz haftalık depolama periyodu süresince elde edilen *Clostridium* spp. sayıları arasındaki fark anlamsız ($p>0.05$) bulunmuştur. KL grubunda depolamanın 1. haftası hariç, UP grubunda depolamanın 3. haftası hariç, diğer depolama periyotlarında elde edilen *Clostridium* spp. sayılarının benzer ($p>0.05$) olduğu sonucu ortaya çıkmıştır. Kontrol ve YATP gruplarının depolamanın 6., 7. ve 8. haftalarında bulunan *Clostridium* spp. sayılarının da benzer ($p>0.05$) olduğu görülmüştür. Depolamanın 2., 4., 5., 6., 7., ve 8. haftalarında *Clostridium* spp. sayıları açısından SPI, G, Z, KL, AP ve UP grupları arasında istatistiki bir fark bulunamamıştır ($p>0.05$).

Tablo 4.4: Yenilebilir protein kaplama uygulanmış vakum paketlenmiş sıcak dumanlanmış alabalık filetolarının 2±2 °C'de depolanması sırasında belirlenen anaerobik sülfit indirgeyici *Clostridium* spp. sayıları (log EMS/g)

Depolama Süresi (Hafta)	K	SPI	PASP	YATP	G	Z	J	KL	AP	UP
0	$<1.47\pm0.00^{Aa}$	$<1.47\pm0.00^{Aa}$	$<1.47\pm0.00^{Aa}$	$<1.47\pm0.00^{Aa}$	$<1.47\pm0.00^{Aa}$	$<1.47\pm0.00^{Aa}$	$<1.47\pm0.00^{Aa}$	$<1.47\pm0.00^{Aa}$	$<1.47\pm0.00^{Aa}$	$<1.47\pm0.00^{Aa}$
1	1.60 ± 0.00^{Ab}	$<1.47\pm0.00^{Ba}$	$<1.47\pm0.00^{Ba}$	2.30 ± 0.00^{Cb}	$<1.47\pm0.00^{Ba}$	$<1.47\pm0.00^{Ba}$	2.04 ± 0.00^{Db}	1.60 ± 0.00^{Ab}	$<1.47\pm0.00^{Ba}$	$<1.47\pm0.00^{Ba}$
2	2.04 ± 0.00^{Ac}	$<1.47\pm0.00^{Ba}$	$<1.47\pm0.00^{Ba}$	3.17 ± 0.00^{Cc}	$<1.47\pm0.00^{Ba}$	$<1.47\pm0.00^{Ba}$	2.44 ± 0.00^{Dc}	$<1.47\pm0.00^{Ba}$	$<1.47\pm0.00^{Ba}$	$<1.47\pm0.00^{Ba}$
3	$<1.47\pm0.00^{Aa}$	1.47 ± 0.00^{Aa}	3.17 ± 0.00^{Bb}	$>4.38\pm0.00^{Cd}$	$<1.47\pm0.00^{Aa}$	$<1.47\pm0.00^{Aa}$	2.47 ± 0.00^{Dd}	$<1.47\pm0.00^{Aa}$	$<1.47\pm0.00^{Aa}$	1.60 ± 0.00^{Eb}
4	$<2.47\pm0.00^{Ad}$	$<1.47\pm0.00^{Ba}$	3.44 ± 0.00^{Cc}	5.04 ± 0.00^{De}	$<1.47\pm0.00^{Ba}$	$<1.47\pm0.00^{Ba}$	$<2.47\pm0.00^{Acd}$	$<1.47\pm0.00^{Ba}$	$<1.47\pm0.00^{Ba}$	$<1.47\pm0.00^{Ba}$
5	2.60 ± 0.00^{Ae}	$<1.47\pm0.00^{Ba}$	2.84 ± 0.00^{Cd}	2.47 ± 0.00^{Df}	$<1.47\pm0.00^{Ba}$	$<1.47\pm0.00^{Ba}$	2.60 ± 0.00^{Ae}	$<1.47\pm0.00^{Ba}$	$<1.47\pm0.00^{Ba}$	$<1.47\pm0.00^{Ba}$
6	$<2.47\pm0.00^{Ad}$	$<1.47\pm0.00^{Ba}$	2.60 ± 0.00^{Ce}	$<2.47\pm0.00^{Af}$	$<1.47\pm0.00^{Ba}$	$<1.47\pm0.00^{Ba}$	2.84 ± 0.00^{Df}	$<1.47\pm0.00^{Ba}$	$<1.47\pm0.00^{Ba}$	$<1.47\pm0.00^{Ba}$
7	$<2.47\pm0.00^{Ad}$	$<1.47\pm0.00^{Ba}$	2.60 ± 0.00^{Ce}	$<2.47\pm0.00^{Af}$	$<1.47\pm0.00^{Ba}$	$<1.47\pm0.00^{Ba}$	2.84 ± 0.00^{Df}	$<1.47\pm0.00^{Ba}$	$<1.47\pm0.00^{Ba}$	$<1.47\pm0.00^{Ba}$
8	$<2.47\pm 0.00^{Ad}$	$<1.47\pm 0.00^{Ba}$	$<2.47\pm 0.00^{Af}$	$<2.47\pm 0.00^{Af}$	$<1.47\pm 0.00^{Ba}$	$<1.47\pm 0.00^{Ba}$	$<2.47\pm 0.00^{Acd}$	$<1.47\pm 0.00^{Ba}$	$<1.47\pm 0.00^{Ba}$	$<1.47\pm 0.00^{Ba}$

Not: Büyük harfler her satırdaki sütunlar arası farkı ($p<0.05$), küçük harfler her sütundaki satırlar arası farkı ($p<0.05$) ifade etmektedir.

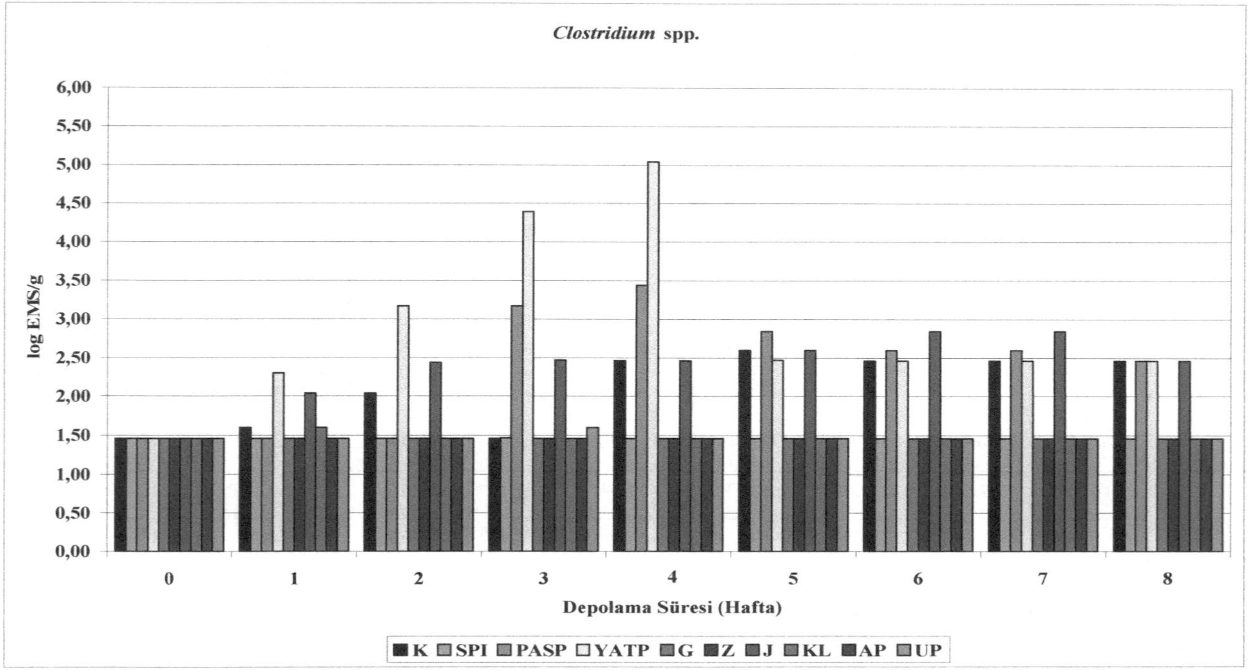

Şekil 4.4: Yenilebilir protein kaplama uygulanmış vakum paketlenmiş sıcak dumanlanmış alabalık filetolarının 2±2 °C'de depolanması sırasında anaerobik sülfit indirgeyici *Clostridium* spp. yüklerinde meydana gelen değişimler

4.1.1.5. *Clostridium perfringens* Sayımı Sonucu

Sekiz haftalık çalışma süresince yürütülen analiz sonuçlarına göre hiçbir uygulama grubunda *Clostridium perfringens* tespit edilmemiştir.

4.1.1.6. *Clostridium botulinum* Tespiti Sonucu

Kontrol grubu örneklerde ve yenilebilir protein filmleriyle kaplanmış diğer örneklerde tüm depolama boyunca Clostridium botulinum bulunamamıştır.

4.1.1.7. Toplam Maya-Küf Sayımı Sonucu

Dumanlanmış alabalık örneklerinin toplam maya-küf sayısı depolamanın başlangıcında bütün uygulama gruplarında $<1\pm0.00$ log kob/g iken; depolamanın 4. haftasında kontrol grubu örneklerde 6.08 ± 0.02 log kob/g olmuştur. Depolamanın 5. haftasında YATP grubunun maya-küf sayısı 6.25 ± 0.04 log kob/g'a, depolamanın 6. haftasında PASP grubunun maya-küf sayısı 6.04 ± 0.04 log kob/g'a yükselmiştir. Depolama süresince J grubu örneklerin toplam maya-küf sayısı 6 log kob/g'a ulaşmazken; SPI, G, Z, KL, AP ve UP grubu örneklerinki 1 ± 0.020 log kob/g ile diğer uygulama gruplarından daha düşük ($p<0.05$) olarak tespit edilmiştir (Tablo 4.5 ve Şekil 4.5). PASP grubunda depolamanın 4., 5., 6., 7. ve 8. haftalarında elde edilen toplam maya-küf sayıları arasındaki fark istatistiksel olarak anlamsız ($p>0.05$) bulunmuştur.

Tablo 4.5: Yenilebilir protein kaplama uygulanmış vakum paketlenmiş sıcak dumanlanmış alabalık filetolarının 2±2 °C'de depolanması sırasında belirlenen toplam maya-küf sayıları (log kob/g)

Depolama Süresi (Hafta)	K	SPI	PASP	YATP	G	Z	J	KL	AP	UP
0	$<1.00\pm0.00^{Aa}$	$<1.00\pm0.00^{Aa}$	$<1.00\pm0.00^{Aa}$	$<1.00\pm0.00^{Aa}$	$<1.00\pm0.00^{Aa}$	$<1.00\pm0.00^{Aa}$	$<1.00\pm0.00^{Aa}$	$<1.00\pm0.00^{Aa}$	$<1.00\pm0.00^{Aa}$	$<1.00\pm0.00^{Aa}$
1	3.90 ± 0.02^{Ab}	$<1.00\pm0.00^{Ba}$	3.99 ± 0.04^{Ab}	2.09 ± 0.39^{Cb}	$<1.00\pm0.00^{Ba}$	$<1.00\pm0.00^{Ba}$	2.20 ± 0.50^{Cb}	$<1.00\pm0.00^{Ba}$	$<1.00\pm0.00^{Ba}$	$<1.00\pm0.00^{Ba}$
2	5.08 ± 0.04^{Ac}	$<1.00\pm0.00^{Ba}$	4.85 ± 0.05^{Cc}	4.60 ± 0.00^{Dc}	$<1.00\pm0.00^{Ba}$	$<1.00\pm0.00^{Ba}$	3.67 ± 0.23^{Ec}	$<1.00\pm0.00^{Ba}$	$<1.00\pm0.00^{Ba}$	$<1.00\pm0.00^{Ba}$
3	5.95 ± 0.00^{Ad}	$<1.00\pm0.00^{Ba}$	5.32 ± 0.03^{Cd}	5.27 ± 0.02^{Dd}	$<1.00\pm0.00^{Ba}$	$<1.00\pm0.00^{Ba}$	4.83 ± 0.00^{Ed}	$<1.00\pm0.00^{Ba}$	$<1.00\pm0.00^{Ba}$	$<1.00\pm0.00^{Ba}$
4	6.08 ± 0.02^{Ad}	$<1.00\pm0.00^{Ba}$	5.78 ± 0.33^{Ae}	5.94 ± 0.04^{Ae}	$<1.00\pm0.00^{Ba}$	$<1.00\pm0.00^{Ba}$	5.27 ± 0.04^{Cde}	$<1.00\pm0.00^{Ba}$	$<1.00\pm0.00^{Ba}$	$<1.00\pm0.00^{Ba}$
5	6.70 ± 0.08^{Ae}	$<1.00\pm0.00^{Ba}$	5.93 ± 0.12^{Ce}	6.25 ± 0.04^{De}	$<1.00\pm0.00^{Ba}$	$<1.00\pm0.00^{Ba}$	5.26 ± 0.02^{Ede}	$<1.00\pm0.00^{Ba}$	$<1.00\pm0.00^{Ba}$	$<1.00\pm0.00^{Ba}$
6	5.57 ± 0.27^{Af}	$<1.00\pm0.00^{Ba}$	6.04 ± 0.04^{Ce}	7.25 ± 0.01^{Df}	$<1.00\pm0.00^{Ba}$	$<1.00\pm0.00^{Ba}$	5.50 ± 0.02^{Aef}	$<1.00\pm0.00^{Ba}$	$<1.00\pm0.00^{Ba}$	$<1.00\pm0.00^{Ba}$
7	5.54 ± 0.00^{Af}	$<1.00\pm0.00^{Ba}$	6.08 ± 0.01^{Ce}	6.85 ± 0.04^{Dg}	$<1.00\pm0.00^{Ba}$	$<1.00\pm0.00^{Ba}$	5.87 ± 0.00^{Ef}	$<1.00\pm0.00^{Ba}$	$<1.00\pm0.00^{Ba}$	$<1.00\pm0.00^{Ba}$
8	5.75 ± 0.10^{Adf}	$<1.00\pm0.00^{Ba}$	5.70 ± 0.15^{Aef}	6.84 ± 0.03^{Cg}	$<1.00\pm0.00^{Ba}$	$<1.00\pm0.00^{Ba}$	5.07 ± 0.09^{Dde}	$<1.00\pm0.00^{Ba}$	$<1.00\pm0.00^{Ba}$	$<1.00\pm0.00^{Ba}$

Not: Büyük harfler her satırdaki sütunlar arası farkı ($p<0.05$), küçük harfler her sütundaki satırlar arası farkı ($p<0.05$) ifade etmektedir.

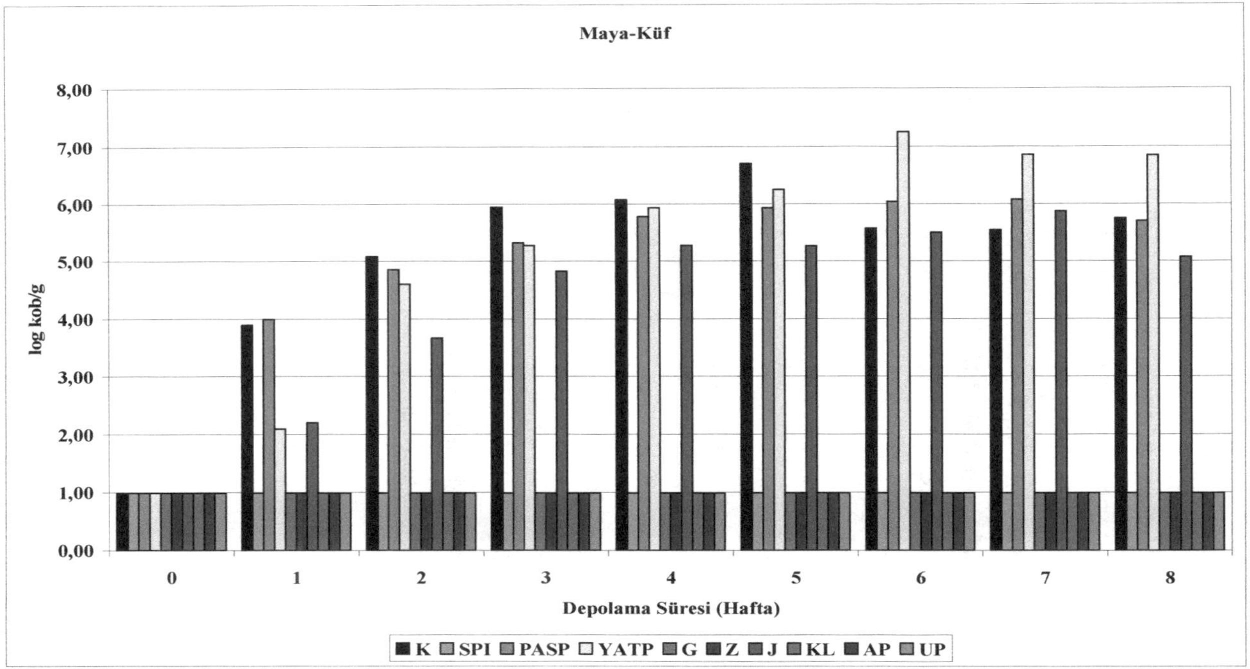

Şekil 4.5: Yenilebilir protein kaplama uygulanmış vakum paketlenmiş sıcak dumanlanmış alabalık filetolarının 2±2 °C'de depolanması sırasında toplam maya-küf yüklerinde meydana gelen değişimler

4.1.2. Duyusal Analiz Sonuçları

Hazırlanan duyusal değerlendirme formunda belirtilen skalaya göre panelistler tarafından değerlendirilmesi istenilen örneklere ait genel görünüş (Tablo 4.6), koku (Tablo 4.7), tat (Tablo 4.8) ve doku (Tablo 4.9) parametrelerinin sonuçları ayrı ayrı verilmiştir. Bu parametrelere ait puanların ortalama sonuçları Tablo 4.10'da sunulmuş ve bu sonuçlara göre hangi grubun kaç hafta tüketilebildiği ise genel değerlendirme tablosunda (Tablo 4.11) belirtilmiştir.

Genel görünüş değerlendirmesine göre; depolamanın başlangıcında kontrol ve yenilebilir film uygulanan gruplar arasındaki fark anlamsız ($p>0.05$) bulunurken; kontrol grubu en yüksek puana (8.60 ± 0.49) sahip olmuştur (Şekil 4.6). Depolamanın başlangıcında olduğu gibi depolamanın 1., 2. ve 3. haftasında tüm uygulama grupları arasında bir fark bulunamamıştır ($p>0.05$). Depolamanın 4. haftasında J grubu dışındaki diğer gruplar arasında anlamlı bir fark görülememiştir ($p>0.05$) Depolamanın 3. haftasında YATP grubu, 4. haftasında kontrol, SPI, PASP, G, Z, AP ve UP grupları tüketilemez olarak değerlendirilirken, KL ve J grubu örnekler depolamanın 6. haftasında tüketilemez olarak değerlendirilmiştir.

Tablo 4.6: Yenilebilir protein kaplama uygulanmış vakum paketlenmiş sıcak dumanlanmış alabalık filetolarının 2±2 °C'de depolanması sırasında belirlenen genel görünüş puanları

Depolama Süresi (Hafta)	K	SPI	PASP	YATP	G	Z	J	KL	AP	UP
0	8.60 ± 0.49^{Aa}	8.30 ± 0.40^{Aa}	8.46 ± 0.78^{Aa}	7.84 ± 1.18^{Aa}	6.86 ± 1.06^{Aa}	7.20 ± 0.93^{Aa}	8.06 ± 0.54^{Aa}	7.50 ± 0.63^{Aa}	8.20 ± 0.51^{Aa}	7.80 ± 0.40^{Aa}
1	7.00 ± 0.00^{Ab}	7.30 ± 0.87^{Aab}	7.10 ± 0.66^{Aab}	6.90 ± 0.49^{Aab}	6.40 ± 1.02^{Aa}	6.10 ± 1.11^{Aab}	6.60 ± 1.02^{Aab}	7.50 ± 0.89^{Aa}	6.50 ± 0.89^{Ab}	6.90 ± 0.80^{Aab}
2	6.20 ± 0.75^{Abc}	7.20 ± 0.51^{Aab}	6.70 ± 0.68^{Abc}	6.00 ± 0.89^{Abc}	6.30 ± 0.98^{Aa}	6.10 ± 0.80^{Aab}	6.10 ± 1.20^{Ab}	6.40 ± 1.24^{Aab}	5.90 ± 0.97^{Ab}	6.30 ± 0.87^{Aab}
3	5.00 ± 0.63^{Acd}	6.10 ± 0.73^{Ab}	5.20 ± 0.68^{Ac}	4.70 ± 0.87^{Ac}	5.00 ± 0.89^{Aab}	5.60 ± 0.49^{Aab}	6.10 ± 0.66^{Ab}	5.60 ± 0.49^{Aab}	5.30 ± 0.75^{Ab}	5.90 ± 0.49^{Ab}
4	4.10 ± 0.80^{ABd}	4.70 ± 0.60^{ABc}	3.60 ± 0.80^{Ad}	4.30 ± 0.75^{ABc}	3.80 ± 0.75^{Ab}	4.80 ± 0.40^{ABb}	6.00 ± 0.71^{Bb}	5.44 ± 1.34^{ABb}	3.70 ± 0.40^{Ac}	4.00 ± 1.26^{Ac}
5	-	-	-	-	-	-	5.50 ± 0.63^{b}	5.38 ± 0.86^{b}	-	-
6	-	-	-	-	-	-	4.90 ± 0.66^{b}	4.80 ± 0.40^{b}	-	-

Not: Büyük harfler her satırdaki sütunlar arası farkı ($p<0.05$), küçük harfler her sütundaki satırlar arası farkı ($p<0.05$) ifade etmektedir.

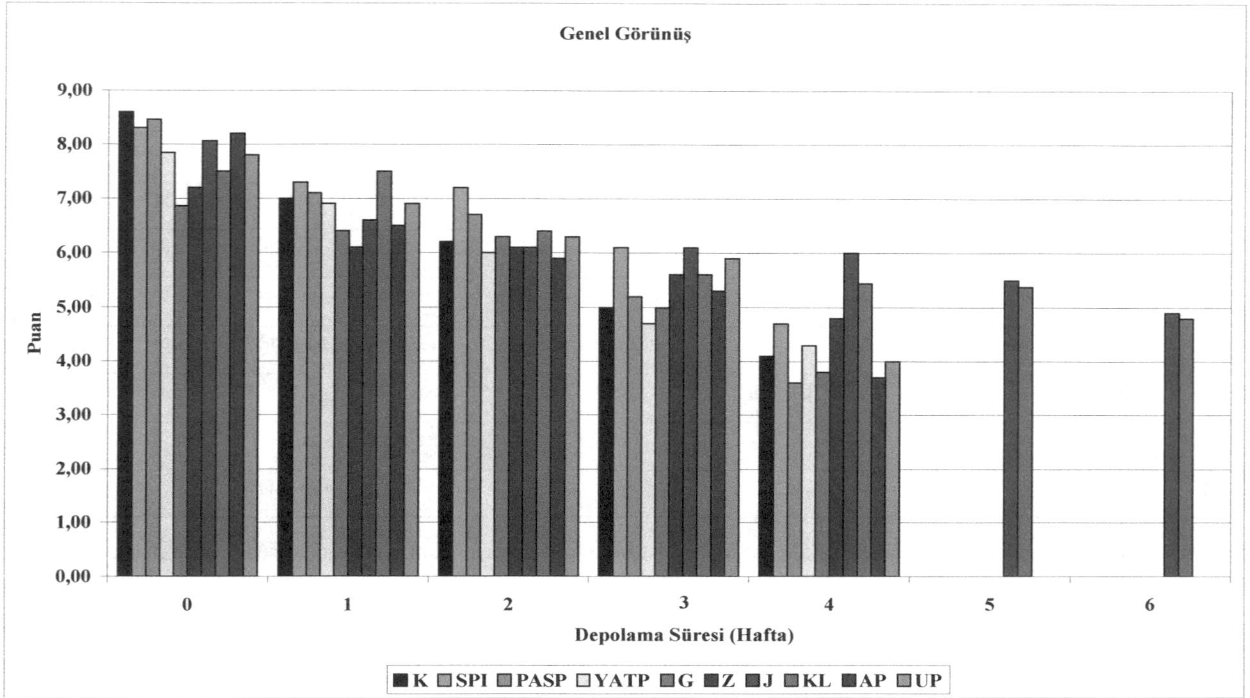

Şekil 4.6: Yenilebilir protein kaplama uygulanmış vakum paketlenmiş sıcak dumanlanmış alabalık filetolarının 2±2 °C'de depolanması sırasında genel görünüş puanlarında meydana gelen değişimler

Panelistlerin yaptıkları koku parametresinin değerlendirme verilere göre depolamanın başlangıcında tüm uygulama gruplarının koku puanları arasındaki farkın anlamlı ($p<0.05$) olduğu saptanmış ve AP grubu depolamanın başlangıcında en düşük koku puanına (6.60±0.97) sahip olmuştur (Tablo 4.7). Depolamanın 1., 2. ve 3. haftasında tüm analiz gruplarının koku puanları arasında istatistiki bir farklılık görülememiştir ($p>0.05$). Depolamanın 4. haftasında uygulama grupları arasındaki fark anlamlı ($p<0.05$) bulunurken; G grubunun en düşük koku puanını (3.00±1.26) elde ettiği görülmüştür. Depolamanın 6. haftasına kadar J ve KL grupları tüketilebilirlik sınırının (5) altında puan almamış, tüketilebilir kaliteyi korumuştur (Şekil 4.7).

Tablo 4.7: Yenilebilir protein kaplama uygulanmış vakum paketlenmiş sıcak dumanlanmış alabalık filetolarının 2±2 °C'de depolanması sırasında belirlenen koku puanları

Depolama Süresi (Hafta)	K	SPI	PASP	YATP	G	Z	J	KL	AP	UP
0	8.60 ± 0.49^{ABa}	8.76 ± 0.39^{Aa}	7.50 ± 1.10^{ABa}	7.00 ± 0.63^{ABa}	6.74 ± 1.03^{Ba}	7.30 ± 0.87^{ABa}	7.90 ± 0.80^{ABa}	7.76 ± 0.69^{ABa}	6.60 ± 0.97^{Ba}	7.00 ± 1.14^{ABa}
1	7.60 ± 0.49^{Aab}	7.56 ± 0.66^{Aab}	6.50 ± 0.63^{Aab}	6.86 ± 1.23^{Aa}	6.40 ± 1.02^{Aa}	6.00 ± 1.41^{Aab}	6.50 ± 0.77^{Aab}	7.60 ± 0.49^{Aa}	6.00 ± 1.10^{Aab}	6.90 ± 1.11^{Aa}
2	7.10 ± 0.66^{Abc}	7.20 ± 0.93^{Aab}	6.30 ± 1.25^{Aab}	6.40 ± 0.73^{Aab}	6.00 ± 1.52^{Aa}	5.90 ± 0.80^{Aab}	6.50 ± 0.45^{Aab}	6.60 ± 0.86^{Aab}	5.20 ± 0.93^{Aabc}	6.00 ± 0.84^{Aab}
3	6.10 ± 0.66^{Ac}	5.80 ± 0.75^{Abc}	5.50 ± 0.77^{Abc}	5.50 ± 0.84^{Aab}	5.04 ± 1.13^{Aab}	4.80 ± 1.03^{Ab}	6.10 ± 0.20^{Abc}	5.60 ± 0.73^{Abc}	4.68 ± 0.69^{Abc}	5.50 ± 0.71^{Aab}
4	4.90 ± 0.49^{ABCd}	4.40 ± 1.36^{ABCc}	4.00 ± 0.63^{ACc}	4.60 ± 1.02^{ABCb}	3.00 ± 1.26^{Ab}	4.30 ± 0.75^{ABCb}	6.38 ± 0.37^{Bb}	5.30 ± 0.81^{BCbc}	3.70 ± 0.68^{ACc}	4.50 ± 1.00^{ABCb}
5	-	-	-	-	-	-	5.50 ± 0.89^{bc}	5.10 ± 1.36^{bc}	-	-
6	-	-	-	-	-	-	4.90 ± 0.66^{c}	$4.20 \pm 0.6\ ^{c}\ 8$	-	-

Not: Büyük harfler her satırdaki sütunlar arası farkı ($p<0.05$), küçük harfler her sütundaki satırlar arası farkı ($p<0.05$) ifade etmektedir.

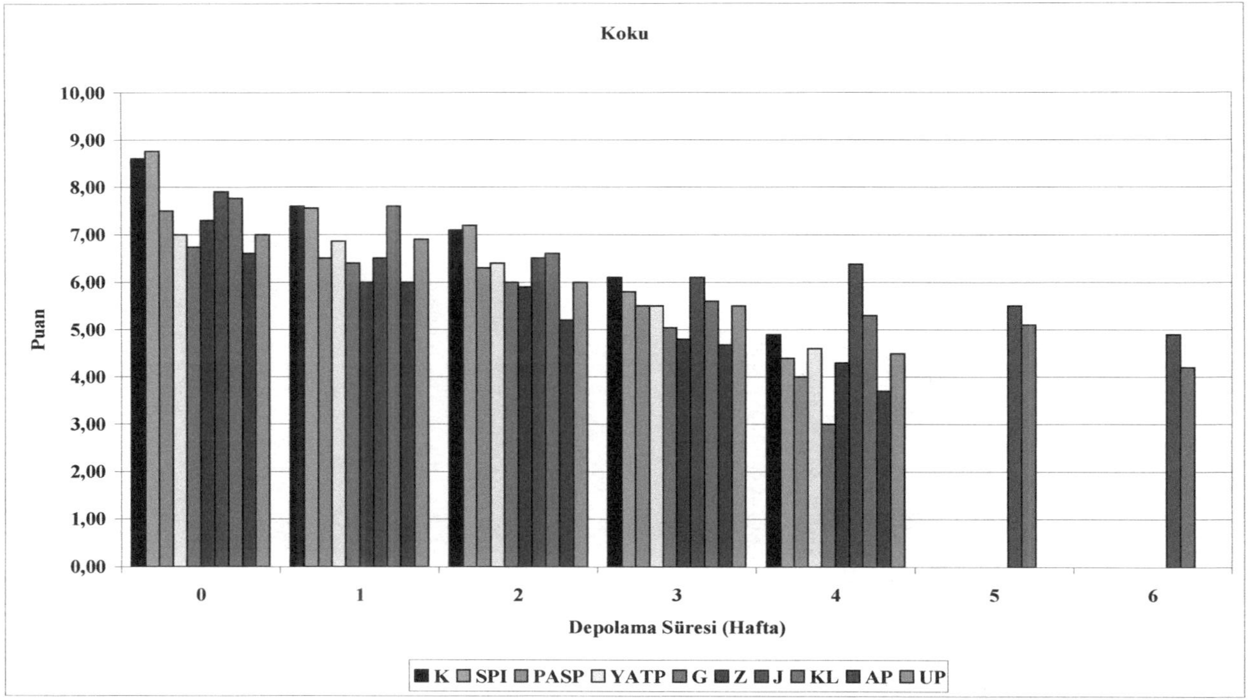

Şekil 4.7: Yenilebilir protein kaplama uygulanmış vakum paketlenmiş sıcak dumanlanmış alabalık filetolarının 2±2 °C'de depolanması sırasında koku puanlarında meydana gelen değişimler

Duyusal değerlendirmeler neticesinde elde edilen tat parametresi sonuçlarına göre depolamanın başlangıcında en yüksek tat puanını (8.52±0.78) SPI grubu, en düşük tat puanını (5.80±1.72) ise G grubu elde etmiştir ($p<0.05$) (Şekil 4.8). Depolamanın 1., 3. ve 4. haftasında tüm uygulama gruplarının tat puanları arasındaki fark anlamsız ($p>0.05$) bulunurken, depolamanın 2. haftasında da G grubu dışındaki tüm gruplar birbirleriyle benzer bulunmuştur ($p>0.05$). Depolamanın 3. haftasında kontrol, G, Z, AP, UP grubu örnekler, depolamanın 4. haftasında SPI, PASP, YATP ve J grubu örnekler tat bakımından kabul edilemez olarak değerlendirilirken, KL grubu ise tat puanına göre de 5. haftaya kadar tüketilebilir kalitede kabul edilmiştir (Tablo 4.8).

Tablo 4.8: Yenilebilir protein kaplama uygulanmış vakum paketlenmiş sıcak dumanlanmış alabalık filetolarının 2±2 °C'de depolanması sırasında belirlenen tat puanları

Depolama Süresi (Hafta)	K	SPI	PASP	YATP	G	Z	J	KL	AP	UP
0	8.00 ± 0.63^{ABa}	8.52 ± 0.78^{Aa}	6.90 ± 1.28^{ABa}	7.50 ± 0.63^{ABa}	5.80 ± 1.72^{Ba}	6.00 ± 0.89^{Ba}	8.10 ± 0.66^{ABa}	7.50 ± 1.10^{ABa}	6.50 ± 0.77^{ABa}	7.00 ± 0.95^{ABa}
1	7.10 ± 0.80^{Aa}	7.50 ± 1.10^{Aab}	6.60 ± 1.02^{Aa}	7.00 ± 0.89^{Aab}	5.60 ± 0.80^{Aa}	5.63 ± 0.86^{Aa}	6.80 ± 0.40^{Ab}	6.90 ± 0.80^{Aab}	5.90 ± 0.66^{Aab}	6.60 ± 1.46^{Aab}
2	6.80 ± 0.75^{ABab}	7.30 ± 0.75^{Aab}	5.90 ± 1.28^{ABab}	5.80 ± 0.68^{ABabc}	5.38 ± 0.58^{ABa}	5.25 ± 0.74^{Ba}	6.50 ± 0.45^{ABb}	6.80 ± 1.17^{ABab}	5.74 ± 0.47^{ABab}	5.80 ± 1.03^{ABac}
3	4.80 ± 1.44^{Abc}	6.10 ± 0.80^{Abc}	5.30 ± 0.75^{Aab}	5.25 ± 0.97^{Abc}	4.72 ± 0.74^{Aab}	4.66 ± 0.37^{Aab}	5.75 ± 0.50^{Abc}	5.14 ± 0.48^{Abc}	4.80 ± 0.68^{Abc}	4.63 ± 1.16^{Abc}
4	4.40 ± 1.36^{Ac}	4.40 ± 1.50^{Ac}	3.70 ± 1.08^{Ab}	4.40 ± 1.36^{Ac}	3.00 ± 0.00^{Ab}	3.60 ± 0.37^{Ab}	4.86 ± 0.69^{Acd}	5.10 ± 0.80^{Abc}	3.80 ± 0.68^{Ac}	4.26 ± 0.79^{Ac}
5	-	-	-	-	-	-	4.80 ± 0.75^{cd}	4.40 ± 1.71^{c}	-	-
6	-	-	-	-	-	-	4.10 ± 0.49^{d}	3.20 ± 0.75^{c}	-	-

Not: Büyük harfler her satırdaki sütunlar arası farkı ($p<0.05$), küçük harfler her sütundaki satırlar arası farkı ($p<0.05$) ifade etmektedir.

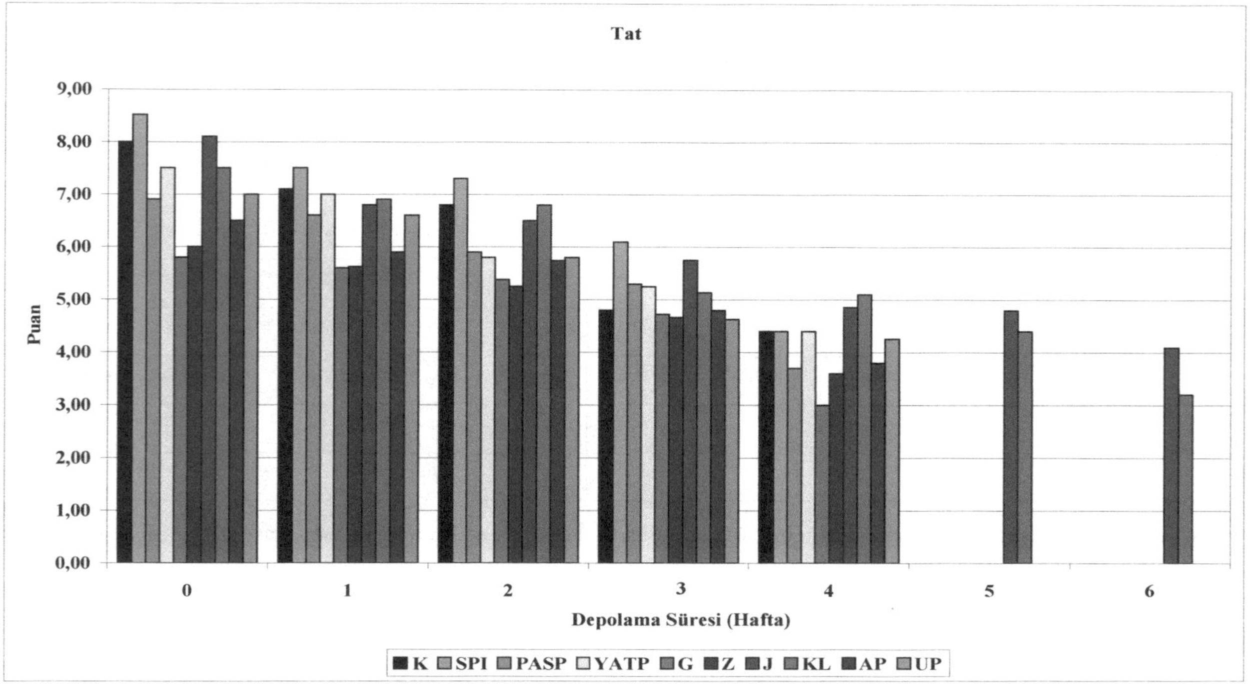

Şekil 4.8: Yenilebilir protein kaplama uygulanmış vakum paketlenmiş sıcak dumanlanmış alabalık filetolarının 2±2 °C'de depolanması sırasında tat puanlarında meydana gelen değişimler

Analiz edilen grupların doku yapılarının duyusal olarak değerlendirilmesiyle elde edilen sonuçlara göre depolamanın başlangıcında ve 1., 2. ve 3. haftasında uygulama grupları arasında önemli bir farklılık görülmemiştir ($p>0.05$). Ancak depolamanın 4. haftasında belirlenen doku puanlarına göre gruplar arasında açığa çıkan fark anlamlı bulunmuştur ($p<0.05$). Depolamanın başlangıcında en yüksek doku puanı (7.88 ± 0.79) PASP grubuna verilirken, en düşük doku puanına (6.60 ± 1.50) G grubu sahip olmuştur (Tablo 4.9). Depolamanın 4. haftasında KL ve J grubu dışındaki diğer tüm uygulama grupları tüketilebilirlik sınırının (5) altında puan alırken; AP grubu en düşük doku puanına (3.70 ± 1.08) sahip olmuştur (Şekil 4.9). Doku puanları açısından J grubu 5. haftaya kadar, KL grubu 6. haftaya kadar tüketilebilirlik sınırının (5) üzerinde kabul edilmiştir. 6 haftalık depolama sonunda KL grubu J grubuna göre daha yüksek doku puanı elde etmiştir.

Tablo 4.9: Yenilebilir protein kaplama uygulanmış vakum paketlenmiş sıcak dumanlanmış alabalık filetolarının 2±2 °C'de depolanması sırasında belirlenen doku puanları

Depolama Süresi (Hafta)	K	SPI	PASP	YATP	G	Z	J	KL	AP	UP
0	7.60 ± 1.02^{Aa}	7.52 ± 0.66^{Aa}	7.88 ± 0.79^{Aa}	7.28 ± 0.84^{Aa}	6.60 ± 1.50^{Aa}	6.85 ± 0.66^{Aa}	7.80 ± 0.51^{Aa}	8.20 ± 0.51^{Aa}	7.00 ± 1.10^{Aa}	7.30 ± 1.08^{Aa}
1	7.10 ± 0.66^{Aa}	7.50 ± 0.89^{Aa}	6.80 ± 0.98^{Aab}	7.10 ± 0.80^{Aa}	5.90 ± 0.92^{Aab}	6.60 ± 1.36^{Aa}	6.40 ± 0.73^{Aab}	7.60 ± 0.49^{Aa}	6.70 ± 0.87^{Aa}	7.00 ± 1.26^{Aa}
2	7.00 ± 0.63^{Aa}	7.34 ± 0.91^{Aa}	6.50 ± 0.89^{Aab}	6.00 ± 0.89^{Aab}	6.00 ± 0.89^{Aab}	6.30 ± 0.40^{Aa}	6.30 ± 0.51^{Aab}	7.00 ± 0.45^{Aab}	5.70 ± 0.81^{Aa}	6.80 ± 0.40^{Aa}
3	5.90 ± 0.80^{Aab}	6.20 ± 0.75^{Aab}	5.40 ± 1.32^{Abc}	5.10 ± 1.77^{Aab}	5.40 ± 1.36^{Aab}	5.60 ± 0.49^{Aab}	6.10 ± 0.37^{Abc}	6.00 ± 0.89^{Abc}	5.20 ± 0.81^{Aab}	5.50 ± 0.45^{Aab}
4	4.30 ± 1.17^{ABb}	4.60 ± 0.58^{ABb}	4.20 ± 0.68^{ABc}	4.60 ± 0.49^{ABb}	4.20 ± 0.40^{ABb}	4.60 ± 0.49^{ABb}	5.90 ± 0.80^{Bbc}	5.70 ± 0.87^{Bbcd}	3.70 ± 1.08^{Ab}	3.75 ± 0.74^{Ab}
5	-	-	-	-	-	-	4.60 ± 1.07^{cd}	5.50 ± 0.63^{cd}	-	-
6	-	-	-	-	-	-	3.90 ± 0.80^{d}	4.40 ± 0.4^{d} 9	-	-

Not: Büyük harfler her satırdaki sütunlar arası farkı ($p<0.05$), küçük harfler her sütundaki satırlar arası farkı ($p<0.05$) ifade etmektedir.

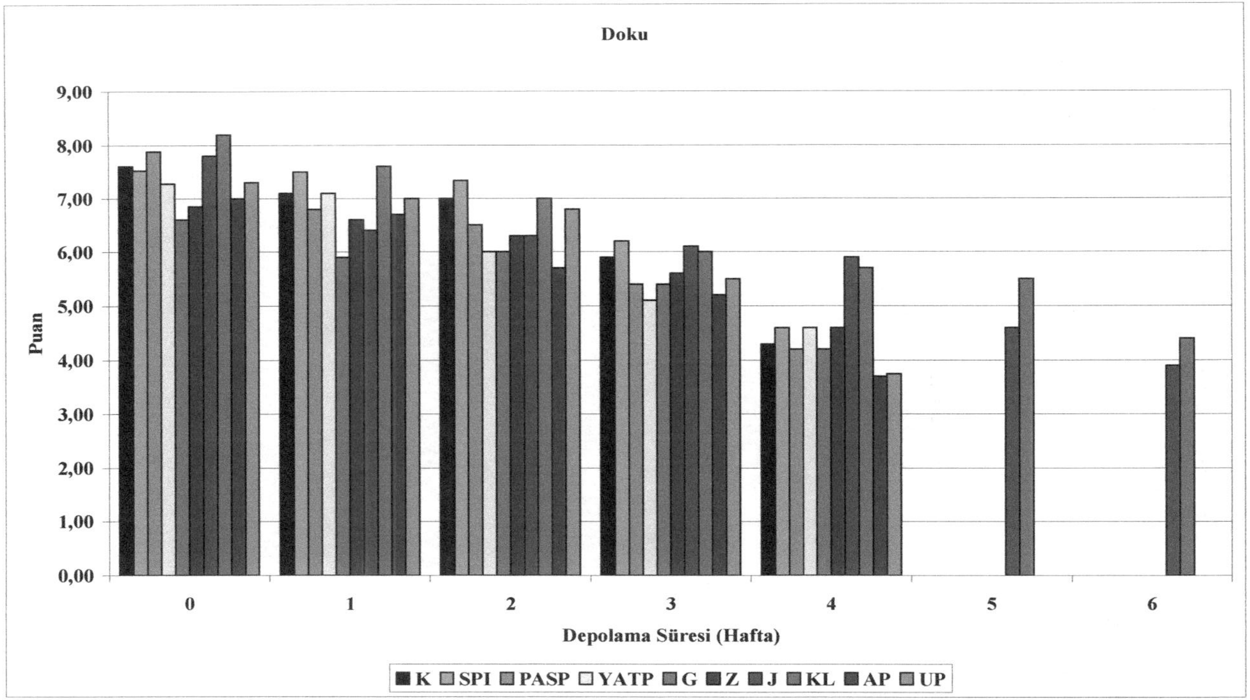

Şekil 4.9: Yenilebilir protein kaplama uygulanmış vakum paketlenmiş sıcak dumanlanmış alabalık filetolarının 2±2 °C'de depolanması sırasında doku puanlarında meydana gelen değişimler

Haftalık periyotlarla gerçekleştirilen duyusal panellerde elde edilen kontrol grubu ve mevcut yenilebilir filmlerle kaplanmış sıcak dumanlanmış alabalık örneklerinin genel görünüş, koku, tat ve doku puanlarının haftalık ortalamalarının alınmasıyla elde edilen sonuçlar doğrultusunda jelatin ve kollajen gruplarının dışındaki bütün gruplar depolamanın 4. haftasında, J ve KL grupları ise depolamanın 6. haftasında tüketilemez kalitede olarak değerlendirilmiştir (Tablo 4.10 ve Tablo 4.11).

Tablo 4.10: Yenilebilir protein kaplama uygulanmış vakum paketlenmiş sıcak dumanlanmış alabalık filetolarının 2±2 °C'de depolanması sırasında belirlenen duyusal parametrelerinin genel ortalaması

Depolama Süresi (Hafta)	K	SPI	PASP	YATP	G	Z	J	KL	AP	UP
0	8.20±0.42	8.28±0.47	7.69±0.57	7.41±0.31	6.74±0.43	6.84±0.51	7.97±0.12	7.74±0.29	7.08±0.68	7.28±0.33
1	7.20±0.23	7.47±0.10	6.75±0.23	6.97±0.09	6.08±0.34	6.08±0.35	6.58±0.15	7.40±0.29	6.28±0.33	6.85±0.15
2	6.78±0.35	7.26±0.06	6.35±0.30	6.05±0.22	5.92±0.34	5.89±0.39	6.35±0.17	6.70±0.22	5.64±0.26	6.23±0.38
3	5.45±0.56	6.05±0.15	5.35±0.11	5.14±0.29	5.04±0.24	5.17±0.44	6.01±0.15	5.59±0.30	5.00±0.26	5.38±0.47
4	4.43±0.29	4.53±0.13	3.88±0.24	4.48±0.13	3.50±0.52	4.33±0.45	5.78±0.56	5.39±0.22	3.73±0.04	4.23±0.29
5	-	-	-	-	-	-	5.10±0.41	5.10±0.43	-	-
6	-	-	-	-	-	-	4.45±0.46	4.15±0.59	-	-

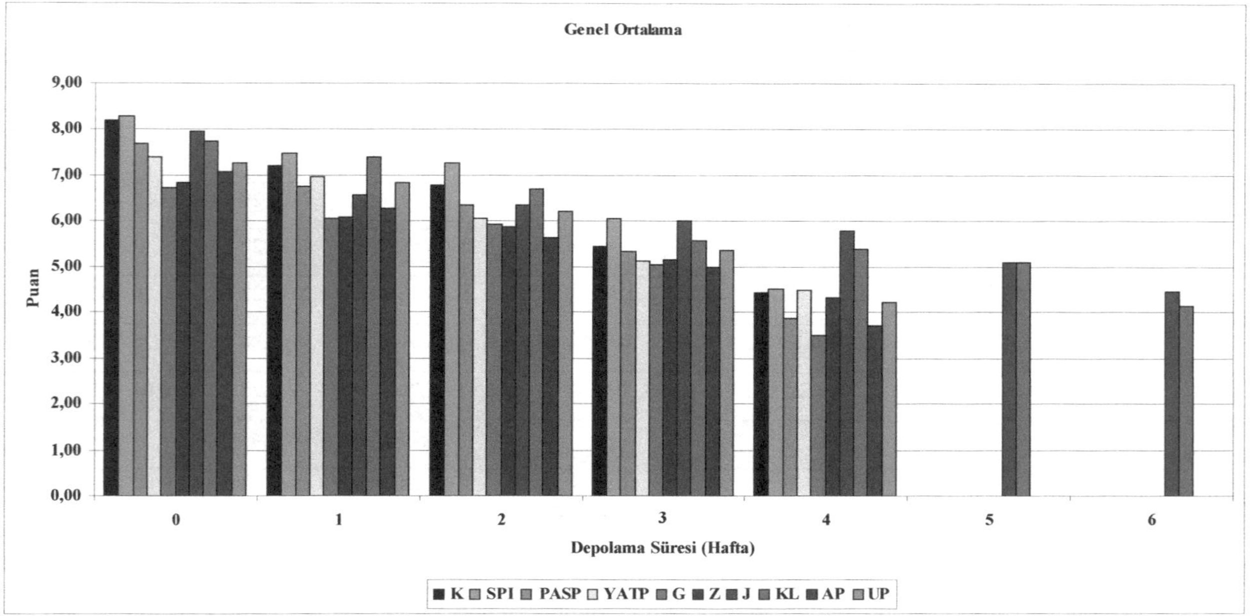

Şekil 4.10: Yenilebilir protein kaplama uygulanmış vakum paketlenmiş sıcak dumanlanmış alabalık filetolarının 2±2 °C'de depolanması sırasında duyusal parametrelerinin genel ortalamasında meydana gelen değişimler

Tablo 4.11: Yenilebilir protein kaplama uygulanmış vakum paketlenmiş sıcak dumanlanmış alabalık filetolarının 2±2 °C'de depolanması sırasında belirlenen duyusal parametrelere göre tüketilebilirlik süreleri

Duyusal Parametreler	K	SPI	PASP	YATP	G	Z	J	KL	AP	UP
Genel Görünüş	3 Hafta	3 Hafta	3 Hafta	2 Hafta	3 Hafta	3 Hafta	5 Hafta	5 Hafta	3 Hafta	3 Hafta
Koku	3 Hafta	3 Hafta	3 Hafta	3 Hafta	3 Hafta	2 Hafta	5 Hafta	5 Hafta	2 Hafta	3 Hafta
Tat	2 Hafta	3 Hafta	3 Hafta	3 Hafta	2 Hafta	2 Hafta	3 Hafta	4 Hafta	2 Hafta	2 Hafta
Doku	3 Hafta	3 Hafta	3 Hafta	3 Hafta	3 Hafta	3 Hafta	4 Hafta	5 Hafta	3 Hafta	3 Hafta
Ortalama	**3 Hafta**	**3 Hafta**	**3 Hafta**	**3 Hafta**	**3 Hafta**	**3 Hafta**	**5 Hafta**	**5 Hafta**	**3 Hafta**	**3 Hafta**

4.1.3. FİZİKSEL ANALİZ SONUÇLARI

4.1.3.1. Renk Ölçümü Sonuçları

Yenilebilir filmlerle kaplanmış sıcak dumanlanmış alabalıkların Hunter Labscan Colorimeter cihazıyla depolamanın başlangıcında ve duyusal panellerde elde edilen sonuçlar doğrultusunda tespit edilen "tüketilemez kalitede" oldukları haftada (K, SPI, PASP, YATP, G, Z, AP ve UP grupları için 4. haftada, J ve KL grupları için ise 6. haftada) yapılan renk ölçümlerine göre saptanan L* değerleri Tablo 4.12'de, a* değerleri Tablo 4.13'de, b* değerleri Tablo 4.14'te verilmiştir. Bu verilerin kullanılmasıyla hesaplanan ΔE* sonuçları ise Tablo 4.15'te sunulmuştur.

Depolamanın başlangıcında tüm uygulama grupları L* değerleri açısından önemli derecede farklı ($p<0.05$) bulunmuş, en yüksek L* değerine (76.13±0.63) AP grubu sahip olmuştur (Tablo 4.12). Z, J ve UP gruplarının depolamanın başlangıcındaki L* değerleri arasında anlamlı bir farklılık bulunamamıştır ($p>0.05$). Yine aynı şekilde PASP, YATP ve AP gruplarının depolamanın başlangıcındaki L* değerlerinin benzer ($p>0.05$) olduğu görülmüştür. K, SPI, PASP, YATP, G, Z, AP ve UP gruplarının 4. haftanın sonunda, J ve KL gruplarının ise 6. haftanın sonunda ölçülen L* değerlerine göre uygulama grupları arasındaki fark anlamlı ($p<0.05$) bulunmuştur. Uygulama gruplarının tüketilebilir niteliklerini kaybettikleri haftalarda tespit edilen renk ölçümlerine göre SPI grubu en düşük L* değerine (62.67±1.19) sahip olmuştur (Şekil 4.11). Kontrol grubu ile G ve J gruplarının tüketilebilir kalitelerini kaybettikleri haftalarda saptanan L* değerleri arasında önemli derecede bir farklılığın olmadığı görülmüştür ($p>0.05$). Yine aynı şekilde kontrol grubu ile J ve KL gruplarının aynı periyotta belirlenen L* değerleri birbirine benzer bulunmuştur ($p>0.05$). K, PASP, YATP, G, Z ve UP gruplarının depolamanın başlangıcında yüksek olan L* değerleri duyusal panellerde tüketilemeyecek nitelikte kabul edildikleri haftalarda daha düşük olarak tespit edilmiştir (Şekil 4.11).

Tablo 4.12: Yenilebilir protein kaplama uygulanmış vakum paketlenmiş sıcak dumanlanmış alabalık filetolarının 2±2 °C'de depolanması sırasında belirlenen L* değerleri

L*	K (0. gün)	SPI (0. gün)	PASP (0. gün)	YATP (0. gün)	G (0. gün)	Z (0. gün)	J (0. gün)	KL (0. gün)	AP (0. gün)	UP (0. gün)
	73.09 ± 0.97^{A}	61.23 ± 1.20^{B}	73.80 ± 0.81^{AC}	75.67 ± 0.47^{C}	73.23 ± 0.47^{A}	69.31 ± 0.45^{D}	67.02 ± 0.33^{D}	64.31 ± 0.09^{E}	76.13 ± 0.63^{C}	68.03 ± 0.40^{D}
L*	K (4. hafta)	SPI (4. hafta)	PASP (4. hafta)	YATP (4. hafta)	G (4. hafta)	Z (4. hafta)	J (6. hafta)	KL (6. hafta)	AP (4. hafta)	UP (4. hafta)
	70.23 ± 0.06^{AF}	62.67 ± 1.19^{B}	73.64 ± 0.09^{CD}	75.01 ± 0.35^{DG}	72.14 ± 0.33^{AC}	66.27 ± 0.89^{E}	70.00 ± 0.95^{AF}	69.54 ± 0.80^{FH}	$77.30\pm0.,18^{G}$	67.57 ± 0.46^{EH}

Not: Büyük harfler her satırdaki sütunlar arası farkı ($p<0.05$) ifade etmektedir.

Tablo 4.13: Yenilebilir protein kaplama uygulanmış vakum paketlenmiş sıcak dumanlanmış alabalık filetolarının 2±2 °C'de depolanması sırasında belirlenen a* değerleri

a*	K (0. gün)	SPI (0. gün)	PASP (0. gün)	YATP (0. gün)	G (0. gün)	Z (0. gün)	J (0. gün)	KL (0. gün)	AP (0. gün)	UP (0. gün)
	2.80 ± 042^{A}	10.82 ± 0.38^{B}	3.72 ± 0.89^{AC}	1.51 ± 0.41^{A}	1.94 ± 0.10^{A}	2.00 ± 0.88^{A}	1.47 ± 1.15^{A}	5.99 ± 1.12^{C}	1.68 ± 0.27^{A}	3.09 ± 0.32^{A}
a*	K (4. hafta)	SPI (4. hafta)	PASP (4. hafta)	YATP (4. hafta)	G (4. hafta)	Z (4. hafta)	J (6. hafta)	KL (6. hafta)	AP (4. hafta)	UP (4. hafta)
	3.05 ± 0.67^{AC}	9.99 ± 0.58^{B}	3.16 ± 0.47^{AC}	1.23 ± 0.81^{A}	2.35 ± 0.14^{AC}	1.93 ± 0.62^{AC}	1.18 ± 0.38^{A}	3.52 ± 1.04^{C}	1.93 ± 0.27^{AC}	2.92 ± 0.24^{AC}

Not: Büyük harfler her satırdaki sütunlar arası farkı ($p<0.05$) ifade etmektedir.

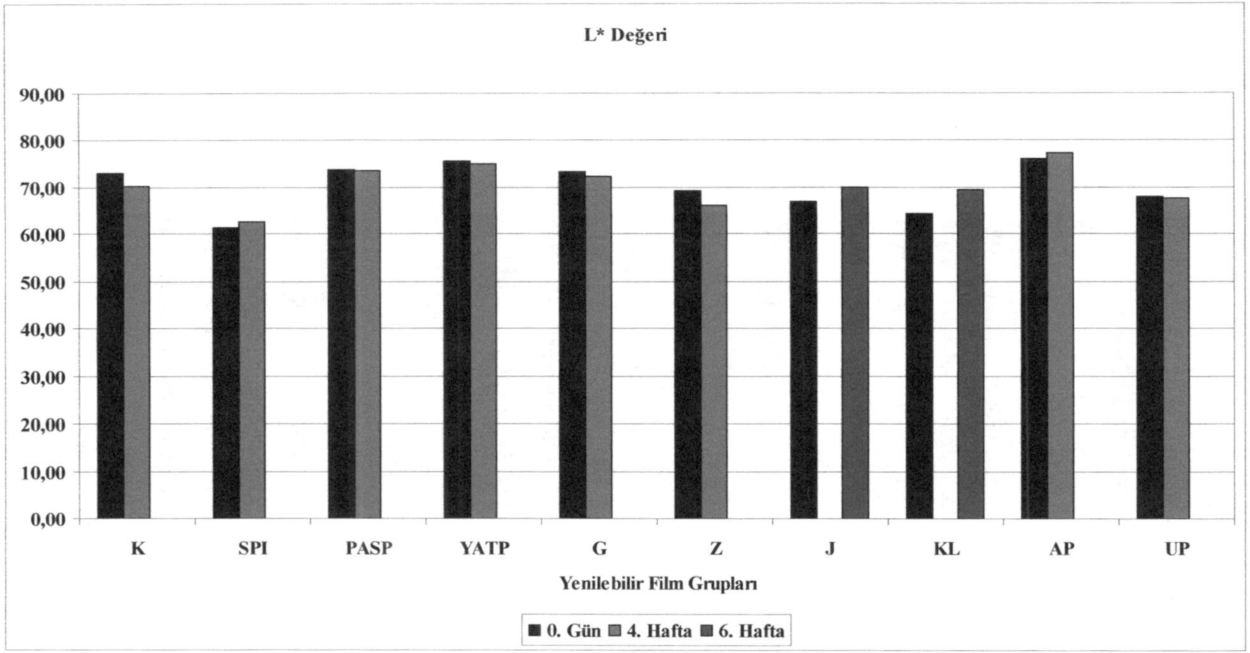

Şekil 4.11: Yenilebilir protein kaplama uygulanmış vakum paketlenmiş sıcak dumanlanmış alabalık filetolarının 2±2 °C'de depolanması sırasında L* değerinde meydana gelen değişimler

Depolamanın başlangıcında tespit edilen a* değerlerine göre uygulama grupları arasındaki fark anlamlı ($p<0.05$) bulunmuştur. Ancak, K, PASP, YATP, G, Z, J, AP ve UP gruplarının depolamanın başlangıcında belirlenen a* değerleri arasında anlamlı bir farklılık saptanamamıştır ($p>0.05$). Bu periyotta tespit edilen en düşük a* değeri (1.47±1.15) J grubuna, en yüksek a* değeri (10.82±0.38) ise SPI grubuna ait olmuştur. Uygulama gruplarının tüketilebilir niteliklerini kaybettikleri haftalarda (K, SPI, PASP, YATP, G, Z, AP ve UP grupları için 4. haftada, J ve KL grupları için ise 6. haftada) yapılan renk ölçümlerine göre tüm gruplar arasında anlamlı farklılık ($p<0.05$) tespit edilmiştir (Tablo 4.13). Şekil 4.12'de görüldüğü gibi K ve G grupları dışındaki diğer tüm uygulama gruplarının depolamanın başlangıcındaki a* değerleri düşük iken panelistler açısından tüketilemeyecek nitelikte kabul edildikleri haftalardaki a* değerlerinin daha yüksek olduğu görülmüştür. K, PASP, YATP, G, Z, J, AP ve UP gruplarının tüketilebilirlik açısından kalite kaybına uğradıkları haftalarda saptanan a* değerleri arasındaki fark anlamsız ($p>0.05$) bulunmuştur. Bu periyotta SPI grubu yine en yüksek a* değerine (9.99±0.58), J grubu da en düşük a* değerine (1.18±0.38) sahip olmuştur.

Depolamanın başlangıcında uygulanan renk ölçümlerinde elde edilen b* değerleri arasındaki farkın anlamlı ($p<0.05$) olduğu ve en yüksek b* değerinin 24.54±1.76 ile G grubunda, en düşük b* değerinin ise 18.12±1.54 ile J grubunda olduğu tespit edilmiştir (Tablo 4.14). Kontrol, SPI, PASP, YATP, Z, KL, AP ve UP gruplarının depolamanın başlangıcında belirlenen b* değerleri arasındaki farkın ise anlamsız olduğu görülmüştür ($p>0.05$). Örneklerin tüketilebilirlik sınırının altında kabul edildikleri haftalarda gerçekleştirilen renk ölçümlerine göre uygulama gruplarının b* değerleri arasında önemli derecede bir farkın olmadığı ($p>0.05$) sonucuna varılmıştır. Şekil 4.13'ten de anlaşıdığı gibi G grubu dışındaki bütün uygulama gruplarının b* değerlerinin depolamanın başlangıcında düşük iken tüketilebilirlik kalitelerini muhafaza ettikleri son haftada yükseldikleri saptanmıştır. Bu periyotta PASP grubunun b* değerinin en yüksek değer (22.88±2.09) olduğu görülmüştür.

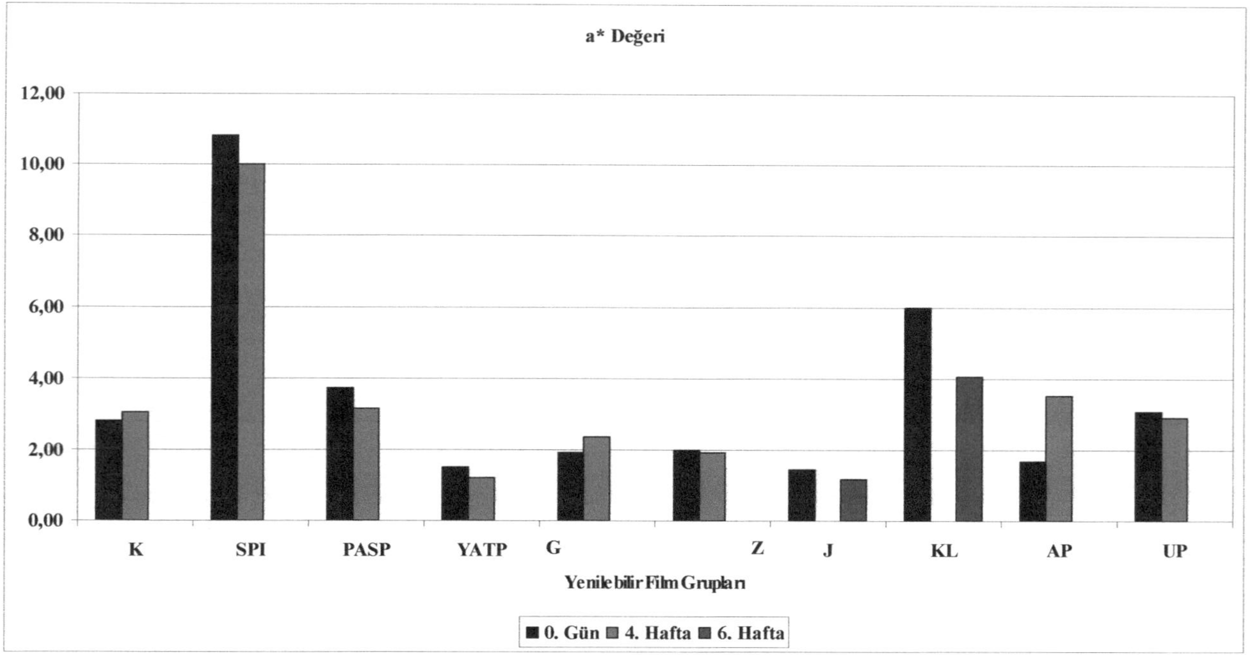

Şekil 4.12: Yenilebilir protein kaplama uygulanmış vakum paketlenmiş sıcak dumanlanmış alabalık filetolarının 2±2 °C'de depolanması sırasında a* değerinde meydana gelen değişimler

Tablo 4.14: Yenilebilir protein kaplama uygulanmış vakum paketlenmiş sıcak dumanlanmış alabalık filetolarının 2±2 °C'de depolanması sırasında belirlenen b* değerleri

b*	K (0. gün)	SPI (0. gün)	PASP (0. gün)	YATP (0. gün)	G (0. gün)	Z (0. gün)	J (0. gün)	KL (0. gün)	AP (0. gün)	UP (0. gün)
	20.03 ± 0.09^{AC}	19.38 ± 0.62^{AC}	22.03 ± 1.06^{AB}	20.39 ± 0.89^{AC}	24.54 ± 1.76^{B}	19.37 ± 0.98^{AC}	18.12 ± 1.54^{C}	18.71 ± 0.83^{AC}	20.45 ± 0.53^{AC}	20.27 ± 0.95^{AC}
b*	K (4. hafta)	SPI (4. hafta)	PASP (4. hafta)	YATP (4. hafta)	G (4. hafta)	Z (4. hafta)	J (6. hafta)	KL (6. hafta)	AP (4. hafta)	UP (4. hafta)
	22.44 ± 0.72^{A}	20.45 ± 0.22^{A}	22.88 ± 2.09^{A}	21.15 ± 0.85^{A}	22.68 ± 0.32^{A}	22.43 ± 1.05^{A}	19.71 ± 0.36^{A}	20.99 ± 1.97^{A}	20.52 ± 0.51^{A}	21.63 ± 0.78^{A}

Not: Büyük harfler her satırdaki sütunlar arası farkı ($p<0.05$) ifade etmektedir.

Tablo 4.15: Yenilebilir protein kaplama uygulanmış vakum paketlenmiş sıcak dumanlanmış alabalık filetolarının 2±2 °C'de depolanması sırasında belirlenen ΔE* değerleri

ΔE*	K (0. gün)	SPI (0. gün)	PASP (0. gün)	YATP (0. gün)	G (0. gün)	Z (0. gün)	J (0. gün)	KL (0. gün)	AP (0. gün)	UP (0. gün)
	2.46 ± 0.00^{A}	3.11 ± 0.00^{B}	3.62 ± 0.00^{C}	2.46 ± 0.00^{A}	4.37 ± 0.00^{D}	3.16 ± 0.00^{E}	4.55 ± 0.00^{F}	2.58 ± 0.00^{G}	2.72 ± 0.00^{H}	2.61 ± 0.00^{I}
ΔE*	K (4. hafta)	SPI (4. hafta)	PASP (4. hafta)	YATP (4. hafta)	G (4. hafta)	Z (4. hafta)	J (6. hafta)	KL (6. hafta)	AP (4. hafta)	UP (4. hafta)
	3.84 ± 0.49^{AC}	2.26 ± 0.79^{AB}	2.33 ± 0.46^{AB}	1.58 ± 0.31^{B}	2.23 ± 0.24^{AB}	4.54 ± 0.53^{C}	3.51 ± 0.61^{ACE}	6.61 ± 0.70^{D}	2.48 ± 0.42^{AB}	1.62 ± 0.59^{BE}

Not: Büyük harfler her satırdaki sütunlar arası farkı ($p<0.05$) ifade etmektedir.

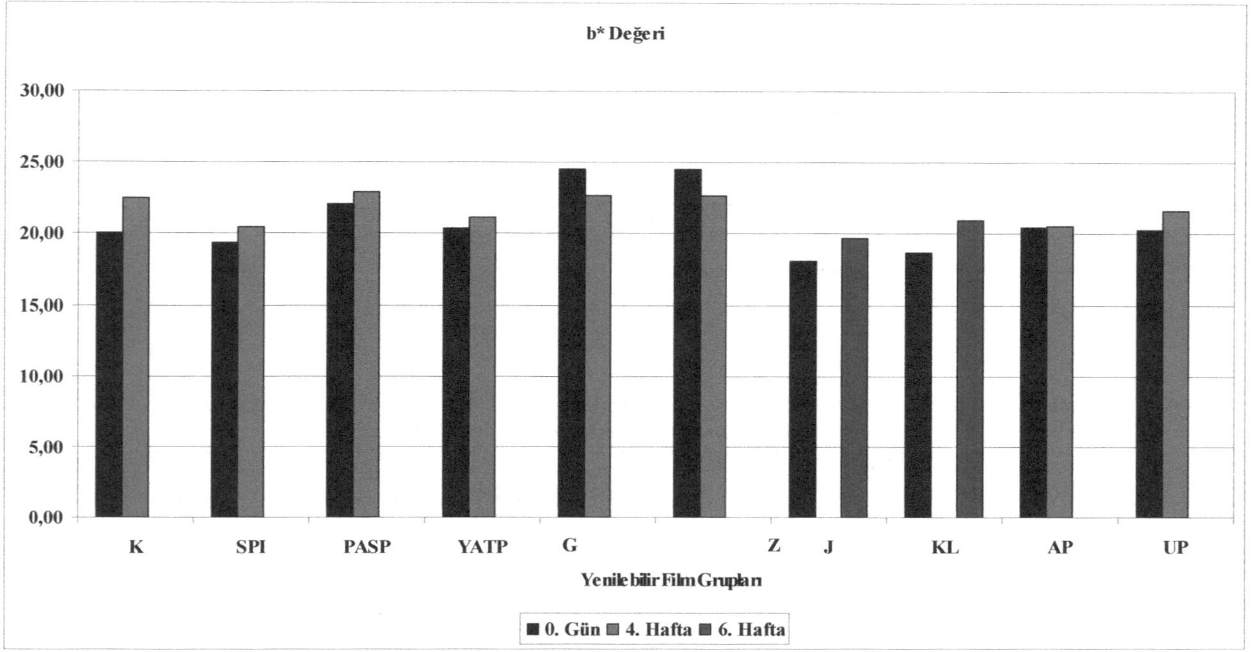

Şekil 4.13: Yenilebilir protein kaplama uygulanmış vakum paketlenmiş sıcak dumanlanmış alabalık filetolarının 2±2 °C'de depolanması sırasında b* değerinde meydana gelen değişimler

Yapılan renk ölçümlerinden elde edilen L*, a* ve b* değerlerinin baz alınmasıyla hesaplanan ΔE^* değerlerine göre depolamanın başlangıcında uygulama grupları arasında anlamlı bir fark olduğu görülmüştür ($p<0.05$). Tablo 4.15'te de görüldüğü gibi depolamanın başlangıcında tespit edilen en yüksek ΔE^* değeri 4.55±0.00 ile J grubuna, en düşük ΔE^* değeri ise 2.46±0.00 ile K ve YATP gruplarına ait olmuştur. Örneklerde tüketilebilirlik açısından kalite kaybının görüldüğü haftalarda gerçekleştirilen renk ölçümlerinin sonuçlarından elde edilen ΔE^* değerlerine göre uygulama grupları arasında önemli derecede farklılık ($p<0.05$) olduğu ortaya çıkmış, ancak kontrol, SPI, PASP, G, J ve AP gruplarının ΔE^* değerleri arasındaki fark anlamsız ($p>0.05$) bulunmuştur. Bu periyottaki en yüksek ΔE^* değeri (6.61±0.70) KL grubunun, en düşük ΔE^* değeri (1.58±0.31) ise YATP grubunun olmuştur. K, Z ve KL grubu dışındaki diğer uygulama gruplarının tamamının ΔE^* değerleri depolamanın başlangıcında yüksek iken; tüketilebilirlik kalitelerini yitirdikleri haftada düşmüştür (Şekil 4.14).

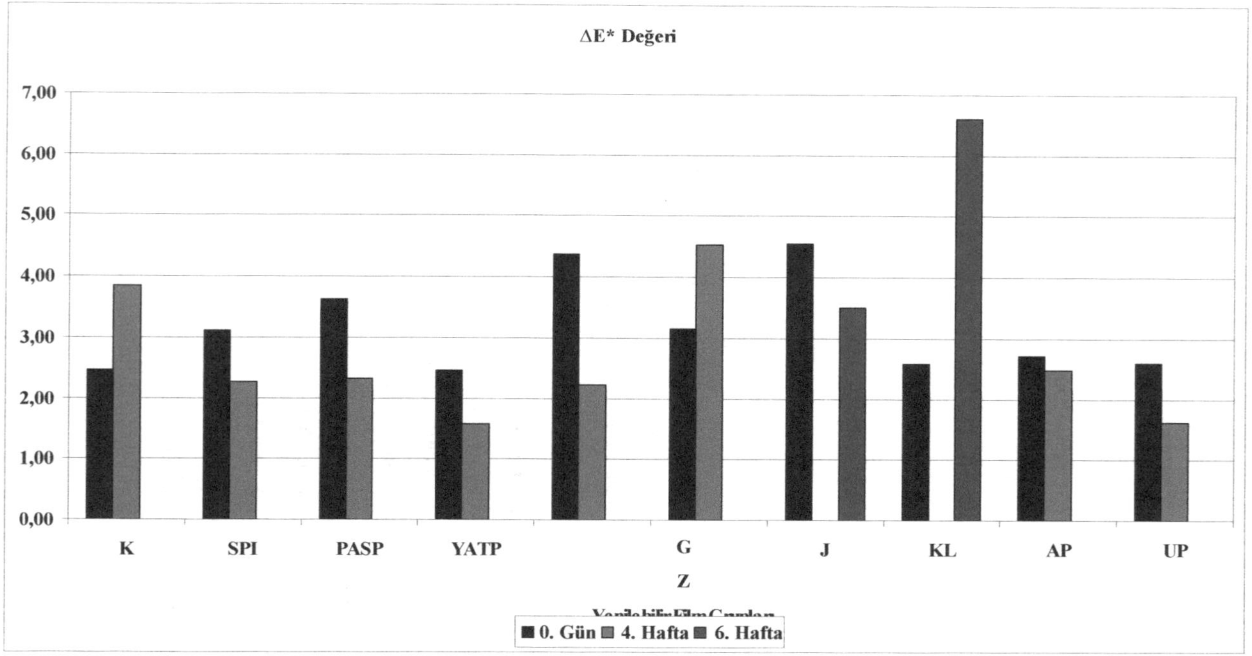

Şekil 4.14: Yenilebilir protein kaplama uygulanmış vakum paketlenmiş sıcak dumanlanmış alabalık filetolarının 2±2 °C'de depolanması sırasında ΔE* değerinde meydana gelen değişimler

4.1.3.2. Tekstürel Parametrelerin Ölçüm Sonuçları

Yenilebilir protein filmleriyle kaplanmış sıcak dumanlanmış alabalık örneklerinin dokusal özelliklerini fiziksel olarak belirlemek amacıyla, depolamanın başlangıcında ve duyusal olarak kalite kaybına uğrayarak tüketilemeyecek hale geldikleri haftada (K, SPI, PASP, YATP, G, Z, AP ve UP grupları için 4. haftada, J ve KL grupları için ise 6. haftada) gerçekleştirilen basma testlerinin sonuçları Tablo 4.16 (Kırılganlık), Tablo 4.17 (Sertlik), Tablo 4.18 (Esneklik), Tablo 4.19 (Yapışıklık), Tablo 4.20 (Gam Yapı), Tablo 4.21 (Çiğnenebilirlik), Tablo 4.22 (Yapışkanlık) ve Tablo 4.23 (Elastikiyet)'te sunulmuştur.

Depolamanın başlangıcında en yüksek kırılganlık değeri (1.933±0.074 N) kontrol grubunda tespit edilirken; kontrol grubunu PASP grubu takip etmiştir. Depolamanın başlangıcındaki en düşük kırılganlık değerine 1.155±0.268 N ile YATP grubu sahip olmuş ve uygulama grupları arasındaki farkın anlamlı ($p<0.05$) olduğu görülmüştür (Tablo 4.16). Ancak, K, SPI, PASP, G, Z, KL ve AP grupları arasında başlangıçta ölçülen kırılganlık değerleri açısından fark bulunamamıştır ($p>0.05$). Örneklerin duyusal panelistlerce belirlenen tüketilebilirlik kalitelerini kaybetmeye başladıkları haftalarda ölçülen kırılganlık değerleri arasındaki farkın anlamlı ($p<0.05$) olduğu gözlemlenmiştir. Aynı periyotta kontrol, SPI, YATP, G, J, KL, AP ve UP gruplarının kırılganlık değerleri arasındaki farkın ise önemli olmadığı saptanmıştır ($p>0.05$). K, J ve KL grupları dışındaki tüm uygulama gruplarının depolamanın başlangıcında düşük olan kırılganlık değerleri duyusal kalitelerini kaybettikleri haftalarda artmıştır (Şekil 4.15).

Tablo 4.17'de görüldüğü gibi yenilebilir proteinlerle kaplanan sıcak dumanlanmış alabalık örneklerine ait uygulama gruplarının hem depolamanın başlangıcındaki hem de tüketilebilirlik sınırının (5) altında kaldıkları haftalardaki sertlik değerleri arasındaki fark anlamlı ($p<0.05$) bulunmuştur. Depolamanın başlangıcındaki en yüksek değer olan PASP grubunun sertlik değerinin (1.825±0.573 N) YATP ve UP grubu dışındaki diğer tüm grupların sertlik değerleri ile benzer ($p>0.05$) olduğu görülmüştür. Sertlik değeri K, J, KL, AP ve UP gruplarında başlangıçta yüksek iken; tüketilebilir olarak değerlendirilmedikleri haftalarda düşmüştür (Şekil 4.16) ve en düşük sertlik değeri 0.729±0.136 N ile J grubunda tespit edilmiştir. Bu periyotta analiz gruplarının sertlik değerleri arasındaki farkın anlamlı ($p<0.05$), ancak K, SPI, YATP, G, J, KL, AP ve UP gruplarının sertlik değerleri arasındaki farkın anlamsız ($p>0.05$) olduğu ortaya çıkmıştır.

Tablo 4.16: Yenilebilir protein kaplama uygulanmış vakum paketlenmiş sıcak dumanlanmış alabalık filetolarının 2±2 °C'de depolama sırasında belirlenen kırılganlık değerleri (N)

Kırılganlık (N)	K (0. gün)	SPI (0. gün)	PASP (0. gün)	YATP (0. gün)	G (0. gün)	Z (0. gün)	J (0. gün)	KL (0. gün)	AP (0. gün)	UP (0. gün)
	$1.933{\pm}0.074^{A}$	$1.343{\pm}0.063^{AB}$	$1.869{\pm}0.311^{AC}$	$1.155{\pm}0.268^{B}$	$1.366{\pm}0.278^{AB}$	$1.591{\pm}0.063^{AB}$	$1.229{\pm}0.189^{CB}$	$1.405{\pm}0.269^{AB}$	$1.249{\pm}0.073^{AB}$	$1.170{\pm}0.128^{BC}$
Kırılganlık (N)	K (4. hafta)	SPI (4. hafta)	PASP (4. hafta)	YATP (4. hafta)	G (4. hafta)	Z (4. hafta)	J (6. hafta)	KL (6. hafta)	AP (4. hafta)	UP (4. hafta)
	$1.749{\pm}0.199^{AC}$	$1.529{\pm}0.157^{A}$	$3.157{\pm}0.357^{B}$	$1.585{\pm}0.414^{A}$	$1.493{\pm}0.370^{A}$	$2.549{\pm}0.075^{BC}$	$0.921{\pm}0.154^{A}$	$1.339{\pm}0.261^{A}$	$1.321{\pm}0.306^{A}$	$1.185{\pm}0.101^{A}$

Not: Büyük harfler her satırdaki sütunlar arası farkı ($p<0.05$) ifade etmektedir.

Tablo 4.17: Yenilebilir protein kaplama uygulanmış vakum paketlenmiş sıcak dumanlanmış alabalık filetolarının 2±2 °C'de depolama sırasında belirlenen sertlik değerleri (N)

Sertlik (N)	K (0. gün)	SPI (0. gün)	PASP (0. gün)	YATP (0. gün)	G (0. gün)	Z (0. gün)	J (0. gün)	KL (0. gün)	AP (0. gün)	UP (0. gün)
	$1.601{\pm}0.100^{AB}$	$1.119{\pm}0.035^{AB}$	$1.825{\pm}0.573^{A}$	$0.955{\pm}0.257^{B}$	$1.072{\pm}0.219^{AB}$	$1.232{\pm}0.134^{AB}$	$1.025{\pm}0.177^{AB}$	$1.155{\pm}0.238^{AB}$	$1.059{\pm}0.033^{AB}$	$0.980{\pm}0.082^{B}$
Sertlik (N)	K (4. hafta)	SPI (4. hafta)	PASP (4. hafta)	YATP (4. hafta)	G (4. hafta)	Z (4. hafta)	J (6. hafta)	KL (6. hafta)	AP (4. hafta)	UP (4. hafta)
	$1.363{\pm}0.117^{AC}$	$1.266{\pm}0.144^{A}$	$2.484{\pm}0.358^{B}$	$1.247{\pm}0.410^{A}$	$1.227{\pm}0.370^{A}$	$2.241{\pm}0.096^{BC}$	$0.729{\pm}0.136^{A}$	$1.069{\pm}0.278^{A}$	$1.057{\pm}0.298^{A}$	$0.917{\pm}0.053^{A}$

Not: Büyük harfler her satırdaki sütunlar arası farkı ($p<0.05$) ifade etmektedir.

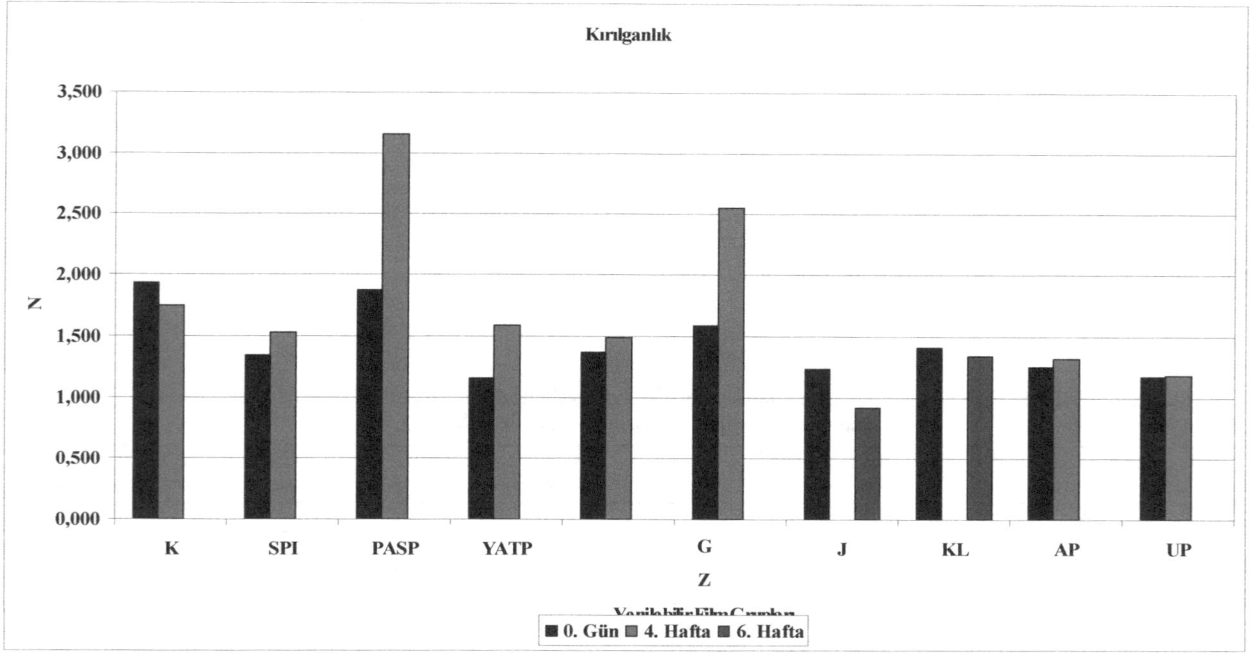

Şekil 4.15: Yenilebilir protein kaplama uygulanmış vakum paketlenmiş sıcak dumanlanmış alabalık filetolarının 2±2 °C'de depolanması sırasında kırılganlık değerlerinde meydana gelen değişimler

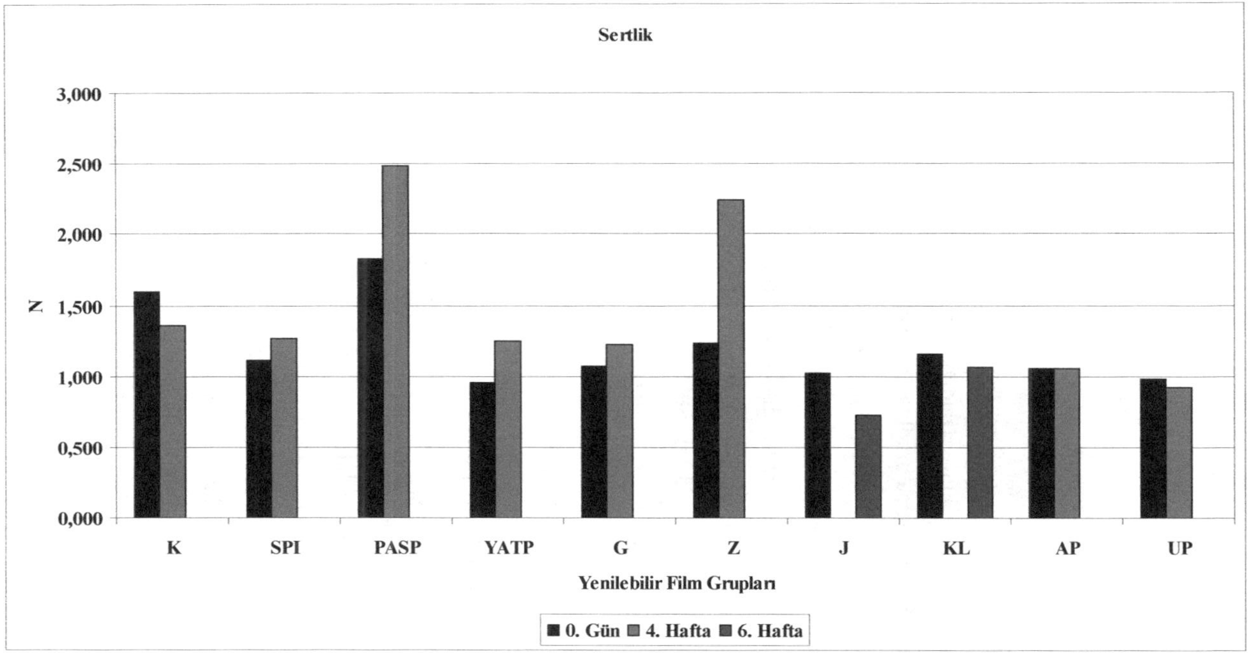

Şekil 4.16: Yenilebilir protein kaplama uygulanmış vakum paketlenmiş sıcak dumanlanmış alabalık filetolarının 2±2 °C'de depolanması sırasında sertlik değerlerinde meydana gelen değişimler

Depolamanın başlangıcında yapılan tekstürel ölçümlere göre en yüksek esneklik değerine (3.14±0.80 mm) J grubu, en düşük (2.12±0.09 mm) esneklik değerine ise UP grubu sahip olmuştur. Şekil 4.17'den de anlaşılacağı gibi uygulama gruplarının depolamanın başlangıcında belirlenen esneklik değerleri birbirine oldukça yakın oldukları için anlamlı bir farklılık ortaya çıkmamıştır ($p>0.05$). Ancak, analiz örneklerinin tüketilebilirlik kalitelerinin azaldığı haftalarda gerçekleştirilen test sonuçlarına göre uygulama gruplarının esneklik değerleri arasındaki farkın anlamlı ($p<0.05$) olduğu görülmüştür. K, G, Z, J, KL ve UP gruplarının esneklik değerleri depolamanın başlangıcında yüksek iken; tüketilebilir olarak değerlendirilmedikleri haftalarda düşmüştür (Tablo 4.18). Bu düşüşün J grubunda en yüksek (0.99 mm) olduğu, G grubunda ise en az (0.01 mm) olduğu görülmüştür. SPI, PASP, YATP ve AP gruplarında ise tam tersi bir durum ortaya çıkmış ve YATP grubunda depolamanın başlangıcında 2.20±0.05 mm olan esneklik değeri duyusal açıdan kalitesini kaybettiği 4. haftada 4.43±0.94 mm değerine yükselmiştir (Şekil 4. 17).

Uygulama gruplarının yapışıklık değerleri depolamanın başlangıcında 0.03-0.09 Nxmm arasında değişirken; gruplar arasında bu parametre açısından herhangi bir fark ortaya çıkmamıştır ($p>0.05$). Şekil 4.18'den de görüleceği gibi; tüketilebilir kalite kaybının yaşandığı haftalara ait yapışıklık değerleri ile başlangıçtaki yapışıklık değerlerinin oldukça yakın veya aynı (K ve SPI gruplarında) olduğu kolaylıkla anlaşılırken; ancak son haftalarda yapılan ölçümlerde analiz grupları arasındaki farkın anlamlı ($p<0.05$) olduğu saptanmıştır. Tüketilebilirlik kalitenin azaldığı haftalarda PASP grubu 0.11±0.04 Nxmm ile en yüksek yapışıklık değerine, KL grubu 0.02±0.00 Nxmm ile en düşük yapışıklık değerine sahip olmuştur (Tablo 4.19).

Tablo 4.18: Yenilebilir protein kaplama uygulanmış vakum paketlenmiş sıcak dumanlanmış alabalık filetolarının 2±2 °C'de depolama sırasında belirlenen esneklik değerleri (mm)

Esneklik (mm)	K (0. gün)	SPI (0. gün)	PASP (0. gün)	YATP (0. gün)	G (0. gün)	Z (0. gün)	J (0. gün)	KL (0. gün)	AP (0. gün)	UP (0. gün)
	$2.25±0.17^{A}$	$2.50±0.05^{A}$	$2.82±0.71^{A}$	$2.20±0.05^{A}$	$2.46±0.19^{A}$	$2.62±0.41^{A}$	$3.14±0.80^{A}$	$2.34±0.16^{A}$	$2.28±0.23^{A}$	$2.12±0.09^{A}$
Esneklik (mm)	K (4. hafta)	SPI (4. hafta)	PASP (4. hafta)	YATP (4. hafta)	G (4. hafta)	Z (4. hafta)	J (6. hafta)	KL (6. hafta)	AP (4. hafta)	UP (4. hafta)
	$2.04±0.10^{A}$	$2.89±0.17^{AB}$	$2.84±0.20^{AB}$	$4.43±0.94^{B}$	$2.45±0.40^{A}$	$2.52±0.17^{A}$	$2.15±0.64^{A}$	$1.99±0.51^{A}$	$2.93±0.89^{AB}$	$1.91±0.15^{A}$

Not: Büyük harfler her satırdaki sütunlar arası farkı ($p<0.05$) ifade etmektedir.

Tablo 4.19: Yenilebilir protein kaplama uygulanmış vakum paketlenmiş sıcak dumanlanmış alabalık filetolarının 2±2 °C'de depolama sırasında belirlenen yapışıklık değerleri (Nxmm)

Yapışıklık (Nxmm)	K (0. gün)	SPI (0. gün)	PASP (0. gün)	YATP (0. gün)	G (0. gün)	Z (0. gün)	J (0. gün)	KL (0. gün)	AP (0. gün)	UP (0. gün)
	$0.06±0.04^{A}$	$0.04±0.01^{A}$	$0.05±0.02^{A}$	$0.04±0.01^{A}$	$0.07±0.03^{A}$	$0.04±0.02^{A}$	$0.08±0.02^{A}$	$0.05±0.02^{A}$	$0.03±0.02^{A}$	$0.09±0.03^{A}$
Yapışıklık (Nxmm)	K (4. hafta)	SPI (4. hafta)	PASP (4. hafta)	YATP (4. hafta)	G (4. hafta)	Z (4. hafta)	J (6. hafta)	KL (6. hafta)	AP (4. hafta)	UP (4. hafta)
	$0.06±0.00^{AB}$	$0.04±0.02^{AB}$	$0.11±0.04^{A}$	$0.05±0.00^{AB}$	$0.05±0.03^{AB}$	$0.05±0.00^{AB}$	$0.03±0.01^{B}$	$0.02±0.00^{B}$	$0.04±0.02^{AB}$	$0.04±0.01^{AB}$

Not: Büyük harfler her satırdaki sütunlar arası farkı ($p<0.05$) ifade etmektedir.

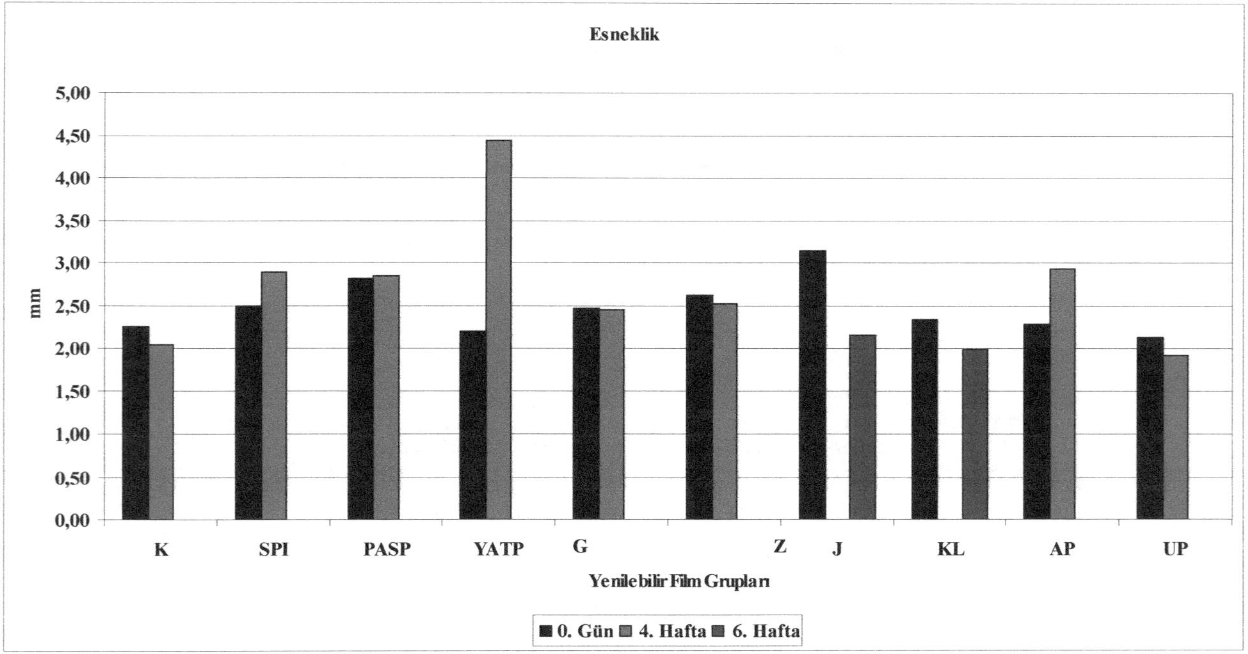

Şekil 4.17: Yenilebilir protein kaplama uygulanmış vakum paketlenmiş sıcak dumanlanmış alabalık filetolarının 2±2 °C'de depolanması sırasında esneklik değerlerinde meydana gelen değişimler

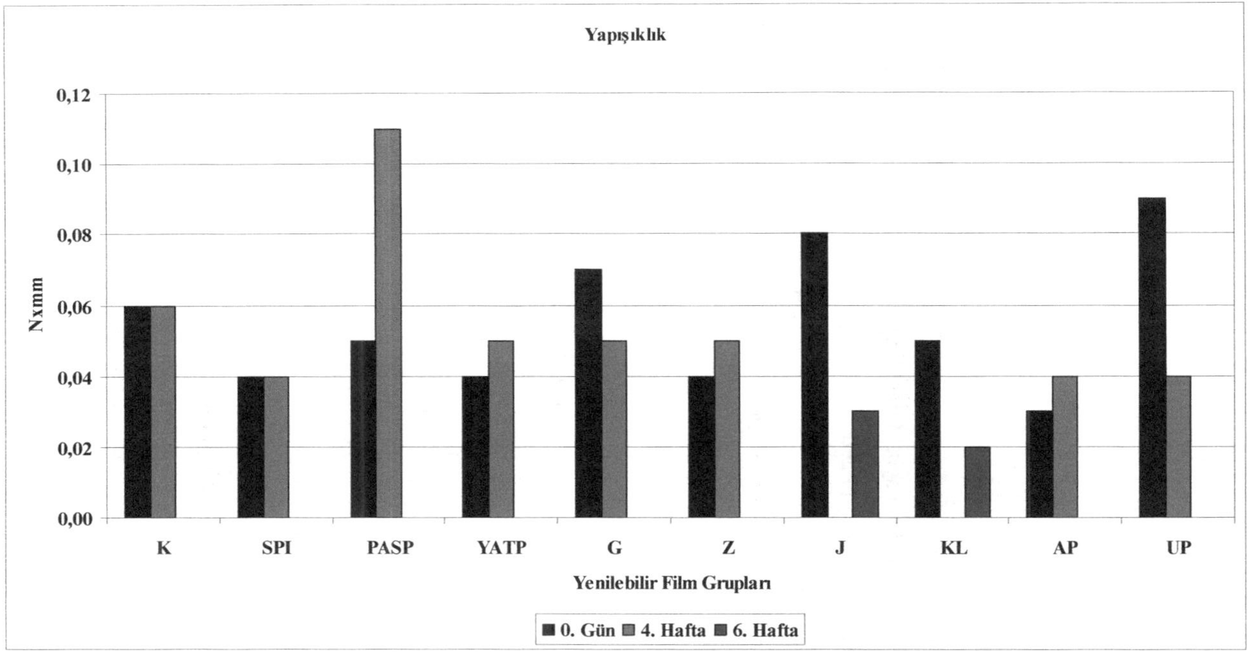

Şekil 4.18: Yenilebilir protein kaplama uygulanmış vakum paketlenmiş sıcak dumanlanmış alabalık filetolarının 2±2 °C'de depolanması sırasında yapışıklık değerlerinde meydana gelen değişimler

Yenilebilir protein filmlerle kaplanmış sıcak dumanlanmış alabalık örneklerinin depolamanın başlangıcında tespit edilen gam yapı değerleri arasındaki fark anlamsız ($p>0.05$) bulunmuştur (Tablo 4.20). Bu periyotta belirlenen en yüksek gam yapı değeri 0.817±0.214 N ile PASP grubuna ait iken; 2. sırada 0.731±0.133 N ile kontrol grubu ve en son sırada 0.425±0.091 N ile J grubu yer almıştır. SPI, PASP, YATP, G ve Z gruplarında gam yapı değerleri depolamanın başlangıcında düşük iken; tüketilebilirlik açısından kayba uğradıkları haftalarda yükselmiş ve en fazla yükselişe (0.519 N) Z grubunda rastlanmıştır (Şekil 4.19). Tüketilebilirlik kalitenin kaybedildiği haftalara ait gam yapı değerleri arasında önemli derecede farklılık ($p<0.05$) olduğu belirlenmiştir, ancak PASP ve Z grupları dışındaki tüm uygulama grupları arasındaki fark anlamsız ($P>0.05$) olarak değerlendirilmiştir.

Depolamanın başlangıcında ölçülen çiğnenebilirlik değerleri açısından analiz grupları arasındaki farkın anlamlı olmadığı görülmüştür ($p>0.05$). Bu periyotta SPI grubu en yüksek (1.88±0.73 Nxmm), UP grubu ise en düşük (0.90±0.04 Nxmm) çiğnenebilirlik değerine sahip olmuştur. Örneklerin duyusal açıdan tüketilebilir niteliklerini kaybettikleri haftalara ait ölçüm sonuçlarına göre uygulama gruplarının çiğnenebilirlik değerleri arasındaki fark anlamlı ($p<0.05$) bulunmuştur (Tablo 4.21). Ancak K, SPI, YATP, G, KL, AP ve UP gruplarının tüketilebilir kalitenin kaybedildiği haftalarda bu parametre açısından benzer ($p>0.05$) olduğu anlaşılmıştır. PASP, YATP, G, Z, J ve AP gruplarında depolamanın başlangıcında düşük olan çiğnenebilirlik değeri kalite kaybının yaşandığı haftalarda yükselmiş ve en fazla yükseliş 2.91 Nxmm ile J grubunda, en az yükseliş ise 0.05 Nxmm ile AP grubunda olmuştur (Şekil 4.20).

Tablo 4.20: Yenilebilir protein kaplama uygulanmış vakum paketlenmiş sıcak dumanlanmış alabalık filetolarının 2±2 °C'de depolama sırasında belirlenen gam yapı değerleri (N)

Gam yapı (N)	K (0. gün)	SPI (0. gün)	PASP (0. gün)	YATP (0. gün)	G (0. gün)	Z (0. gün)	J (0. gün)	KL (0. gün)	AP (0. gün)	UP (0. gün)
	0.731 ± 0.133^{A}	0.530 ± 0.041^{A}	0.817 ± 0.214^{A}	0.455 ± 0.146^{A}	0.489 ± 0.111^{A}	0.544 ± 0.111^{A}	0.425 ± 0.091^{A}	0.528 ± 0.132^{A}	0.514 ± 0.007^{A}	0.431 ± 0.024^{A}
Gam yapı (N)	K (4. hafta)	SPI (4. hafta)	PASP (4. hafta)	YATP (4. hafta)	G (4. hafta)	Z (4. hafta)	J (6. hafta)	KL (6. hafta)	AP (4. hafta)	UP (4. hafta)
	0.546 ± 0.028^{A}	0.588 ± 0.054^{A}	1.098 ± 0.190^{B}	0.525 ± 0.175^{A}	0.534 ± 0.186^{A}	1.063 ± 0.062^{B}	0.334 ± 0.048^{A}	0.478 ± 0.130^{A}	0.482 ± 0.141^{A}	0.343 ± 0.020^{A}

Not: Büyük harfler her satırdaki sütunlar arası farkı ($p<0.05$) ifade etmektedir.

Tablo 4.21: Yenilebilir protein kaplama uygulanmış vakum paketlenmiş sıcak dumanlanmış alabalık filetolarının 2±2 °C'de depolama sırasında belirlenen çiğnenebilirlik değerleri (Nxmm)

Çiğnenebilirlik (Nxmm)	K (0. gün)	SPI (0. gün)	PASP (0. gün)	YATP (0. gün)	G (0. gün)	Z (0. gün)	J (0. gün)	KL (0. gün)	AP (0. gün)	UP (0. gün)
	1.63 ± 0.40^{A}	1.88 ± 0.73^{A}	1.51 ± 0.15^{A}	1.13 ± 0.29^{A}	1.09 ± 0.23^{A}	1.44 ± 0.47^{A}	1.24 ± 0.48^{A}	1.22 ± 0.35^{A}	1.20 ± 0.09^{A}	0.90 ± 0.04^{A}
Çiğnenebilirlik (Nxmm)	K (4. hafta)	SPI (4. hafta)	PASP (4. hafta)	YATP (4. hafta)	G (4. hafta)	Z (4. hafta)	J (6. hafta)	KL (6. hafta)	AP (4. hafta)	UP (4. hafta)
	1.09 ± 0.01^{A}	1.67 ± 0.25^{AC}	3.24 ± 0.10^{BD}	1.65 ± 0.44^{AC}	1.32 ± 0.50^{A}	2.63 ± 0.23^{BC}	4.15 ± 0.51^{D}	1.17 ± 0.36^{A}	1.25 ± 0.23^{A}	0.64 ± 0.08^{A}

Not: Büyük harfler her satırdaki sütunlar arası farkı ($p<0.05$) ifade etmektedir.

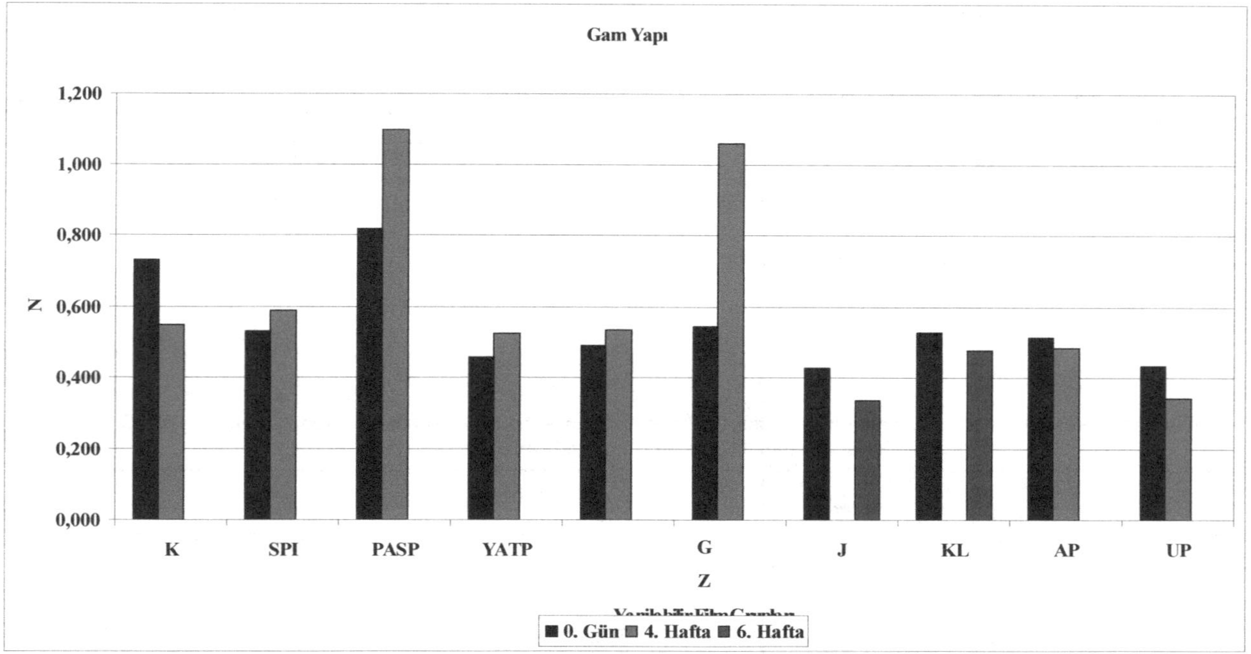

Şekil 4.19: Yenilebilir protein kaplama uygulanmış vakum paketlenmiş sıcak dumanlanmış alabalık filetolarının 2±2 °C'de depolanması sırasında gam yapı değerlerinde meydana gelen değişimler

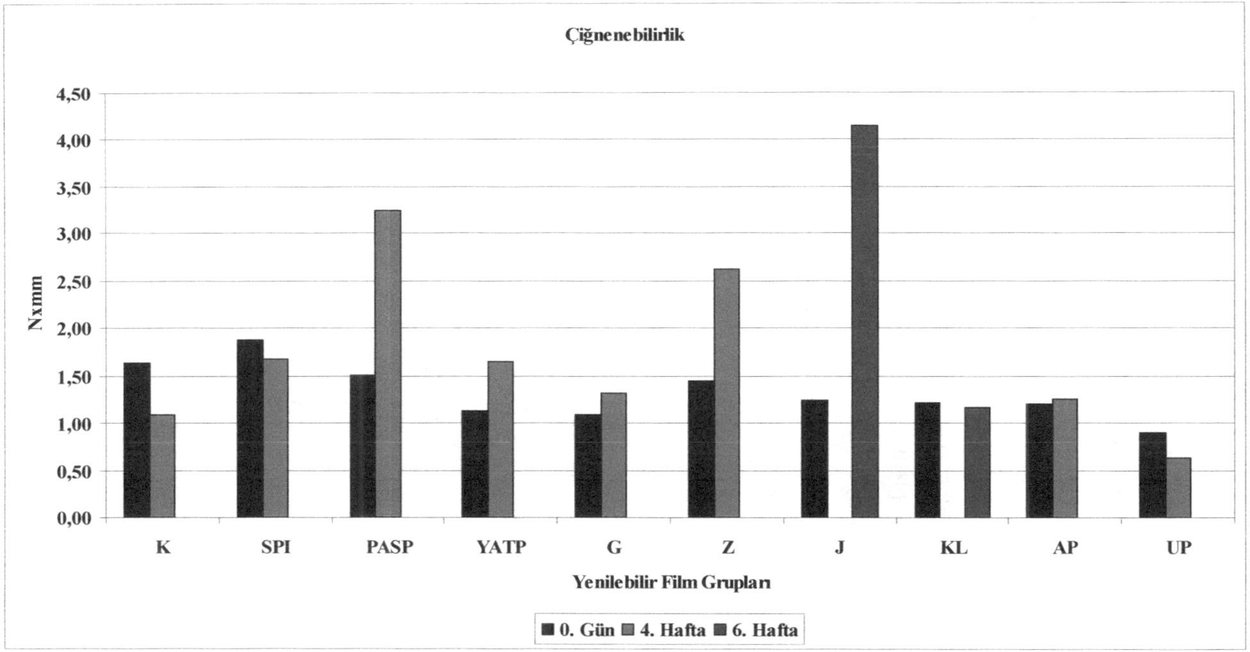

Şekil 4.20: Yenilebilir protein kaplama uygulanmış vakum paketlenmiş sıcak dumanlanmış alabalık filetolarının 2±2 °C'de depolanması sırasında çiğnenebilirlik değerlerinde meydana gelen değişimler

Şekil 4.21'de görüldüğü gibi hem kontrol hem de yenilebilir protein filmleriyle kaplanmış örneklerin depolamanın başlangıcında tespit edilen yapışkanlık değerleri arasında bir farlılık ortaya çıkmazken ($p>0.05$); PASP ile AP grubu, Z ile J grubu, KL ile UP grubu aynı yapışkanlık değerlerine sahip olmuşlardır. Duyusal kalitenin kayba uğradığı haftalardaki ölçümlere göre yapışkanlık değerleri açısından uygulama grupları arasında anlamlı fark ($p<0.05$) olduğu görülmüştür (Tablo 4.22). Ancak, yine bu periyotta da PASP ile G ve KL gruplarının ve J ile AP grubunun aynı yapışkanlık değerine sahip oldukları belirlenmiştir. Z ve J grupları dışındaki tüm uygulama gruplarında depolamanın başlangıcında elde edilen yapışkanlık değerlerinin tüketilebilirlik kalitenin kaybedildiği haftalarda düştüğü gözlemlenmiştir.

Esneklik, yapışıklık, gam yapı, çiğnenebilirlik ve yapışkanlık değerlerinde olduğu gibi elastikiyet değerleri açısından da depolamanın başlangıcında analiz grupları arasında bir fark bulunamamıştır ($p>0.05$). 0.09-0.12 arasında değişen elastikiyet değerleri Z ve J grupları dışındaki tüm uygulama gruplarında tüketilebilir olarak değerlendirilmedikleri haftalarda düşme göstermiştir (Şekil 4.22). G grubu her iki periyotta da aynı elastikiyet değerine (0.10) sahip olmuş, PASP, YATP, J ve KL grupları da bu periyotta G grubuyla aynı değeri paylaşmıştır. Duyusal açıdan kalite kaybının tespit edildiği haftalarda Z grubu dışındaki tüm grupların elastikiyet değerleri arasındaki farkın anlamsız ($p>0.05$) olduğu sonucuna varılmıştır (Tablo 4.23).

Tablo 4.22: Yenilebilir protein kaplama uygulanmış vakum paketlenmiş sıcak dumanlanmış alabalık filetolarının 2±2 °C'de depolama sırasında belirlenen yapışkanlık değerleri

Yapışkanlık	K (0. gün)	SPI (0. gün)	PASP (0. gün)	YATP (0. gün)	G (0. gün)	Z (0. gün)	J (0. gün)	KL (0. gün)	AP (0. gün)	UP (0. gün)
	0.38 ± 0.07^{A}	0.40 ± 0.01^{A}	0.41 ± 0.02^{A}	0.39 ± 0.03^{A}	0.36 ± 0.01^{A}	0.34 ± 0.07^{A}	0.34 ± 0.02^{A}	0.37 ± 0.02^{A}	0.41 ± 0.03^{A}	0.37 ± 0.02^{A}
Yapışkanlık	K (4. hafta)	SPI (4. hafta)	PASP (4. hafta)	YATP (4. hafta)	G (4. hafta)	Z (4. hafta)	J (6. hafta)	KL (6. hafta)	AP (4. hafta)	UP (4. hafta)
	0.31 ± 0.02^{AC}	0.39 ± 0.01^{AB}	0.35 ± 0.03^{ABC}	0.33 ± 0.03^{AC}	0.35 ± 0.04^{ABC}	0.42 ± 0.01^{B}	0.36 ± 0.01^{ABC}	0.35 ± 0.03^{ABC}	0.36 ± 0.02^{ABC}	0.29 ± 0.01^{C}

Not: Büyük harfler her satırdaki sütunlar arası farkı ($p<0.05$) ifade etmektedir.

Tablo 4.23: Yenilebilir protein kaplama uygulanmış vakum paketlenmiş sıcak dumanlanmış alabalık filetolarının 2±2 °C'de depolama sırasında belirlenen elastikiyet değerleri

Elastikiyet	K (0. gün)	SPI (0. gün)	PASP (0. gün)	YATP (0. gün)	G (0. gün)	Z (0. gün)	J (0. gün)	KL (0. gün)	AP (0. gün)	UP (0. gün)
	0.11 ± 0.03^{A}	0.12 ± 0.01^{A}	0.12 ± 0.04^{A}	0.11 ± 0.02^{A}	0.10 ± 0.02^{A}	0.10 ± 0.03^{A}	0.09 ± 0.02^{A}	0.11 ± 0.01^{A}	0.12 ± 0.01^{A}	0.10 ± 0.02^{A}
Elastikiyet	K (4. hafta)	SPI (4. hafta)	PASP (4. hafta)	YATP (4. hafta)	G (4. hafta)	Z (4. hafta)	J (6. hafta)	KL (6. hafta)	AP (4. hafta)	UP (4. hafta)
	0.08 ± 0.01^{A}	0.11 ± 0.01^{AB}	0.10 ± 0.02^{AB}	0.10 ± 0.00^{AB}	0.10 ± 0.00^{AB}	0.13 ± 0.00^{B}	0.10 ± 0.01^{AB}	0.10 ± 0.01^{AB}	0.09 ± 0.02^{AB}	0.07 ± 0.00^{A}

Not: Büyük harfler her satırdaki sütunlar arası farkı ($p<0.05$) ifade etmektedir.

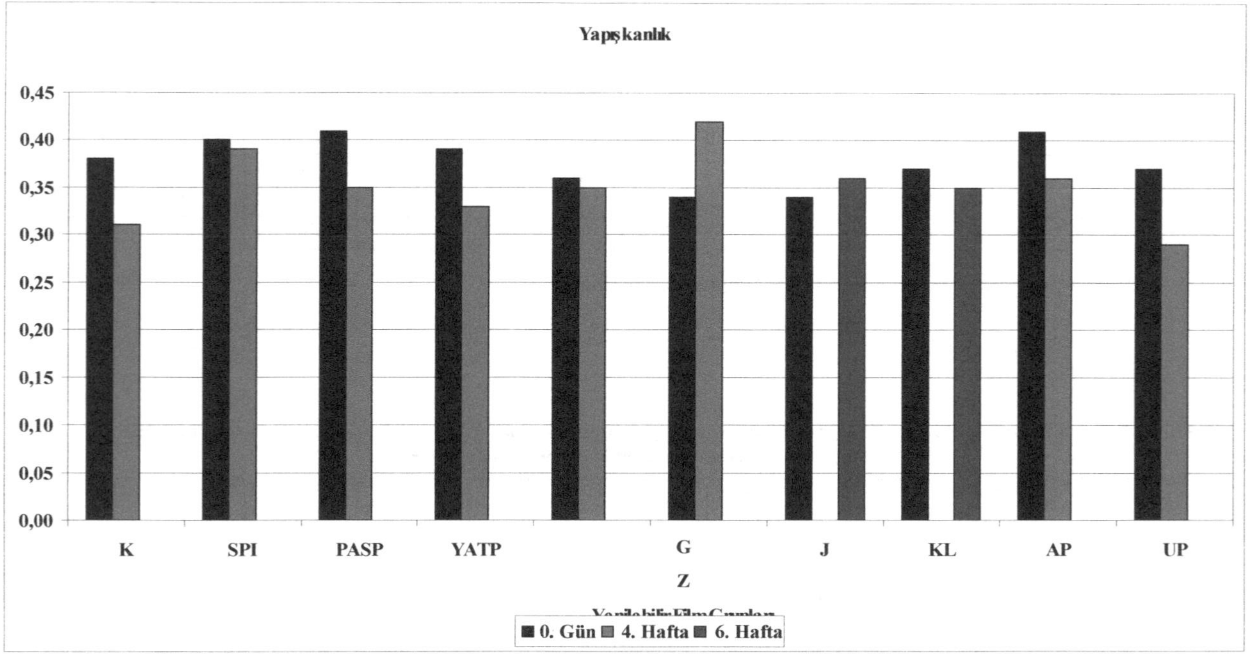

Şekil 4.21: Yenilebilir protein kaplama uygulanmış vakum paketlenmiş sıcak dumanlanmış alabalık filetolarının 2±2 °C'de depolanması sırasında yapışkanlık değerlerinde meydana gelen değişimler

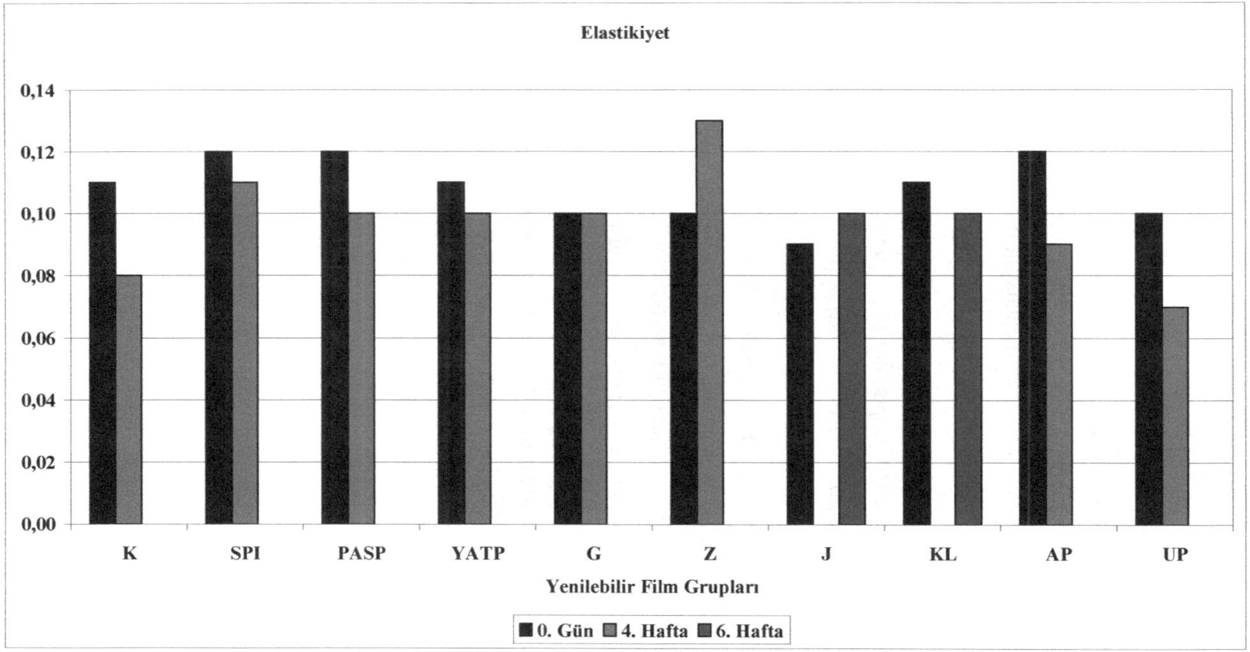

Şekil 4.22: Yenilebilir protein kaplama uygulanmış vakum paketlenmiş sıcak dumanlanmış alabalık filetolarının 2±2 °C'de depolanması sırasında elastikiyet değerlerinde meydana gelen değişimler

4.1.4. Kimyasal Analiz Sonuçları

4.1.4.1. pH Ölçümü Sonuçları

Hanna pH 211 Microprocessor pH meter (HANNA Instruments, Michigan, USA) kullanılarak oda sıcaklığında (22.6 °C) yapılan yenilebilir protein filmleriyle kaplanmış sıcak dumanlanmış alabalık örneklerinin pH ölçümü sonuçlarına (Tablo 4.24) göre depolamanın başlangıcında kontrol ve YATP grupları arasında istatistiki fark bulunmamıştır ($p>0.05$). Yine SPI ile PASP grupları ve KL ile AP ve UP gruplarının pH ölçümlerinin kendi aralarında benzer ($p>0.05$) olduğu görülmüştür. En düşük pH değeri 4.24 ± 0.09 ile UP grubunda tespit edilmiştir ($p<0.05$). Kontrol, YATP ve Z grubunda depolamanın başlangıcında, SPI grubunda depolamanın 2. haftasında, J grubunda depolamanın 3. haftasında, AP grubunda depolamanın 4. haftasında, G grubunda depolamanın 6. haftasında, PASP, KL ve UP grubunda ise depolamanın 8. haftasında en yüksek pH değerleri elde edilmiştir (Şekil 4.23). Tüm uygulama grupları kendi aralarında değerlendirildiğinde depolamanın 4. ve 5. haftalarında elde edilen pH değerleri arasındaki fark anlamsız bulunmuştur ($p>0.05$).

Tablo 4.24: Yenilebilir protein kaplama uygulanmış vakum paketlenmiş sıcak dumanlanmış alabalık filetolarının 2±2 °C'de depolanması sırasında belirlenen pH değerleri

Depolama Süresi (Hafta)	K	SPI	PASP	YATP	G	Z	J	KL	AP	UP
0	6.32 ± 0.03^{Aa}	5.94 ± 0.10^{Ba}	5.79 ± 0.05^{Ba}	6.51 ± 0.21^{Aa}	4.75 ± 0.08^{Ca}	6.82 ± 0.06^{Da}	5.38 ± 0.08^{Ea}	4.47 ± 0.02^{Fa}	4.27 ± 009^{Fa}	4.24 ± 0.09^{Fa}
1	6.00 ± 0.02^{ACb}	5.97 ± 0.05^{ACa}	5.98 ± 0.02^{ACbc}	6.12 ± 0.12^{Abc}	4.63 ± 0.03^{BFa}	5.97 ± 0.02^{ACb}	5.90 ± 0.01^{Cb}	4.97 ± 0.01^{Dbc}	4.06 ± 0.05^{Eb}	4.53 ± 0.04^{Fb}
2	6.29 ± 0.05^{Aac}	6.25 ± 0.07^{Abd}	6.10 ± 0.03^{Ab}	6.20 ± 0.06^{Aac}	4.96 ± 0.03^{Bb}	6.28 ± 0.06^{Acd}	6.16 ± 0.04^{Acde}	4.94 ± 0.10^{Bb}	4.49 ± 0.05^{Ccde}	4.96 ± 0.03^{Bcef}
3	6.23 ± 0.04^{Aacd}	6.17 ± 0.03^{ABbcd}	6.06 ± 0.02^{Bbc}	6.22 ± 0.03^{Aac}	5.01 ± 0.02^{CFb}	6.18 ± 0.02^{ABcde}	6.30 ± 0.05^{Ac}	5.33 ± 0.04^{Dcd}	4.54 ± 0.06^{Ecde}	5.01 ± 0.06^{Fcef}
4	6.20 ± 0.04^{ACEcdf}	6.17 ± 0.02^{ACEcd}	5.98 ± 0.09^{Bbc}	6.11 ± 0.03^{CBEc}	4.97 ± 0.08^{Db}	6.28 ± 0.06^{ACd}	6.08 ± 0.02^{BEde}	4.88 ± 0.02^{Db}	4.58 ± 0.06^{Fce}	4.89 ± 0.06^{Dde}
5	6.14 ± 0.02^{ADEdf}	6.24 ± 0.03^{Bd}	6.09 ± 0.03^{AEb}	6.11 ± 0.02^{ADEc}	4.99 ± 0.03^{Cb}	6.19 ± 0.03^{BDcde}	6.13 ± 0.01^{DEde}	4.92 ± 0.03^{CGb}	4.45 ± 0.01^{Fcde}	4.87 ± 0.02^{Gcd}
6	6.15 ± 0.03^{Adf}	6.06 ± 0.03^{Aac}	5.89 ± 0.03^{Bac}	6.09 ± 0.02^{Ac}	5.48 ± 0.04^{Cc}	6.18 ± 0.03^{Acde}	6.18 ± 0.02^{Acde}	5.40 ± 0.04^{Cd}	4.57 ± 0.03^{Dce}	5.07 ± 0.05^{Eef}
7	6.01 ± 0.03^{ABeb}	6.21 ± 0.03^{ADbcd}	5.87 ± 0.12^{Bac}	6.12 ± 0.01^{ADc}	4.95 ± 0.03^{Cb}	6.12 ± 0.09^{ADbcd}	6.23 ± 0.08^{Dcd}	5.11 ± 0.04^{Ce}	4.40 ± 0.04^{Ead}	4.72 ± 0.06^{Fd}
8	6.11 ± 0.01^{AEFfe}	6.17 ± 0.02^{Bbcd}	6.13 ± 0.01^{ABFb}	6.12 ± 0.01^{AEFc}	5.19 ± 0.02^{Cd}	6.06 ± 0.01^{Deb}	6.07 ± 0.02^{EDe}	6.16 ± 0.02^{BFf}	4.51 ± 0.02^{Gde}	5.13 ± 0.01^{Hf}

Not: Büyük harfler her satırdaki sütunlar arası farkı ($p<0.05$), küçük harfler her sütundaki satırlar arası farkı ($p<0.05$) ifade etmektedir.

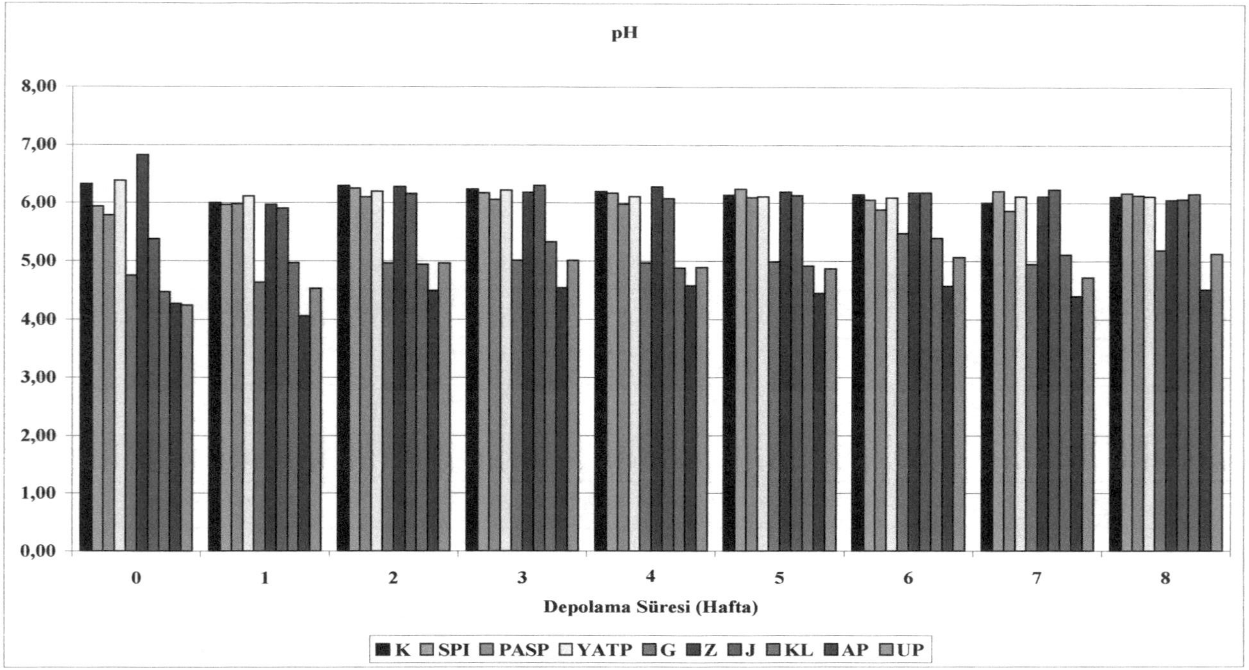

Şekil 4.23: Yenilebilir protein kaplama uygulanmış vakum paketlenmiş sıcak dumanlanmış alabalık filetolarının 2±2 °C'de depolanması sırasında pH değerlerinde meydana gelen değişimler

4.1.4.2. Toplam Uçucu Bazik Azot (TVB-N) Analizi Sonuçları

TVB-N analizi sonuçları incelendiğinde sekiz haftalık depolama boyunca tüm uygulama grupları arasındaki farkın anlamlı ($p<0.05$) olduğu görülmüştür (Tablo 4.25). Depolamanın başlangıcında tespit edilen en düşük TVB-N değeri 9.07±0.05 mg/100 g ile AP grubuna, en yüksek TVB-N değeri 16.38±0.05 mg/100 g ile SPI gubuna ait olmuştur. YATP grubunda depolamanın 2. haftasında 25.76±0.96 mg/100 g değerine ulaşılırken; kontrol ve J grubunda depolamanın 3. haftasında sırasıyla 27.68±0.26 mg/100 g ve 26.00±0.76 mg/100 g değerine, PASP grubunda depolamanın 4. haftasında 25.08±0.36 mg/100 g değerine, SPI grubunda depolamanın 5. haftasında 25.20±0.31 mg/100 g değerine, KL grubunda depolamanın 6. haftasında 25.06±0.28 mg/100 g, Z grubunda depolamanın 7. haftasında 25.41±0.61 mg/100 g değerine ulaşılmıştır. G, AP ve UP uygulama gruplarında ise sınır olarak kabul edilen 25 mg/100g değeri depolama süresince aşılmamıştır (Şekil 4.24).

Tablo 4.25: Yenilebilir protein kaplama uygulanmış vakum paketlenmiş sıcak dumanlanmış alabalık filetolarının 2±2 °C'de depolanması sırasında belirlenen TVB-N değerleri (mg/100 g)

Depolama Süresi (Hafta)	K	SPI	PASP	YATP	G	Z	J	KL	AP	UP
0	$15.28±0.05^{Aab}$	$16.38±0.49^{Aa}$	$14.42±0.19^{Ba}$	$11.85±0.31^{Ca}$	$12.13±0.54^{Ca}$	$13.99±0.57^{Ba}$	$9.33±0.18^{Da}$	$9.74±0.47^{Da}$	$9.07±0.25^{Da}$	$10.22±0.73^{Da}$
1	$21.11±0.91^{Ab}$	$17.11±0.55^{BCa}$	$17.71±0.78^{Bb}$	$16.33±0.96^{BCDb}$	$15.66±0.22^{BCDb}$	$17.50±0.32^{Bb}$	$17.13±0.68^{BCbe}$	$15.48±0.84^{BCDb}$	$14.78±0.50^{CDb}$	$14.52±0.55^{Db}$
2	$21.28±0.62^{ABb}$	$21.95±0.25^{Ab}$	$19.95±0.17^{BEc}$	$25.76±0.96^{Cc}$	$15.49±0.51^{DGb}$	$18.78±0.61^{EFc}$	$19.96±0.41^{BEc}$	$17.38±0.27^{FHc}$	$15.84±0.53^{GHb}$	$16.25±0.24^{DHc}$
3	$27.68±0.26^{AEc}$	$23.24±0.18^{Bbc}$	$22.87±0.54^{Bd}$	$27.99±0.55^{Ac}$	$16.72±0.56^{Cbce}$	$17.31±0.31^{CDc}$	$26.00±0.76^{Ed}$	$18.56±0.19^{Dcf}$	$18.48±0.85^{Dcf}$	$18.99±0.09^{Dde}$
4	$27.39±0.75^{Acd}$	$24.53±0.29^{Bcd}$	$25.08±0.36^{Be}$	$22.34±0.96^{Cd}$	$16.03±0.27^{Dbc}$	$18.36±0.30^{Ec}$	$25.11±0.20^{Bd}$	$23.53±0.31^{BCd}$	$18.75±0.67^{Ec}$	$19.31±0.28^{Ede}$
5	$25.63±0.49^{Ade}$	$25.20±0.31^{Ad}$	$27.88±0.50^{Bf}$	$19.96±0.62^{CFe}$	$17.52±0.34^{Dcd}$	$20.95±0.59^{CEd}$	$24.73±0.63^{Ad}$	$24.46±0.72^{Ad}$	$21.96±0.77^{Ed}$	$18.31±0.31^{DFd}$
6	$24.46±0.49^{Ae}$	$20.38±0.73^{BCe}$	$21.57±0.41^{BDcd}$	$20.94±0.50^{BDde}$	$19.02±0.57^{Cd}$	$22.52±0.79^{Dd}$	$24.44±0.22^{Ad}$	$25.06±0.28^{Ad}$	$24.50±0.04^{Ae}$	$18.33±0.16^{Cd}$
7	$17.47±0.29^{AEf}$	$16.87±0.25^{Aa}$	$29.49±0.89^{Bf}$	$19.90±0.46^{Ce}$	$17.93±0.72^{AEde}$	$25.41±0.61^{De}$	$19.11±0.39^{CEc}$	$20.64±0.16^{Ce}$	$16.71±0.33^{Abf}$	$20.22±0.73^{Ce}$
8	$21.34±0.61^{ADb}$	$20.13±0.48^{ACe}$	$32.93±0.50^{Bg}$	$19.45±0.23^{ACEe}$	$18.26±0.68^{CEde}$	$18.92±0.66^{CEc}$	$18.89±0.82^{CEce}$	$20.04±0.75^{CDef}$	$19.69±0.60^{CDEc}$	$17.81±0.17^{Ed}$

Not: Büyük harfler her satırdaki sütunlar arası farkı ($p<0.05$), küçük harfler her sütundaki satırlar arası farkı ($p<0.05$) ifade etmektedir.

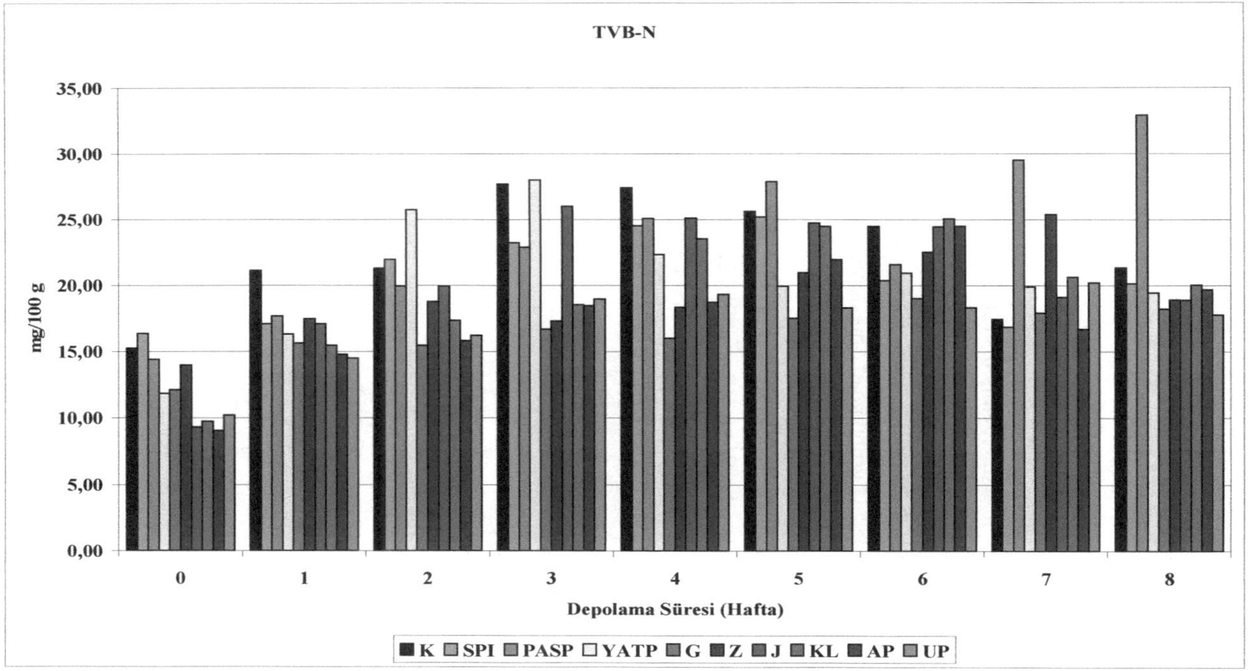

Şekil 4.24: Yenilebilir protein kaplama uygulanmış vakum paketlenmiş sıcak dumanlanmış alabalık filetolarının 2±2 °C'de depolanması sırasında TVB-N değerlerinde meydana gelen değişimler

4.1.4.3. Trimetilamin Azot (TMA-N) Analizi Sonuçları

Depolamanın başlangıcında kontrol grubuna ait örneklerin TMA-N değeri 0.84±0.03 mg/100 g iken; yenilebilir protein filmleriyle kaplanan sıcak dumanlanmış alabalıklardan J grubu 2.06±0.10 mg/100 g ile en yüksek TMA-N değerine ($p<0.05$) sahip olmuştur. SPI ve YATP gruplarında ise TMA-N değeri tespit edilememiştir (Şekil 4.25). Depolamanın 1. haftasında SPI, PASP, YATP, G, Z ve AP grupları arasındaki fark anlamsız ($p>0.05$) bulunmuştur. Son yedi haftalık depolama periyodu süresince en düşük TMA-N değerleri G grubuna ait örneklerde tespit edilmiştir ($p<0.05$) (Tablo 4.26). SPI ve YATP grupları depolamanın başlangıcında ve 1. haftasında, PASP grubu depolamanın 1. haftasında, J ve AP grupları depolamanın 4. haftasında, G ve UP grupları depolamanın 5. haftasında, kontrol, Z ve KL grupları ise depolamanın 8. haftasında en düşük TMA-N değerleri göstermiştir ($p<0.05$). Kontrol, G, J, KL, AP ve UP gruplarının hepsi depolamanın başlangıcında en yüksek TMA-N değerlerine sahip iken; sonraki haftalarda yapılan analizlerde daha düşük değerler elde edilmiştir (Tablo 4.26). Kontrol ve UP grupları depolamanın başlangıcı ve 5. haftası hariç diğer tüm haftalarda, kontrol ve AP grupları ise depolamanın 2., 3., 4., 6. ve 7. haftalarında benzer ($p>0.05$) sonuçlar vermiştir.

Tablo 4.26: Yenilebilir protein kaplama uygulanmış vakum paketlenmiş sıcak dumanlanmış alabalık filetolarının 2±2 °C'de depolanması sırasında belirlenen TMA-N değerleri (mg/100 g)

Depolama Süresi (Hafta)	K	SPI	PASP	YATP	G	Z	J	KL	AP	UP
0	0.84 ± 0.03^{Aa}	0.00 ± 0.00^{Ba}	0.21 ± 0.01^{Bab}	0.00 ± 0.00^{Ba}	1.30 ± 0.03^{Ca}	0.74 ± 0.06^{Aa}	2.06 ± 0.10^{Da}	1.78 ± 0.05^{Ea}	1.19 ± 0.11^{Ca}	1.40 ± 0.09^{Ca}
1	0.68 ± 0.04^{Aa}	0.00 ± 0.00^{Ba}	0.00 ± 0.00^{Ba}	0.00 ± 0.00^{Ba}	0.18 ± 0.04^{Bbd}	0.10 ± 0.05^{Bb}	1.73 ± 0.12^{Cab}	0.94 ± 0.07^{Db}	0.17 ± 0.10^{Bbd}	0.48 ± 0.10^{Abc}
2	0.46 ± 0.06^{ADb}	1.02 ± 0.08^{Bb}	0.41 ± 0.04^{Ab}	0.52 ± 0.04^{ADb}	0.42 ± 0.08^{ADef}	0.72 ± 0.06^{ABa}	1.63 ± 0.18^{Cbe}	0.75 ± 0.03^{BDb}	0.66 ± 0.14^{ADc}	0.73 ± 0.10^{ABDb}
3	0.30 ± 0.04^{ACDbc}	0.12 ± 0.04^{Aad}	1.10 ± 0.13^{Bc}	0.26 ± 0.08^{ADc}	0.20 ± 0.03^{ADbd}	0.64 ± 0.09^{Ca}	0.64 ± 0.20^{Cc}	0.52 ± 0.03^{DCc}	0.43 ± 0.07^{ACbc}	0.37 ± 0.11^{ACcd}
4	0.29 ± 0.07^{ADbc}	0.44 ± 0.06^{Ac}	1.20 ± 0.03^{Bc}	0.74 ± 0.09^{Cd}	0.09 ± 0.04^{Dde}	0.26 ± 0.07^{ADbc}	0.42 ± 0.06^{Ac}	0.35 ± 0.08^{Acd}	0.08 ± 0.02^{Dd}	0.11 ± 0.02^{Dde}
5	0.45 ± 0.06^{Ab}	0.31 ± 0.06^{AEFcd}	2.29 ± 0.13^{Bd}	0.83 ± 0.06^{Cdf}	0.00 ± 0.01^{De}	0.39 ± 0.06^{AFc}	0.50 ± 0.05^{Ac}	0.17 ± 0.04^{DEde}	0.19 ± 0.05^{DFbd}	0.00 ± 0.01^{De}
6	0.36 ± 0.05^{Abc}	0.35 ± 0.10^{Ac}	2.11 ± 0.13^{Bd}	1.40 ± 0.04^{Ce}	0.40 ± 0.04^{Acf}	1.03 ± 0.10^{Dd}	1.12 ± 0.10^{CDd}	0.49 ± 0.05^{Ac}	0.54 ± 0.07^{Ac}	0.36 ± 0.08^{Acd}
7	0.27 ± 0.04^{AEc}	0.39 ± 0.04^{AEc}	1.75 ± 0.03^{Be}	0.97 ± 0.06^{Cf}	0.29 ± 0.05^{AEbf}	0.85 ± 0.05^{Cad}	1.32 ± 0.05^{Dde}	0.42 ± 0.06^{Ec}	0.23 ± 0.04^{Abd}	0.36 ± 0.08^{AEcd}
8	0.20 ± 0.02^{Ac}	0.68 ± 0.08^{Be}	1.25 ± 0.04^{Cc}	0.52 ± 0.04^{BDb}	0.08 ± 0.05^{Ade}	0.09 ± 0.02^{Ab}	0.63 ± 0.05^{Bc}	0.13 ± 0.05^{Ae}	0.41 ± 0.04^{Dbc}	0.23 ± 0.04^{Acde}

Not: Büyük harfler her satırdaki sütunlar arası farkı ($p<0.05$), küçük harfler her sütundaki satırlar arası farkı ($p<0.05$) ifade etmektedir.

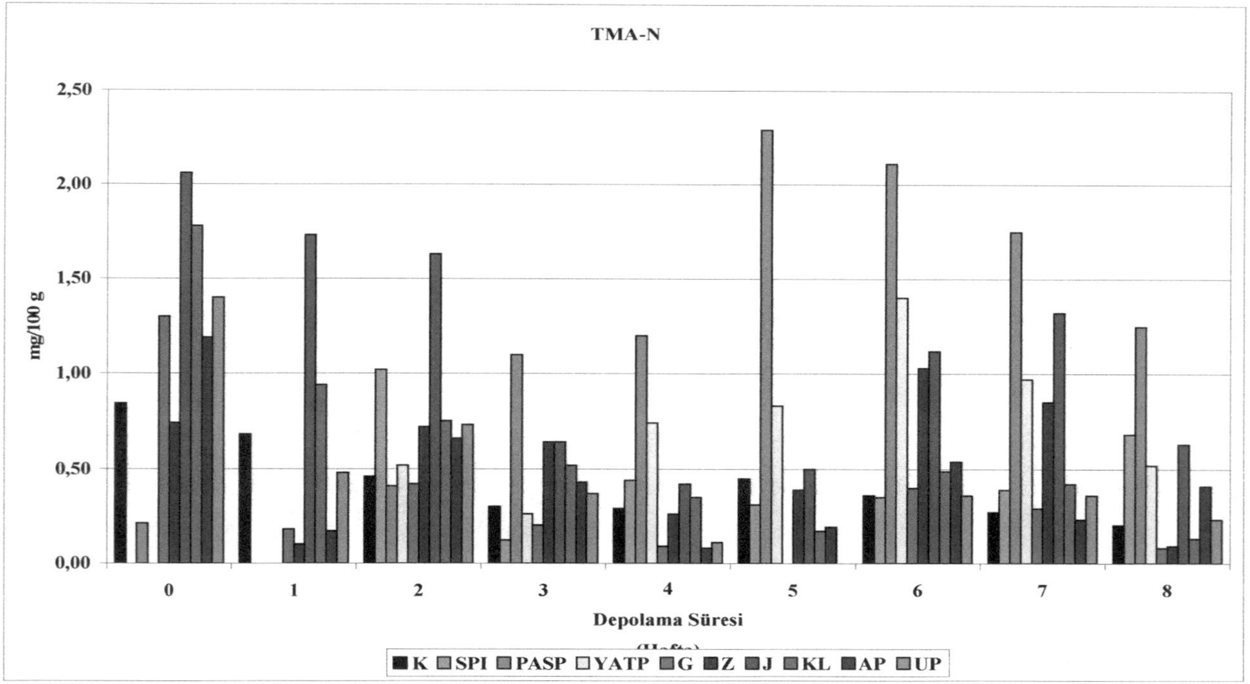

Şekil 4.25: Yenilebilir protein kaplama uygulanmış vakum paketlenmiş sıcak dumanlanmış alabalık filetolarının 2±2 °C'de depolanması sırasında TMA-N değerlerinde meydana gelen değişimler

4.1.4.4. Tiyobarbitürik Asit İndeksi (TBA-i) Analizi Sonuçları

Tablo 4.27'de sunulan TBA-i analizi sonuçlarına göre; depolamanın başlangıcında SPI, PASP, YATP ve G gruplarında tespit edilemeyen TBA-i değeri UP grubunda 2.38±0.00 mg MDA/kg ile en yüksek değere ulaşmıştır ($p<0.05$). TBA-i değeri tüm gruplarda önce yükseliş, sonra düşüş eğilimi göstermiştir. KL ve AP gruplarında depolamanın başlangıcında, kontrol grubunda depolamanın 3. haftasında, YATP grubunda depolamanın 5. haftasında, SPI ve J gruplarında depolamanın 6. haftasında, PASP, G, Z ve UP gruplarında depolamanın 8. haftasında en yüksek değerlere ulaşılmıştır (Şekil 4.26). Kontrol, SPI, PASP, YATP, G ve Z grupları depolamanın başlangıcında en düşük TBA-i değerlerine sahip olmuştur. AP grubu örneklerinde depolamanın 1., 2., 3., 5., 6. ve 7. haftaları arasındaki fark anlamsız ($p>0.05$) bulunmuştur. Sekiz haftalık depolama süresince tüm uygulama grupları değerlendirildiğinde YATP grubu en düşük TBA-i değerlerine sahip olmuştur ($p<0.05$).

Tablo 4.27: Yenilebilir protein kaplama uygulanmış vakum paketlenmiş sıcak dumanlanmış alabalık filetolarının 2±2 °C'de depolanması sırasında belirlenen TBA-i değerleri (mg MDA/kg)

Depolama Süresi (Hafta)	K	SPI	PASP	YATP	G	Z	J	KL	AP	UP
0	$0.47±0.00^{Aa}$	$0.00±0.00^{Ba}$	$0.00±0.00^{Ba}$	$0.00±0.00^{Ba}$	$0.00±0.00^{Ba}$	$0.25±0.02^{Ca}$	$1.22±0.03^{Dac}$	$1.87±0.04^{Ea}$	$1.74±0.04^{Fa}$	$2.38±0.03^{Ga}$
1	$0.74±0.03^{Abd}$	$1.56±0.24^{Bb}$	$0.91±0.01^{Cb}$	$0.55±0.01^{Db}$	$1.10±0.05^{EGb}$	$0.33±0.01^{Fab}$	$0.99±0.01^{Gb}$	$0.93±0.06^{Cb}$	$1.27±0.07^{BHbd}$	$1.19±0.01^{EHb}$
2	$0.52±0.01^{Aa}$	$0.54±0.02^{Ac}$	$0.88±0.03^{Bb}$	$0.42±0.01^{Cc}$	$0.74±0.03^{Dc}$	$0.39±0.01^{Cb}$	$0.95±0.02^{Bb}$	$1.34±0.03^{Ec}$	$1.10±0.02^{Fb}$	$1.61±0.04^{Gc}$
3	$1.23±0.09^{ACFc}$	$1.06±0.01^{BDd}$	$1.14±0.03^{BCFc}$	$0.98±0.01^{Dd}$	$1.32±0.03^{AHd}$	$0.53±0.01^{Ec}$	$1.20±0.01^{ABFac}$	$0.75±0.02^{Gd}$	$1.24±0.11^{FHbd}$	$1.38±0.01^{Hd}$
4	$0.87±0.06^{Ab}$	$1.15±0.07^{BCde}$	$1.05±0.05^{CFc}$	$0.74±0.03^{ADe}$	$1.63±0.05^{Ee}$	$0.68±0.04^{Dd}$	$1.09±0.02^{BFbc}$	$0.87±0.02^{AGbd}$	$1.47±0.01^{Ec}$	$1.22±0.06^{BHb}$
5	$0.78±0.02^{Abd}$	$1.26±0.04^{Bbe}$	$1.47±0.04^{Cd}$	$1.11±0.05^{DGf}$	$0.89±0.01^{Ef}$	$0.53±0.00^{Fc}$	$0.94±0.001^{Eb}$	$1.15±0.02^{DGe}$	$1.20±0.03^{DBbd}$	$1.07±0.03^{Ge}$
6	$0.89±0.02^{Ab}$	$1.71±0.01^{Bf}$	$1.10±0.01^{Cc}$	$1.07±0.02^{Cf}$	$1.05±0.03^{Cb}$	$1.66±0.01^{Be}$	$2.08±0.07^{Dd}$	$1.11±0.02^{Cef}$	$1.23±0.03^{Ebd}$	$1.88±0.01^{Ff}$
7	$0.71±0.01^{Ad}$	$1.59±0.07^{Bf}$	$0.87±0.03^{AEb}$	$0.76±0.03^{Ae}$	$1.11±0.01^{Cb}$	$0.74±0.05^{Ad}$	$1.95±0.10^{Dd}$	$1.00±0.00^{CEbf}$	$1.16±0.07^{FCb}$	$1.45±0.05^{Bd}$
8	$1.13±0.06^{Ac}$	$1.10±0.03^{Ad}$	$1.48±0.03^{Bd}$	$1.07±0.03^{Af}$	$1.72±0.08^{Ce}$	$2.16±0.03^{Df}$	$1.41±0.01^{Be}$	$1.72±0.08^{Cg}$	$1.39±0.07^{Bcd}$	$2.66±0.03^{Eg}$

Not: Büyük harfler her satırdaki sütunlar arası farkı ($p<0.05$), küçük harfler her sütundaki satırlar arası farkı ($p<0.05$) ifade etmektedir.

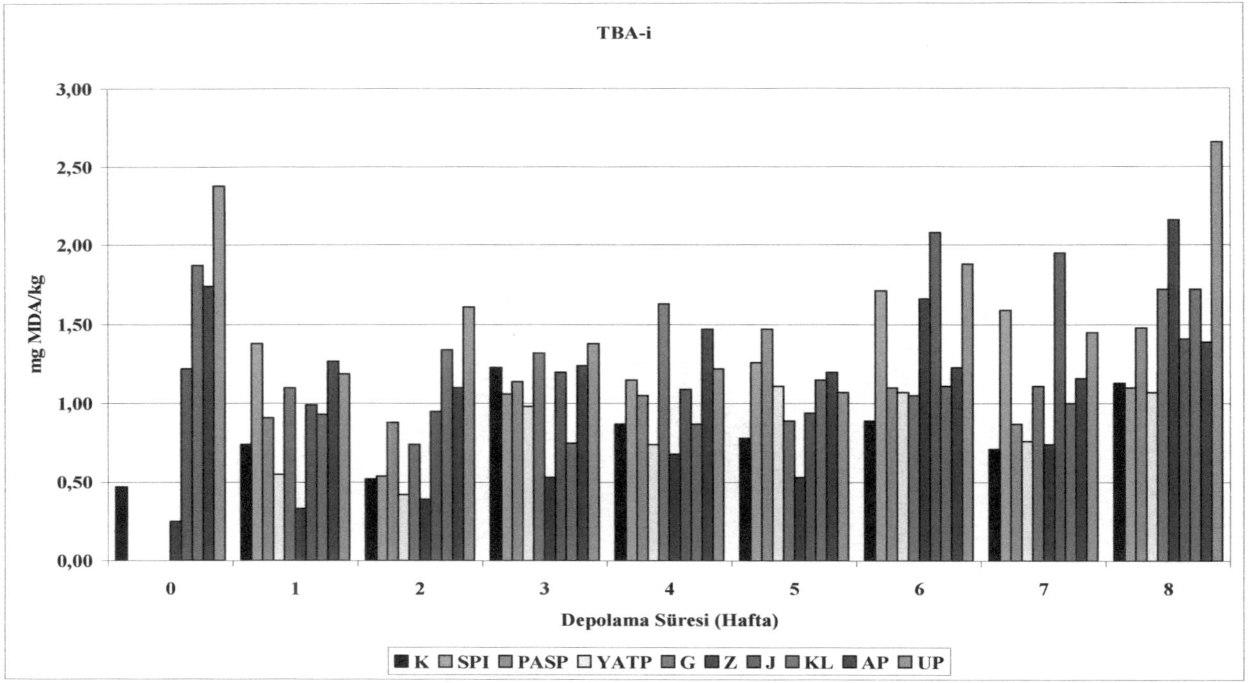

Şekil 4.26: Yenilebilir protein kaplama uygulanmış vakum paketlenmiş sıcak dumanlanmış alabalık filetolarının 2±2 °C'de depolanması sırasında TBA-i değerlerinde meydana gelen değişimler

4.1.4.5. Serbest Yağ Asidi (FFA) Analizi Sonuçları

Serbest yağ asidi analizi sonucunda elde edilen serbest yağ asidi değerleri % oleik asit cinsinden hesaplanmış ve Tablo 4.28'de verilmiştir. Depolamanın başlangıcında kontrol grubunun FFA değeri % 1.14±0.06 iken; AP grubunda en yüksek değer (% 14.58±0.30), YATP grubunda ise en düşük değer (% 0.89±0.02) tespit edilmiştir ($p<0.05$). Kontrol grubunda depolamanın 3., 4., 5. ve 6. haftaları arasındaki fark istatistiki açıdan anlamsız ($p>0.05$) bulunmuştur. Kontrol, SPI, PASP ve YATP gruplarında depolamanın başlangıcı, 5. ve 6. haftası hariç diğer tüm haftalarda benzer sonuçlar elde edilmiştir ($p>0.05$) (Şekil 4. 27). PASP grubu sekiz haftalık depolama periyodu süresince genel olarak daha düşük ($p<0.05$) FFA değerlerine sahip iken; AP grubu tüm gruplar içerisinde en yüksek ($p<0.05$) FFA değerlerine sahip olmuştur (Tablo 4.28). G grubunda depolamanın 3., 5., 6., 7. ve 8. haftalarındaki FFA değerleri arasındaki farkın anlamsız ($p>0.05$) olduğu görülmüştür. Kontrol, SPI ve J grupları en yüksek FFA değerlerine depolamanın 6. haftasında, KL, AP ve UP grupları ise depolamanın başlangıcında ulaşmışlardır (Şekil 4.27).

Tablo 4.28: Yenilebilir protein kaplama uygulanmış vakum paketlenmiş sıcak dumanlanmış alabalık filetolarının 2±2 °C'de depolanması sırasında belirlenen FFA değerleri (% oleik asit)

Depolama Süresi (Hafta)	K	SPI	PASP	YATP	G	Z	J	KL	AP	UP
0	1.14 ± 0.06^{ABDac}	1.50 ± 0.06^{Aad}	1.16 ± 0.03^{ABDa}	0.89 ± 0.02^{Bad}	4.53 ± 0.16^{Cab}	1.54 ± 0.04^{Dad}	1.11 ± 0.04^{BDac}	5.01 ± 0.14^{Ca}	14.58 ± 0.30^{Ea}	5.74 ± 0.25^{Fac}
1	1.45 ± 0.12^{Ab}	1.08 ± 0.05^{Abcd}	1.48 ± 0.06^{Ab}	1.53 ± 0.01^{Abce}	3.93 ± 0.24^{Bace}	1.20 ± 0.14^{Aabd}	2.13 ± 0.09^{Cb}	3.17 ± 0.15^{Db}	10.89 ± 0.25^{Ebc}	5.37 ± 0.29^{Fac}
2	1.09 ± 0.06^{Aa}	0.97 ± 0.02^{Ab}	1.08 ± 0.09^{Aa}	0.97 ± 0.07^{Aad}	4.97 ± 0.30^{Bb}	1.13 ± 0.04^{Ab}	1.07 ± 0.10^{Aac}	4.38 ± 0.30^{BDc}	11.35 ± 0.28^{Eb}	3.76 ± 0.30^{Dbd}
3	1.55 ± 0.06^{Abd}	1.34 ± 0.02^{Aacd}	1.52 ± 0.11^{Ab}	1.39 ± 0.06^{Abef}	3.30 ± 0.04^{BDcef}	1.52 ± 0.11^{Aad}	1.31 ± 0.09^{Aac}	3.09 ± 0.22^{Bb}	8.32 ± 0.29^{Cde}	3.69 ± 0.04^{Dbd}
4	1.74 ± 0.09^{ABCd}	1.52 ± 0.02^{ACa}	1.51 ± 0.13^{ACb}	1.70 ± 0.14^{ABCc}	2.24 ± 0.06^{Bd}	1.90 ± 0.13^{ABCce}	1.57 ± 0.04^{Cc}	3.56 ± 0.24^{Db}	7.75 ± 0.20^{Ed}	6.03 ± 0.31^{Fc}
5	1.54 ± 0.04^{AEbd}	1.24 ± 0.10^{ABcd}	1.05 ± 0.11^{ABDa}	0.76 ± 0.10^{BDd}	3.59 ± 0.30^{Cef}	1.51 ± 0.11^{AEd}	0.55 ± 0.14^{Dd}	1.91 ± 0.09^{Ed}	10.11 ± 0.25^{Fc}	3.70 ± 0.11^{Cbd}
6	1.75 ± 0.02^{ADEd}	1.53 ± 0.09^{ABEa}	1.27 ± 0.02^{Bab}	1.40 ± 0.10^{ABcef}	3.23 ± 0.13^{Cf}	2.06 ± 0.15^{Dce}	1.88 ± 0.06^{DEb}	3.15 ± 0.08^{Cb}	8.80 ± 0.21^{Ee}	3.14 ± 0.18^{Cb}
7	1.01 ± 0.05^{Aa}	0.92 ± 0.04^{Ab}	1.15 ± 0.06^{Aa}	1.13 ± 0.04^{Aaf}	2.92 ± 0.23^{Bdf}	1.99 ± 0.09^{Ce}	1.08 ± 0.02^{Aae}	1.71 ± 0.07^{Cd}	10.95 ± 0.25^{Dbc}	3.29 ± 0.25^{Bbd}
8	1.35 ± 0.09^{Abc}	1.25 ± 0.07^{Ad}	1.01 ± 0.11^{Aa}	1.14 ± 0.13^{Aaf}	2.99 ± 0.16^{Bf}	2.16 ± 0.05^{Cc}	0.95 ± 0.09^{Ae}	2.19 ± 0.15^{Cd}	8.00 ± 0.23^{Dde}	4.04 ± 0.02^{Ed}

Not: Büyük harfler her satırdaki sütunlar arası farkı ($p<0.05$), küçük harfler her sütundaki satırlar arası farkı ($p<0.05$) ifade etmektedir.

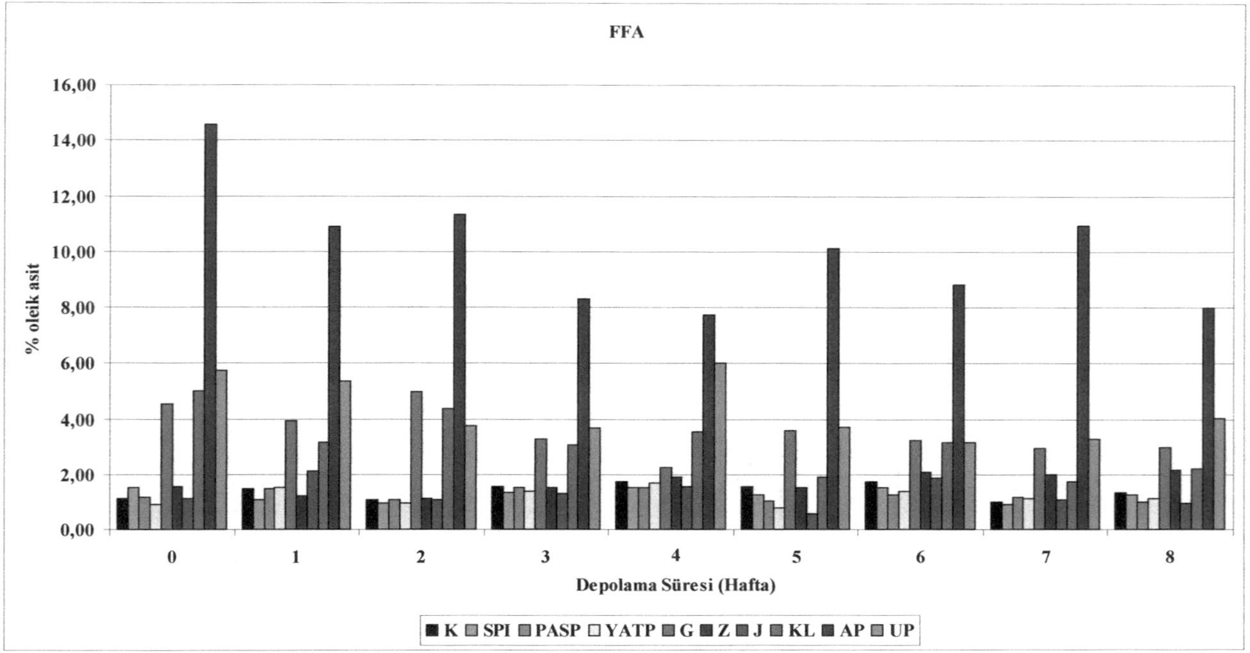

Şekil 4.27: Yenilebilir protein kaplama uygulanmış vakum paketlenmiş sıcak dumanlanmış alabalık filetolarının 2±2 °C'de depolanması sırasında FFA değerlerinde meydana gelen değişimler

4.2. YENİLEBİLİR PROTEİN FİLMLERİNİN TEKSTÜREL PARAMETRELERİNİN VE GEÇİRGENLİK DEĞERLERİNİN SONUÇLARI

4.2.1. Yenilebilir Protein Filmlerinin Tekstürel Parametrelerinin Ölçümü Sonuçları

Yenilebilir protein filmlerinin kopma ve gerilmeye karşı göstereceği direncin tespit edilmesi amacıyla gerçekleştirilen çekme testiyle elde edilen parametrelerin (gerilme kuvveti (N) ve maksimum uzama (mm)) bulguları Tablo 4.29'da verilmiştir.

En yüksek gerilme kuvveti değeri 5.267±0.559 N ile J grubunda; en düşük değer ise 0.948±0.427 N ile Z grubunda tespit edilmiştir ($p<0.05$). PASP, G, Z ve UP grupları arasındaki fark ise anlamsız ($p>0.05$) bulunmuştur (Tablo 4.29 ve Şekil 4.28).

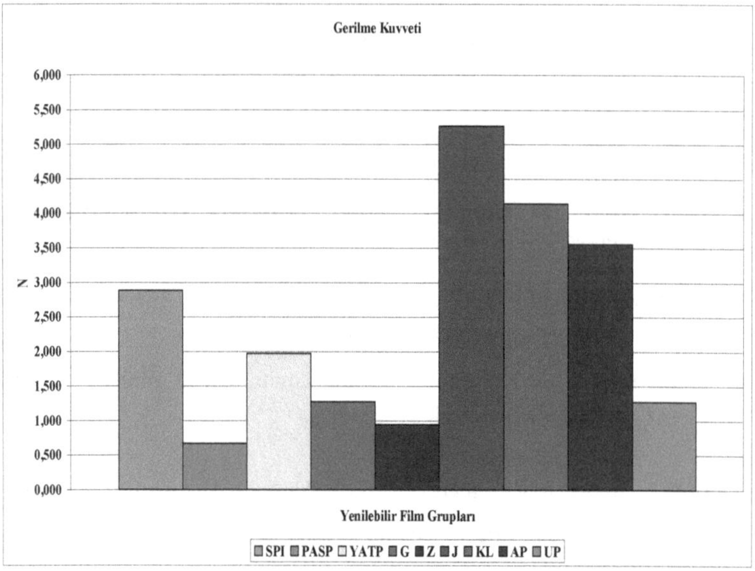

Şekil 4.28: Yenilebilir protein filmlerinin gerilme kuvveti değerlerinde meydana gelen değişimler

Tablo 4.29: Yenilebilir protein filmlerinin çekme testi değerleri

Ölçülen Değer	SPI	PASP	YATP	G	Z	J	KL	AP	UP
Gerilme Kuvveti (N)	2.883 ± 0.155^{AF}	0.668 ± 0.001^{B}	1.972 ± 0.117^{AC}	1.275 ± 0.147^{BC}	0.948 ± 0.427^{BC}	5.267 ± 0.559^{D}	4.145 ± 0.198^{DE}	3.559 ± 0.720^{EF}	1.273 ± 0.082^{BC}
Maksimum Uzama (mm)	31.85 ± 1.11^{AG}	5.69 ± 1.03^{B}	82.00 ± 2.94^{C}	57.40 ± 2.07^{D}	0.50 ± 0.02^{B}	35.12 ± 1.88^{AF}	68.03 ± 1.57^{E}	39.94 ± 0.03^{F}	28.95 ± 0.96^{G}

Not: Büyük harfler her satırdaki sütunlar arası farkı ($p<0.05$) ifade etmektedir.

Yenilebilir protein filmlerinin maksimum uzama değerleri karşılaştırıldığında uygulama grupları arasındaki fark anlamlı ($p<0.05$) bulunmuştur. Maksimum uzamanın en düşük değeri 0.50±0.02 mm ile Z grubunda; en yüksek değeri ise 82.00±2.94 mm ile YATP grubunda tespit edilmiştir (Tablo 4.29 ve Şekil 4.29).

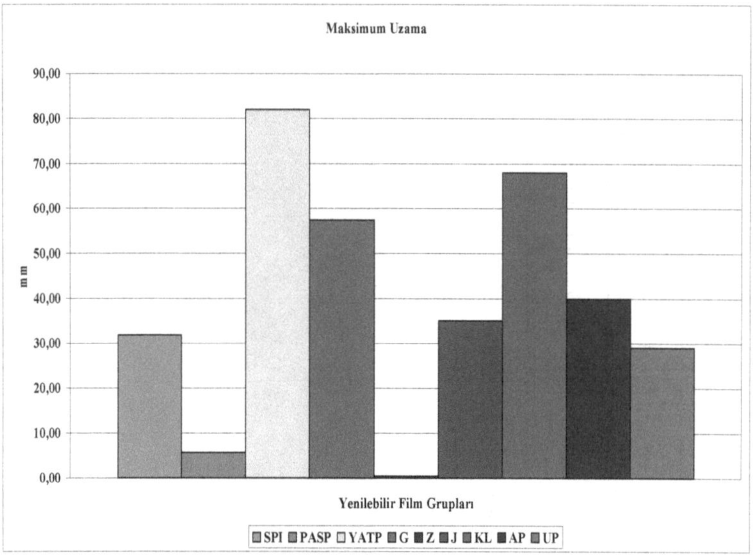

Şekil 4.29: Yenilebilir protein filmlerinin maksimum uzama değerlerinde meydana gelen değişimler

4.2.2. Yenilebilir Protein Filmlerinin Işık Geçirgenliği (IG) Sonuçları

Tablo 4.30'da görüldüğü gibi J protein filminin en yüksek IG'ye (% 63.30±0.01), G protein filminin ise en düşük IG'ye (% 13.29±0.01) sahip olduğu görülmüştür. Protein filmlerinin IG'leri arasındaki farkın önemli ($p<0.05$) olduğu tespit edilmiştir. PASP ile YATP gruplarının, SPI ile Z gruplarının, KL ile Z gruplarının, G ile AP gruplarının IG'lerinin birbirlerine oldukça yakın (Şekil 4.32) olduğu belirlenmiştir.

Tablo 4.30: Yenilebilir protein filmlerinin ışık geçirgenlikleri (%)

	SPI	PASP	YATP	G	Z	J	KL	AP	UP
Işık Geçirgenliği (%)	20.08 ± 0.01^{A}	23.35 ± 0.01^{B}	23.22 ± 0.01^{C}	13.29 ± 0.01^{D}	19.92 ± 0.01^{E}	63.30 ± 0.01^{F}	18.70 ± 0.01^{G}	14.53 ± 0.01^{H}	39.35 ± 0.01^{I}

Not: Büyük harfler her satırdaki sütunlar arası farkı ($p<0.05$) ifade etmektedir.

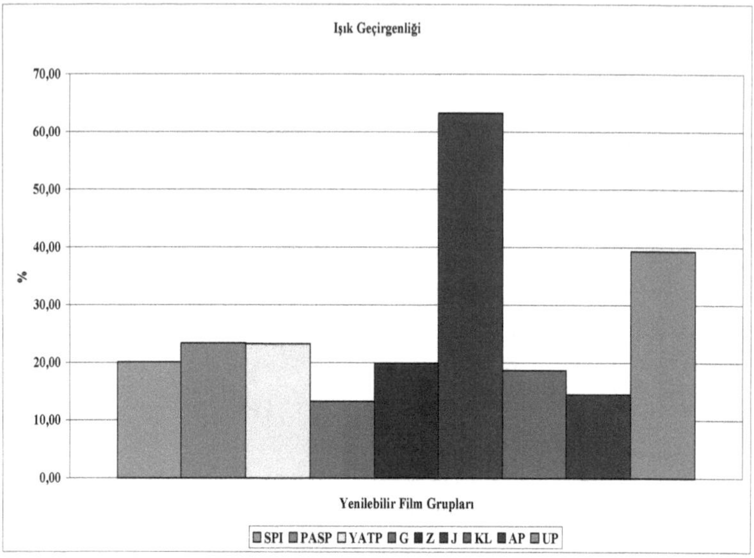

Şekil 4.30: Yenilebilir protein filmlerinin ışık geçirgenliklerinde meydana gelen değişimler

4.2.3. Yenilebilir Protein Filmlerinin Oksijen Geçirgenliği (OG) Sonuçları

Yenilebilir protein filmlerinin 23 °C'de ölçülen oksijen geçirgenlikleri Tablo 4.31'de verilmiştir. En yüksek OG 322.00±0.01 ml/mm/gün ile PASP filminde, en düşük OG 17.10±0.01 ml/mm/gün ile SPI filminde gözlenmiştir. Oksijen geçirgenlikleri açısından yenilebilir protein filmleri arasındaki farkın anlamlı ($p<0.05$) olduğu görülmüştür. Şekil 4.33'te de anlaşıldığı gibi YATP ile J filmlerinin ve KL ile AP filmlerinin OG'leri birbirine yakın değerlerde tespit edilmiştir.

Tablo 4.31: Yenilebilir protein filmlerinin oksijen geçirgenlikleri (ml/mm/gün)

	SPI	PASP	YATP	G	Z	J	KL	AP	UP
Oksijen Geçirgenliği (ml/mm/gün)	17.10 ± 0.01^{A}	322.00 ± 0.01^{B}	45.40 ± 0.01^{C}	218.00 ± 0.01^{D}	181.37 ± 0.01^{E}	45.50 ± 0.01^{F}	105.10 ± 0.01^{G}	97.10 ± 0.01^{H}	281.00 ± 0.01^{I}

Not: Büyük harfler her satırdaki sütunlar arası farkı ($p<0.05$) ifade etmektedir.

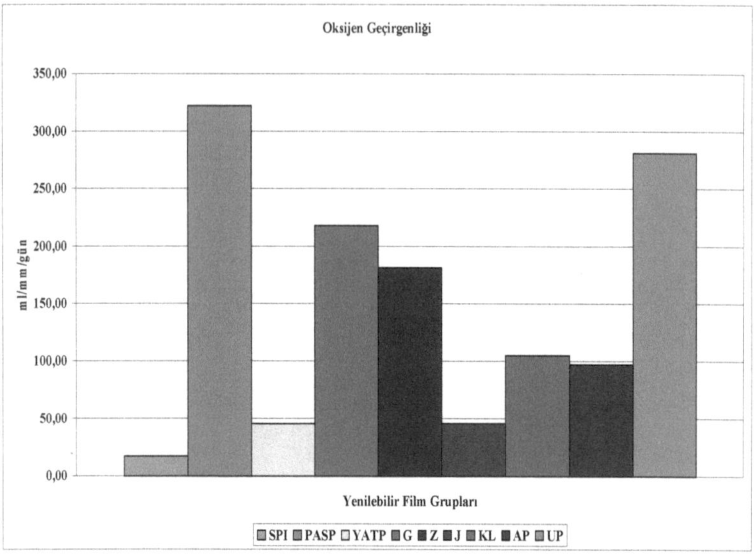

Şekil 4.31: Yenilebilir protein filmlerinin oksijen geçirgenliklerinde meydana gelen değişimler

5. TARTIŞMA VE SONUÇ

5.1. TARTIŞMA

5.1.1. Mikrobiyolojik Analiz Sonuçlarının Değerlendirilmesi

5.1.1.1. Toplam Mezofilik Aerobik Bakteri Sayısındaki Değişimler

Yüksek ürün kalitesi bakımından dumanlama işlemi sırasında taze ve mikrobiyal yükü düşük balık kullanılması tavsiye edilmektedir ve dumanlama sırasında uygulanan yüksek ısı dumanlanmış balıkların içerdiği mikroorganizma sayısını oldukça azaltmaktadır. Ancak sıcak dumanlama sıcaklıklarında bazı mezofil mikroorganizmalar veya bunların sporları ve psikrofillerin bir kısmı hayatta kalabilmektedir. Ayrıca dumanlanmış ürünler taze ürünlere kıyasla daha düşük su aktivitesine sahip olduklarından maya-küf yükü ürünlerin kalitesinde önemli yer tutmaktadır. Dumanlanmış balıklar paketleme ve depolama sırasında da ürün kalitesini ve ürün güvenliğini etkileyen mikroorganizmalarla kontamine olabilmektedir. Dumanlanmış balık ürünleri genellikle vakum vb. ambalaj içinde satışa sunuldukları için anaerobik bakteriler ve özellikle *Clostridium* spp. kalite güvenliği bakımından dikkate alınmaktadır (Truelstrup Hansen ve diğ., 1995).

Sıcak dumanlama işlemiyle (60 °C) muamele edilen buzdolabı şartlarında depolanan Atlantik uskumruların kalite karakteristikleri değerlendirildiğinde; paketlemenin hemen ardından aerobik canlı sayısında çiğ ürüne göre 1.9 log'luk bir azalma olduğu görülmüştür (Kolodziejska ve diğ., 2002). Vasiliadou ve diğ. (2005) dumanlama işleminin çipuranın (*Sparus aurata*) mikrobiyolojik güvenliği üzerindeki etkisini incelediklerinde çiğ ürünlerin toplam aerobik canlı sayısı 3.21 log kob/g iken; dumanlanmış ürünlerin toplam aerobik canlı sayısının 2.52 log kob/g olduğunu tespit etmişlerdir.

Yeni avlanmış balık ve balık ürünleri için 2-6 log kob/g toplam bakteri yükü normal olarak değerlendirilmektedir (Olafsdottir ve diğ., 1997). Genellikle toplam bakteri yükü değerlendirilirken, balık ve balık ürünleri için tolere edilebilir mikrobiyolojik değer 5.70 log kob/g olarak kabul edilmektedir (ICMSF, 1986). Duyusal analiz sonuçlarına göre tüketilemez olarak kabul edilen balık ürünlerinde toplam bakteri yükü 7-8 log kob/g olarak bildirilmektedir. Bununla birlikte tüketici güvenliği için standartların çoğunda 6 log kob/g gibi daha düşük toplam bakteri yükü kabul edilebilir değer olarak değerlendirilmektedir. Gıdaların dayanım ömrünün belirlenmesinde bu değerin mikrobiyal kriter olarak kullanılması öngörülmektedir (Olafsdottir ve diğ., 1997). Bu konuda benzer literatürler sunulmuştur. Balık tüketiminde tazelik için tavsiye edilen aerobik bakteri yükü limiti 5-7 log kob/g olarak bildirilmektedir (Montagner ve diğ., 2005). Bununla birlikte Chang ve diğ. (1998) balıklar için mezofilik aerobik bakteri yükünde mikrobiyal güvenlik kriteri olarak $3x10^6$ (6.48 log kob/g) değerini önermektedir.

Tez çalışmamızda kontrol ve YATP grubu örnekleri depolamanın 3. haftasında, PASP grubu örnekleri depolamanın 2. haftasında, J grubu örnekleri ise depolamanın 4. haftasında toplam mezofilik aerobik bakteri yükü bakımından 7 log kob/g üzerinde bakteri yükü ile "bozulmuş" olarak değerlendirilmiştir. SPI, G, Z, KL, AP ve UP grubu örneklerde toplam mezofilik aerobik bakteri yükü depolama süresince belirtilen bozulmuşluk değerine ulaşmamıştır.

Sıcak dumanlanmış vakum paketlenmiş buzdolabında depolanan İspanyol uskumrularının toplam canlı sayısı başlangıçta 1.58 log kob/g iken; 12. haftalık depolama sonunda 3.30 log kob/g'a olarak tespit edilmiştir (Che Man ve Ramadas, 1998). Sıcak dumanlanan ve 4±1 °C'de depolanan palamutun toplam mezofilik bakteri sayısı 15 günlük raf ömrünün sonunda 3.58 log kob/g olarak bulunmuştur (Kaya ve diğ., 2006). Kolsarıcı ve Özkaya (1998) sıcak dumanlanmış alabalık örneklerinin başlangıç mezofilik aerobik bakteri yükünü 4.32 log kob/g olarak, duyusal ve kimyasal parametrelere göre "bozulmuş" olarak değerlendikleri depolamanın 48. gününde toplam mezofilik aerobik bakteri yükü 7.36 log kob/g olarak bildirmişlerdir. Soğukta (3 °C) depolanan dumanlanmış alabalık filetolarında depolamanın 27. gününde 10^6-10^7 kob/g bakteri yükü tespit edilmiş ve mikrobiyolojik olarak ürünler "bozulmuş" olarak değerlendirmişlerdir (Lyhs ve diğ., 2001). Çaklı ve diğ. (2006)'nin sıcak dumanlanmış vakum paketlenmiş gökkuşağı alabalıkları ile yürüttüğü çalışmada toplam mezofilik aerobik bakteri sayısı için bozulmuşluk değeri 7 log kob/g olarak belirlenmiş ve örneklerin başlangıçtaki toplam canlı sayısı 2.6 log kob/g iken; depolamanın 40. gününde 7.6 log kob/g değerine yükselmiştir. Sıcak dumanlanmış çipura örneklerinde duyusal ve kimyasal parametrelere göre "bozulmuş" olarak değerlendirildiği depolamanın 60. gününde 6.55 log kob/g toplam mezofilik aerobik bakteri yükü bildirilmiştir (Bilgin ve diğ., 2008). Erkan (2010)'ın çalışmasında sıcak dumanlanmış vakum paketlenmiş *Oncorhynchus mykiss* filetolarının depolama başlangıcında ölçülen toplam mezofilik aerobik bakteri sayısı 3.00 log kob/g iken; 7 haftalık depolama sonunda 6.65 log kob/g'a yükselmiştir.

Hyytiä ve diğ. (1997)'nin yaptıkları çalışmada, gökkuşağı alabalığı (*Oncorhynchus mykiss*), salamura işleminin ardından, soğuk dumanlanarak vakum paketlenmiş ve 4 °C'de depolanmıştır. 57 günlük depolama sonunda, kontrol grubunda toplam mezofilik aerobik bakteri sayısı 7.93 log kob/g olarak belirlenmiştir. González-Rodriguez ve diğ. (2002), soğuk dumanlanmış (24 °C) vakum paketlenmiş alabalıkların 2±1 °C'de iki hafta depolamanın ardından toplam mezofilik aerobik bakteri yükünü 5.62-8.39 log kob/g aralığında belirlemişlerdir. Soğuk dumanlanmış vakum paketlenmiş gökkuşağı alabalıklarına eklenen farklı antioksidant ve antimikrobiyal ajanların etkisini belirlemek için yürütülen çalışmada toplam mezofilik aerobik bakteri yükü kontrol grubunda 20. günde tüketilebilirlik sınırını aşmıştır. Depolamanın başlangıcında 4.19 log kob/g olan toplam mezofilik aerobik bakteri sayısı depolamanın 20. gününde 8.57 log kob/g olarak tespit edilmiştir (Kılıç, 2005). Özoğul ve Balıkçı (2011) marinasyon-sıcak dumanlama kombinasyonu ile hazırlanan ve vakum paketlenerek 4 °C'de depolanan uskumru (*Scomber scombrus*)'nun toplam mezofilik aerobik bakteri sayısını depolama periyodu süresince $<10^6$ log kob/g seviyelerinde tespit etmiştir.

Dumanlanmış balık ürünlerinde dumanlama tipine göre, uygulanan pişirme ve dumanlama süre ve sıcaklığına göre, kullanılan materyalin başlangıç kalitesine göre mikrobiyal yükün değişiklik gösterebileceği ve mikrobiyolojik raf ömrünü belirlemede depo sıcaklığının, kullanılan ambalaj tipinin önemli bir etken olduğu belirtilmiştir (Kolsarıcı ve Özkaya, 1998).

Çalışmamızda sıcak dumanlanmış alabalıkların yüzeyinin uygulanan yenilebilir protein filmleriyle kaplanmasının mikroorganizmaların ürünlerin iç kısmına nüfuzunu önleyen bir bariyer görevi yaptığı düşünülmektedir. Nitekim yenilebilir proteinlerle kaplanmamış sıcak dumanlanmış alabalık örneklerinin yani kontrol grubunun depolamanın başlangıcındaki toplam mezofilik aerobik bakteri sayısı 3.63±0.02 log kob/g iken; yenilebilir protein filmleriyle kaplanmış tüm uygulama gruplarının toplam mezofilik aerobik bakteri sayıları <1±0.00 log kob/g olarak tespit edilmiştir (Bkz. Tablo 4.1).

Ayrıca uygulanan film tabakası ve vakum ambalajın kombineli oluşturduğu anaerobik ortamın aerobik mikroorganizmaların gelişimini engellendiği görülmüştür. SPI, G, Z, KL, AP ve UP gruplarında depolama boyunca aerobik mikroorganizma gelişimi gözlenmemiştir. Çalışmamızda elde edilen sonuçlar Akbaba (2006)'nın "Z filmi kullanıldığı ürün üzerinde sert, parlak, mikroorganizma etkinliğini engelleyen koruyucu bir tabaka oluşturur" ifadesiyle uyuşmaktadır. Benzer şekilde Gomez-Estaca ve diğ. (2007a) tarafından yürütülen çalışmada da soğuk dumanlanmış sardalyalara (*Sardina pilchardus*) uygulanan bitki ekstraktları ve KT eklenen yenilebilir J filmlerin mikrobiyal gelişmeyi azaltarak ürünlerin raf ömrünü uzatmıştır.

Yenilebilir filmlerle yürütülen birçok çalışmada mikrobiyal gelişmenin baskılandığı ve bu sayede ürünlerin raf ömrünün uzatıldığı açıkça belirtilmiştir. Örneğin; Ca-Aljinat kaynaklılı filmlerin doğal mikroflora ve koliform bakterilere karşı kalsiyum klorid varlığında antimikrobiyal aktiviteye sahip oldukları, kuzu karkaslarına uygulandıklarında mikrobiyal gelişme oranının plastik filmlere göre daha az olduğu bildirilmiştir (Gennadios, 2002). KT ile kaplamanın kimyasal bozulmayı ve mikroorganizma gelişimini azaltarak, iki farklı balık türünün (*Gadus morhua* ve *Clupea harengus*) raf ömrünü uzattığı görülmüştür (Yılmaz ve diğ., 2006). Kaplama solüsyonunun her bir gramı için 25 mg kullanılan LZM ile birleştirilen PASP kaplamaların soğuk dumanlanmış somonlardaki toplam aerobik mikroorganizmaların yükünde 4.5 log kob/g miktarında azaltma etkisi belirtilmiştir (Min ve diğ., 2005). KT ve J solüsyonu karışımından oluşan bir kaplama dondurulmuş morinadan yapılan köftelere uygulandığında bu kaplamanın koruyucu etkisi mikrobiyolojik analizler ile belirlenmiştir. KT ile kaplama, mikroorganizma sayısındaki azalma sayesinde morina köftelerinin bozulmasını önlemiştir (López-Caballero ve diğ., 2005).

Tez çalışmamızda elde edilen toplam mezofilik aerobik bakteri sayımı sonuçlarına göre; Sıcak dumanlanmış alabalık örneklerinin SPI, G, Z, KL, AP ve UP protein filmleriyle kaplanmasıyla mezofilik aerobik bakteri yükünün artmasıyla oluşabilecek bozulmaların ortadan kaldırılabileceği ve ürünün raf ömrünün uzatılabileceğini söylemek mümkündür.

5.1.1.2. Toplam Psikrotrofik Bakteri Sayısındaki Değişimler

Psikrotrof karakterdeki *Pseudomonaslar* ve *Aeromonaslar* dumanlanmış balıklarda kalite bakımından önemli değişimlere sebebiyet vermektedirler. En önemli değişim balıketlerinin yapışkanlaşması ve kokularının ağırlaşması ve beğeninin düşmesidir (Varlık ve diğ., 2007).

Sıcak dumanlanan alabalıkların raf ömrünün incelendiği bir çalışmada örneklerin başlangıçtaki psikrotrofik bakteri yükü 3.82 log kob/g olarak bildirilmiştir. Bu çalışmada depolamaya paralel bakteri yükü artış göstermiş ve ürünlerin duyusal ve kimyasal parametrelere göre "bozulmuş" olarak değerlendikleri depolamanın 48. gününde psikrotrofik bakteri yükü 6.25 log kob/g olarak bulunmuştur (Kolsarıcı ve Özkaya (1998). Sıcak dumanlanmış çipura örneklerinde duyusal ve kimyasal parametrelere göre "bozulmuş" olarak değerlendirildiği depolamanın 60. gününde 6.36 log kob/g psikrotrofik bakteri yükü ve 2.56 log kob/g maya-küf yükü bildirilmiştir (Bilgin ve diğ., 2008). Çaklı ve diğ. (2006) sıcak dumanlanmış vakum paketlenmiş 0-4 °C'de depolanan gökkuşağı alabalığı (*Oncorhynchus mykiss*) örneklerinin başlangıçtaki psikrotrofik bakteri sayısının 1.9 log kob/g iken; depolamanın 40. gününde 7.0 log kob/g değerine yükseldiğini ifade etmiştir. Erkan (2010)'ın çalışmasında sıcak dumanlanmış vakum paketlenmiş *Oncorhynchus mykiss* filetolarının denemenin başlangıcındaki psikrotrofik bakteri seviyesi 2.88 log kob/g olarak belirlenirken depolama periyodu sonunda 7.47 log kob/g'a ulaşmıştır.

Kılıç (2005)'ın yürüttüğü çalışmada ise soğuk dumanlanmış vakum paketlenmiş gökkuşağı alabalıkları (*Oncorhynchus mykiss*)'nın toplam psikrotrofik bakteri sayısı depolamanın başlangıcında 3.23 log kob/g iken; depolamanın 20. gününde 6.05 log kob/g olarak tespit edilmiştir. Bizim tez çalışmamızda kontrol grubu örneklerinin depolamanın başlangıcındaki toplam psikrotrofik bakteri sayısı Kılıç (2005)'ın elde edilen psikrotrofik bakteri sayısıyla uyum göstererek 3.14±0.01 log kob/g olarak bulunurken; bu değer yenilebilir protein kaplama uygulanmış analiz gruplarında <1±0.00 log kob/g olarak belirlenmiştir.

Arashisar ve diğ. (2004) alabalık için, Ravi Sankar ve diğ. (2008) *Etroplus suratensis* türü için, Noseda ve diğ. (2012) *Pangasius hypophthalmus* filetoları için psikrotrofik bakterilerin bozulmuşluk değerini 7 log kob/g olarak bildirmiştir. Genellikle duyusal parametrelere göre tüketilemez kalite olarak değerlendirilen dumanlanmış ürünlerde tespit edilen psikrotrofik bakteri yükü 7-8 log kob/g'dır (Espe ve diğ., 2004). Bu değerlendirmeye göre PASP grubu örneklerin depolamanın 2. haftasında, kontrol ve YATP grubu örneklerde depolamanın 3. haftasında, J grubu örneklerde ise 4. haftasında 7 log kob/g üzerinde psikrotrofik bakteri yükü tespit edilmiştir (Bkz. Tablo 4.2). Bu sonuçlara göre PASP ve YATP grubunun psikrotrofik bakterilerin gelişimininde etkili olmadığı söylenebilir. J grubu PASP, kontrol ve YATP grubuna göre psikrotrofik bakteri sayısının azaltılmasında daha etkili olmuştur. Depolama süresince SPI, KL ve UP gruplarında 7 log/kob/g değerine ulaşılmaması başarılı bulunurken; G, Z ve AP gruplarının <1±0.00 log kob/g değerinde sabit kalmasıyla daha etkin bir inhibisyonun sağlandığını, sıcak dumanlanmış balıklardaki psikrotrofik bakterilerin neden olduğu bozulmaların bu sayede önlenebileceğini belirtmek mümkündür.

5.1.1.3. Toplam Anaerobik Bakteri Sayısındaki Değişimler

Dumanlanmış balıkların vakum ile ambalajlanması paket içerisindeki ortamın anaerobik olmasına neden olduğundan anaerobik bakterilerin gelişim göstereceği düşünülmektedir. Bu konuda bir sınır değer bildirilmemekle beraber pratikte toplam mezofilik aerobik bakteri yükü/toplam canlı sayısı için bildirilen sınır değerlerin geçerli olacağı görüşü hakimdir (Bell ve diğ., 2005). Çalışmamızda yenilebilir protein kaplama uygulanmış tüm uygulama gruplarında depolamanın başlangıcında toplam anaerobik bakteri sayısı <1±0.00 log kob/g olarak tespit edilmiş, Z ve AP gruplarında ise 8 haftalık depolama süresince bu değerde kalmıştır. Kontrol grubunda depolamanın başlangıcında 3.29±0.01 log kob/g olan anaerobik bakteri sayısı 7 log kob/g bozulmuşluk değerine depolamanın 4. haftasında ulaşmıştır. PASP grubunda daha depolamanın 2. haftasında 7.62±0.02 log kob/g'a ulaşılırken; YATP grubunda depolamanın 3. haftasında 7.39±0.02 log kob/g değeri elde edilmiştir. J grubu depolamanın

4. haftasında 6.69±0.00 log kob/g anaerobik bakteriye sahip olurken; 8 haftalık depolama süresince SPI, G, KL ve UP gruplarında 7 log kob/g değerine asla ulaşılmamıştır (Bkz. Tablo 4.3).

Sıcak dumanlanmış vakum paketlenmiş balık ürünlerinde anaerobik bakteri yükü üzerine çok az ulaşılmış veri mevcuttur. Çaklı ve diğ. (2006) sıcak dumanlanmış vakum paketlenmiş gökkuşağı alabalığı (*Oncorhynchus mykiss*) örneklerinin başlangıçtaki anaerobik bakteri sayısının 1.9 log kob/g iken; depolamanın 40. gününde 4.9 log kob/g değerine yükseldiğini belirtmişlerdir.

SPI, G, Z, KL, AP ve UP protein filmlerinin su ürünlerinde kullanılmasıyla, toplam anaerobik bakterilerin gelişimi engellenerek; bu popülasyona ait bakterilerin neden olduğu bozulmalar bertaraf edilebilir.

5.1.1.4. Anaerobik Sülfit İndirgeyici *Clostridium* spp. Sayısındaki Değişimler

Dumanlanmış balıklarda mikrobiyolojik risk olarak en çok karşımıza çıkan mikroorganizmalar *Clostridium* spp.'dir. Bu grup mikroorganizmalar tüketimden sonra oluşabilecek zehirlenmelerde etken olup olmadıklarını belirlemek amacıyla analiz edilmektedir. Eğer anaerobik sülfit indirgeyici *Clostridium* spp. ekimi pozitif (+) olarak değerlendirilirse en tehlikeli türler olan *Clostridium botulinum* ve *Clostridium perfringens* mikroorganizmalarının tespitine geçilir. Bu tür mikroorganizmaların dumanlanmış üründe tespit edilmesi halinde bu ürünlerin tüketilmesine asla izin verilmez (Espe ve diğ., 2004).

Çalışmamızda depolamanın başlangıcında analiz gruplarının hepsinde <1.47±0.00 log EMS/g olarak saptanan anaerobik sülfit indirgeyici

Clostridium spp. sayısı kontrol grubunda depolamanın 5. haftasında 2.60±0.00 log EMS/g değerine yükselirken; depolamanın 4. haftasında PASP grubunda 3.44±0.00 log EMS/g'a, YATP grubunda 5.04±0.00 log EMS/g'a çıkmış, J grubunda depolamanın 6. haftasında 2.84±0.00 log EMS/g olarak tespit edilmiştir. KL grubunda depolamanın 1. haftasında, UP grubunda depolamanın 3. haftasında 1.60±0.00 log EMS/g değeri bulunurken; daha sonraki haftalarda <1.47±0.00 log EMS/g olarak saptanmıştır (Bkz. Tablo 4.4). SPI, G, Z ve AP gruplarında ise sekiz haftalık depolama süresince bu türe ait bakteri sayısı <1.47±0.00 log EMS/g'da kalmıştır. Bu sonuçlar doğrultusunda bu uygulama gruplarının anaerobik sülfit indirgeyici *Clostridium* spp. sayısının azaltılmasında ya da gelişiminin engellenmesinde diğer gruplardan daha etkili olduğu söylenebilir. SPI, G, Z ve AP grubu *Clostridium* spp. sayısının yükselmesini önlediğinden bu cins bakteriler nedeniyle oluşabilecek bozulma ve toksik etkilerin ortadan kaldırılmasına katkı sağlayabileceği düşünülmektedir.

Vakum veya modifiye atmosferle anaerobik ortamda ambalajlanmış balık ve balık ürünlerinde incelen anaerobik bakteri yükü üzerine ulaşılabilir kaynak oldukça az sayıdadır. González-Rodriguez ve diğ. (2002), 24 °C'de soğuk dumanlanmış vakum paketlenmiş alabalıkların 2±1 °C'de iki hafta depolanmasının ardından toplam psikrotrofik *Clostridium* yükünün 1.71-2.21 log kob/g arasında değiştiğini belirlemişlerdir.

Yenilebilir protein kaplama uygulanan analiz gruplarının anaerobik bakteri sayısı oldukça yüksek değerlerde iken; anaerobik sülfit indirgeyici *Clostridium* spp. sayısının aynı oranda yüksek bulunmaması anaerobik bakteri sayısının diğer anaerobik bakterilerin etkisiyle artabileceği düşüncesini ortaya çıkarmaktadır. Dumanlanmış ve vakum paketlenmiş ürünlerde anaerobik bakteri sayısının artmasına en çok neden olan bakteri grubu laktik asit bakterileridir. Çaklı ve diğ. (2006) sıcak dumanlamış vakum paketlenmiş gökkuşağı alabalığı (*Oncorhynchus mykiss*)'ndaki laktik asit bakterilerinin 40 günlük depolama süresince arttığını tespit etmişlerdir. Anaerobik şartlarda, düşük sıcaklıklarda hızlıca gelişmeleri ve CO_2'ye karşı tolerans göstermeleri laktik asit bakterilerinin vakum paketlenmiş gıdalarda baskın olmasını açıklamaktadır.

5.1.1.5. *Clostridium perfringens* Tespiti

Bazı analiz gruplarında anaerobik sülfit indirgeyici *Clostridium* spp. sayısının yüksek olması nedeniyle bu artışa sebep olan türün tespit edilmesi amacıyla *Clostridium perfringens* analizi gerçekleştirilmiş, ancak hiçbir uygulama grubunda bu bakteri türüne rastlanmamıştır. *Clostridium perfringens* hem bozulma hem de hastalık etkeni olduğu için su ürünlerinde kalite kriteri olarak kabul edilen ve asla istenmeyen bir bakteri türüdür. Bu nedenle örneklerimizin hiçbirinde tespit edilmemesi çalışmamız açısından oldukça memnuniyet vericidir.

5.1.1.6. *Clostridium botulinum* Tespiti

Clostridium perfringens'teki aynı amaçla analizi yapılan *Clostridium botulinum* toksik ve botulizm etkeni olduğu için arzu edilmeyen bir bakteri türüdür. Bu bakteri türüne de uygulama gruplarının hiçbirinde rastlanmamıştır.

Anaerobik sülfit indirgeyici *Clostridium* spp. sayısının bazı analiz gruplarında yüksek olmasına rağmen *Clostridium perfringens* ve *Clostridium botulinum*'un tespit edilmemesi diğer *Clostridium* türlerinin gelişmesi nedeniyle olabilir.

Bizim tez çalışmamızda sadece yenilebilir protein filmleriyle kaplanan örneklerde değil kontrol grubunda da *Clostridium botulinum*'a rastlanmaması kullandığımız taze gökkuşağı alabalıklarında bu bakteri türünün bulunmadığını ve işleme sırasında da herhangi bir bulaşmanın olmadığını göstermiştir. Ancak, tez çalışmamızda elde edilen *Clostridium* spp. sayımı sonuçlarına göre; bahsedilen çalışmalarda olduğu gibi yenilebilir protein filmleriyle kaplamanın da özellikle SPI, G, Z, KL, AP ve UP filmleri sayesinde (Bkz. Tablo 4.4) *Clostridium botulinum*'a karşı inhibe edici etkisinin olabileceği düşünülmektedir.

5.1.1.7. Toplam Maya-Küf Sayısındaki Değişimler

Dumanlanmış balıkların muhafaza süreleri uzadıkça önce hafif sonra orta derecede bir küflenme görülmektedir. Dumanlama işleminde kullanılan odun talaşları küf sporlarını içermektedir. Dumanlama uygulamasından geçirilen balıklara küf sporlarının bulaşması bu yolla olmaktadır ve dumanlanmış balıklarda mikrobiyal yükün büyük kısmını küfler oluşturmaktadır (Varlık ve diğ., 2007).

Gıda ürünlerinde kabul edilemez koku oluştuğu zaman maya-küf yükü bakımından da bozulmanın gerçekleştiği kabul edilmektedir (Westall ve Filtenborg, 1998). Tez çalışmamızda depolamanın başlangıcında tüm analiz gruplarının toplam maya-küf sayısı $<1\pm0.00$ log kob/g olarak belirlenirken; kontrol grubu örneklerin koku parametresi bakımından kabul edilemez olarak değerlendirildiği 4. hafta 6.08 kob/g maya-küf değeri tespit edilmiştir. Duyusal parametrelerden koku parametresine göre tüketilemez olarak değerlendirildikleri depolamanın 4. haftasında PASP grubu örneklerde 5.78 log kob/g, YATP grubu örneklerde 5.94 log kob/g ve J grubu örneklerde 5.50 log kob/g maya-küf yükü bulunmuştur. SPI, G, Z, KL, AP ve UP gruplarının toplam maya-küf sayısı ise sekiz hafta boyunca

<1±0.00 log kob/g değerinde sabit kaldığı için bu grupların sıcak dumanlanmış alabalık örneklerinde maya-küf gelişimini etkin şekilde engellediği, bu sayede mayalanma veya küflenme nedeniyle oluşabilecek bozulmaların oldukça önlenebileceğini ifade etmek mümkündür.
Kaya ve diğ. (2006) tarafından sıcak dumanlanan ve 4±1 °C'de depolanan palamutun raf ömrünün (15 gün) sonundaki toplam maya sayısı 3.54 log kob/g ve toplam küf sayısı 2.32 log kob/g olarak tespit edilmiştir.

Yenilebilir filmlerle yürütülen çalışmalarda bazı maya ve küf türleri üzerinde inhibe edici etkisinin olduğu, filmlerin etkinliğini daha da arttırmak için bazı antimikrobiyal maddelerin ilave edildiği görülmüştür. Örneğin; Debeaufort ve diğ. (1998) yağ ve vakslardan yapılan emülsiyonların 1930'dan beri meyvelere uygulandığını, bu sayede fungusitlerin taşınmasını engellediğini ifade etmiştir. Akbaba (2006) lipid kökenli filmlerin meyvelerin küflenmesini engellemede etkin bir koruyucu olduğunu belirtmiştir. Min ve Krochta (2005) tarafından LPO ilave edilen PASP filmlerinin gıdalardaki *Penicillium commune*'nin inhibisyonu için de uygulanabileceği bildirilmiştir. Somon (*Oncorhynchus nerka*) filetolarına KT ilavesi yapıldığında yüksek deasetile derecesine sahip KT'nin 200-500 ppm aralığındaki konsantrasyonunun *Candia albicans* ve *Fusarium oxysporum*'a karşı etkili olduğu ifade edilmiştir (Gua-jane ve diğ., 2002). Kaplama solüsyonunun her bir gramı için 25 mg kullanılan LZM ile birleştirilen PASP kaplamaların soğuk dumanlanmış somonlardaki mayalarla küfleri 3.0 log kob/g'dan daha fazla inaktif ettiği saptanmıştır (Min ve diğ., 2005).

5.1.2. Duyusal Analiz Sonuçlarının Değerlendirilmesi

Kaliteli dumanlanmış balığın dış yüzeyi altın sarısı renkte ve et rengi balığın doğal rengi ile uyumlu olmalıdır. Yapı; sulu ama sert olmamalı, koku ve lezzet tipik ve hoşa gider olmalıdır. Sıcak dumanlamadan sonra vakumla paketlenmiş balık ürünlerinde soğukta muhafaza sırasında bakteriyel faaliyet sonucu ekşimsi bir lezzet görülebilmektedir. Ürünlerin havanın oksijenine maruz kalmasıyla, mikroorganizmaların etkisiyle veya hidrolitik enzimlerin yağ dokularını yıkımlaması nedeniyle meydana gelen oksidasyon sonucunda ürünlerde yakıcı ve acımsı lezzet ortaya çıkmaktadır. Dumanlanmış ürünlerin kokusunda duman kokusu belirgin olup, taze ve kendine özgü olmalıdır. Dumanlanmış balık ürünlerinde bozulma belirtisi başladığında normalden sapan, duman kokusundan ziyade amonyağımsı ve ekşi koku hissedilmektedir. Bozulmanın ilerlemesiyle normalde beyaz sarımsı olan et renginde balığın türüne göre yeşilimsi sarı, esmerimsi kahverengi ve koyu esmer renkler görülebilmektedir. Yine normalde sıkı olan kıvam yumuşak, gevşek, parmaklar arasında tutulunca kolayca ezilebilir durumda olabilmektedir. Bozulmanın ileri safhalarında ise peltemsi, yapışkan veya sıvılaşmış haldedir (Varlık ve diğ., 2007). Tez çalışmamız kapsamında gerçekleştirilen duyusal panel testlerinde bahsedilen tüm bu değişimler göz önünde bulundurulmuştur.

Duyusal panellerde elde edilen sonuçlara göre kontrol, SPI, PASP, YATP, G, Z, AP ve UP gruplarının 3 hafta süreyle, J ve KL gruplarının 5 hafta süreyle tüketilebilir kaliteyi koruduğu ve bundan sonra bozulmuş kalitede olduğu tespit edilmiştir.

Z ve AP gruplarının mikrobiyolojik analiz sonuçlarının olumlu olmasına rağmen duyusal panellerde 4. haftadan itibaren beğenilmemesi, film solüsyonlarının hazırlanmasında kullanılan kimyasallar (alkol, asetik asit) nedeniyle örneklerin tat ve kokularında meydana gelen değişimden kaynaklandığı düşünülmüştür, yenilebilir filmlerin kaplama değil de ambalaj şeklinde uygulanmasında bu durumun olmayacağı göz önünde buludurulmalıdır. Aynı şekilde G ve UP gruplarının mikrobiyolojik yükün azaltılmasında etkin olmasına rağmen; duyusal panel sonuçlarına göre kontrol grubuyla aynı tüketilebilirlik süresine sahip olmasının film formülasyonlarının hazırlanması sırasında kullanılan asetik asitin neden olduğu ekşi ve keskin tat ile asit kokusu nedeniyle olabiliceği düşünülmüştür. PASP grubunun mikrobiyolojik analiz sonuçlarının olumsuz olmasına rağmen duyusal açıdan kontrol grubuyla aynı raf ömrüne sahip olması bu protein filmine artı değer katmıştır. J grubunun mikrobiyolojik analiz sonuçlarına göre sıcak dumanlanmış alabalık örneklerinin raf ömrünü 1 hafta daha uzatırken duyusal değerlendirmelerde 5 hafta süresince tüketilebilirlik sınırının (5) üzerinde puan alması bu protein filmininin ürünlerin raf ömrünü etkin şekilde uzattığını ve duyusal açıdan da beğenildiğini ortaya çıkarmıştır. J ve KL gruplarının ikisinin de duyusal raf ömrü 5 hafta olmasına rağmen KL grubu tat ve doku puanları açısından J grubundan daha uzun süre tüketilebilir nitelikte kabul edilmiştir. KL grubu 8 hafta süresince hem mikrobiyolojik popülasyonu etkin şekilde baskıladığı, hem de duyusal değerlendirmelerde 5 hafta süresince tüketilebilirlik sınırının (5) üzerinde puan aldığı için; J grubundan çok daha üstün kabul edilmiştir.

Sıcak dumanlanmış buzdolabı şartlarında depolanmış zargana örneklerinin duyusal puanlama skoru 22. günde 4'ün altında (bozulmuş) bulunmuştur. Örnekler 12. güne kadar 'çok iyi' (9-7) olarak nitelendirilen puan almışlardır (Koral ve diğ., 2009). Koral ve Köse (2005) tarafından dumanlanmış ve buzdolabında depolanan hamsi örnekleri, duyusal analizlere göre 11. güne kadar insan tüketimine uygun bulunmuştur. Yanar (2007) kedi balığı örneklerinin dumanlandıktan sonra 4 °C'de depolandığında 24. güne kadar insan tüketimi için uygun olduğunu ifade etmiştir. Sıcak dumanlanmış uskumrunun 2 °C'de ve 8 °C'de depolandığında 24 güne kadar insan tüketimi için uygun olduğu belirtilmiştir (Kolodziejska ve diğ., 2002). Sıcak dumanlanmış palamut örnekleri 17°C'de depolandığında 4 günlük, 4 °C'de depolandığında ise 10 günlük raf ömrüne sahip olmuştur (Koral ve diğ., 2010).

Streç filmle sarılmış buzdolabı koşullarında depolanmış sıcak dumanlanmış palamutun raf ömrü 2 hafta (Kaya ve diğ., 2006), tilapyanın raf ömrü 3 hafta (Yanar, 2007) olarak tespit edilmiştir. Sıcak dumanlama işlemiyle muamele edilen Atlantik uskumrular 2 °C'de depolandığında 3 hafta süresince hiçbir değişiklik gözlemlenmemiştir. Derideki mikrobiyal popülasyon hem 2 °C'de hem de 8 °C'de 21 gün süresince stabil kalmıştır (Kolodziejska ve diğ., 2002). Kyriazi-Papadopoulou ve diğ. (2003) tarafından 65-80 °C'de 17 dk dumanlanan vakum paketlenmiş Akdeniz midyenin (*Mytilus galloprovincialis*) 2-3 °C'de depolanması sırasında 70 güne yakın bir süre etkin bir şekilde korunduğu tespit edilmiştir. Vakum paketlenmiş sıcak dumanlanmış alabalıklara Erkan ve diğ. (2009) ve Erkan ve diğ. (2011a) tarafından 4 hafta, Çaklı ve diğ. (2006) ve Erkan (2012) tarafından 5 hafta raf ömrü bildirilmiştir. Hattula ve diğ. (2001), %2.5 tuz konsantrasyonuna sahip, *Oncorhynchus mykiss*'de, 5 °C'de 6 hafta depolamada, 5'li skala ile 14. günde görünüşün oldukça soluk olduğunu belirlemiş, gruplarda kokusal açıdan ise yine 14. günde değişimler tespit edilmiş, tekstür ise nemli olarak tanımlanmıştır.

Çiğ materyalin kalitesi, avlanma koşulları, başlangıç mikrobiyal yükü, işleme koşulları, işleme sonrası kontaminasyona maruz kalması, paketleme şekli, paket materyali ve depolama sıcaklığının dumanlanmış balığın raf ömrü ve duyusal kalitesinde etkili olduğu bildirilmiştir (Shiau ve Chai, 1985; Kolodziejska ve diğ., 2002; Dondero ve diğ., 2004; Koral ve diğ., 2009).

Dumanlanmış su ürünlerinin raf ömrünü uzatmak amacıyla birçok ilave işleme metotları uygulanmıştır. Örneğin; Çaklı ve diğ. (2006) tarafından %60 CO_2-% 40 N_2 gaz karışımından oluşan modifiye atmosferle paketlemenin sıcak dumanlanmış alabalık örneklerinin raf ömrünü vakum ambalaj yapılmış kontrol grubuna göre 2 hafta daha arttırdığı belirtilmiştir. Duyusal değerlendirmelere göre sıcak dumanlanmış vakum paketlenmiş 0-4 °C'de depolanan gökkuşağı alabalığı (*Oncorhynchus mykiss*) örneklerinin raf ömrü 33 gündür, depolamanın 40. gününde ürünlerin tüketilemediği görülmüştür. Erkan ve diğ. (2009) tarafından benzer şekilde %50 CO_2 ve % 100 CO_2 gazıyla paketlenmiş sıcak dumanlanmış alabalıklar için bir hafta daha uzun raf ömrü bildirilmiştir. Erkan (2012) dumanlanmış balıkların raf ömrünü uzatmak amacıyla vakum ambalaj ile kombineli olarak bitkisel kaynaklı ekstraktlar kullanılmıştır. Sarımsak ve kekik yağı ekstraktları (%1 oranında (v/w)) uygulanmış sıcak dumanlanmış alabalık örneklerinin tüketilebilir duyusal kaliteyi kontrol örneklerine göre 2 hafta daha fazla koruduğu tespit edilmiştir. Erkan ve diğ. (2011a) ve Erkan ve diğ. (2011b) tarafından sıcak dumanlanmış balıklara benzer şekilde uygulanmış adaçayı ve üzüm çekirdeği yağının 1 hafta, limon ve biberiye yağının 2 hafta, defne yağı uygulamasının 3 hafta daha uzun dayanım ömrü kazandırdığı tespit edilmiştir.

Gıdalara uygulanan yenilebilir filmlerin de ürünleri tat ve flavor açısından geliştirdiği görülmüştür. Yılmaz ve diğ. (2007) tarafından STP kaynaklı yenilebilir film ve kaplamaların içine eklenen çeşitli komponentlerle (renk, tat vb. maddeler) desteklenerek gıda maddesinin duyusal özelliklerini çekici hale getirmesinin mümkün olduğu ve lezzet verici vb. maddelerin mikrokapsülasyonunda da kullanılarak bu maddelerin gıdaya geçişlerini kolaylaştırdığı ifade edilmiştir. Rhim ve Eg, (2007) doğal biyopolimer kaynaklı filmlerin gıdanın görünüş, koku ve lezzeti gibi organoleptik karakteristiklerini geliştirdiğini ifade etmiştir.

Yenilebilir filmlerin dumanlanmış balıklara uygulanması ile ilgili olarak, soğuk dumanlanmış somonların bazı antimikrobiyal maddeler eklenen AL ile kaplanması (Min ve diğ., 2005; Data ve diğ., 2008), soğuk dumanlanmış sardalyalara YHB ve farklı bileşenlerle zenginleştirilmiş yenilebilir J filmi kombinasyonunun uygulanması (Gomez-Estaca ve diğ., 2007a) gibi sınırlı sayıdaki çalışmaya rastlanmaktadır. Sıcak dumanlanmış alabalık örneklerine uygulanan %3 AL kaplamanın ürünlere 5 hafta dayanım ömrü kazandırdığı, kontrol grubu örneklerin ise 3 hafta dayanım ömrüne sahip olduğu bildirilmiştir (Yeşiltaş, 2012). Benzer şekilde kekik, karanfil ve sarımsak yağı katkılı G kaplama uygulanan sıcak dumanlanmış alabalık örneklerinin 6 hafta duyusal kaliteyi koruduğu kontrol grubuna göre 3 hafta daha fazla dayanım ömrüne sahip olduğu tespit edilmiştir (Akçay, 2012). Ancak yenilebilir protein kaplamaların ve AL kaynaklı kaplamaların özellikle taze su ürünlerine uygulanması yönünde başarılı sonuçlar elde edilmiş bilimsel çalışmalar mevcuttur. Song ve diğ. (2011) tarafından AL kaplanmış (%1.5) çipura balıklarının 15 gün tüketilebilir kaliteyi korudukları, kaplama yapılmayan kontrol grubu örneklerinin 12 gün tüketilebilir kalitede kaldığı bildirilmiştir. Bir başka çalışmada %3 Na-aljinat kaplama uygulandıktan sonra PE torbalarda 4 °C'de depolanan balıkların duyusal kalitesi incelendiğinde 7 günlük depolama süresince AL kaplama uygulanan örneklerin çok daha yüksek duyusal skora sahip olduğu tespit edilmiştir (Lu ve diğ., 2009).

Bazı araştırmacılar karideslerin, balıkların ve sosislerin raf ömürlerini AL kaynaklı kaplamalarla uzatmışlardır. AL, kaplama ve ürün arasındaki adhezyonu geliştirmiş ve bunun sonucunda kaplamanın et ve balığın yüzeyinden kaybını azaltmıştır. Na-Aljinat'la kaplama, tuzlanan ve kurutulan uskumruların raf ömrünü uzatmak için başarılı bir şekilde kullanılmıştır (Gennadios, 2002). Kalsiyum veya alüminyum içeren bir jelleşme ajanı kullanılarak jelleştirilen yenilebilir nişasta-AL solüsyonuyla dondurulmuş karidesler kaplandığında kontrol karides kuru, sert ve genelde zayıf tekstürlü bulunurken bu muameleyle kaplanan karidesin üç aylık donmuş depolamadan sonra orjinal flavorunu, tekstürünü ve rengini koruduğu bildirilmiştir (Erickson ve Hung, 1997). Gennadios ve diğ., (1997) tarafından yürütülen çalışmada su ürünlerini dondurarak depolama sırasındaki oksidasyondan ve dehidrasyondan korumak için öncelikle mikroorganizmalar ve enzimler suda ısıtılarak (70 °C'de 30 dk) inaktive edilmiş, ardından klor içeren sıvı bir solüsyonda veya asetik asitin zayıf bir solüsyonunda ıslatılmıştır. Daha sonra ürünler Na-Aljinat, yerli nişasta, okside nişasta veya dekstrinlerin sıvı bir dispersiyonuna daldırılmıştır. Daha iyi sonuçlar için karışıma bir sebze yağı da ilave edilmiştir. Kaplamanın jelleşmesi 0.2 mol/L $CaCl_2$ solüsyonuna daldırılarak (1-2 dk) gerçekleştirilmiştir. Karides, uskumru ve somonun bu şekilde muamele edilmesinin üç aylık depolamadan sonra orjinal flavor, tekstür ve rengin korunmasını sağladığı ifade edilmiştir.

Mohan ve diğ. (2012) tarafından KT kaplama (%1 ve %2) uygulanan sardalya filetoları için 8 gün ve 10 gün dayanım ömrü, kaplama uygulanmamış sardalya filetoları için 5 gün dayanım ömrü bildirilmiştir. Gua-jane ve diğ. (2002) yüksek deasitile derecesine sahip KT'nin somon (*Oncorhynchus nerka*) filetolarını çeşitli bakterilere karşı koruyarak raf ömrünü uzattığını ifade etmiştir.

Gıda uygulamalarında kullanılan KG kaynaklı kaplamalar tavuk ürünleri ve balıkların raf ömrünü uzatmak için kullanılmaktadır (Gennadios, 2002). Uskumru filetolarının dondurma ve -18 °C'de depolamadan önce sıvı KG solüsyonuna (10 g/kg) daldırılarak kaplanması, 5 aydan daha uzun süre herhangi bir duyusal değişikliğin olmasını önlemiştir. Oysa kaplanmayan kontroller 3 aydan sonra kabul edilemez hale gelmiştir. Bundan başka, KG kaplama solüsyonlarına antioksidantlar, gallik asit veya askorbik asit eklenmesinin -18 °C'deki depolamanın yedinci ve sekizinci ayına kadar bozulmayı geciktirdiği görülmüştür (Gennadios ve diğ., 1997). Sıvı solüsyon veya dispersiyon şeklinde uygulanan dekstran kaplamalar soyulmamış karides, soyulmuş karides, balık ve jambon, sosis ve pastırma gibi kırmızı et ürünlerinin buzdolabında veya dondurarak depolama sırasında flavorunu, rengini ve tazeliğini korumak için uygulanmaktadır (Gennadios ve diğ., 1997; Krochta, 2002).

Duyusal özelliklerle ilişkili olarak yenilebilir kaplamaların rengin, uçucu flavorların ve aromaların gıda ürününden kaybını yavaşlattıkları ve böylece ürünün tazeliğini daha uzun süre korudukları belirtilmiştir (Erickson ve Hung, 1997). Tez çalışmamızda J ve KL grupları bu olumlu etkiyi etkin şekilde göstermişlerdir.

5.1.3. Fiziksel Analiz Sonuçlarının Değerlendirilmesi

5.1.3.1. Renk Ölçümü Değerindeki Değişimler

Hunter Lab sisteminde ölçümü yapılan L* değeri parlaklığı (0'dan 100'e kadar derecelendirme siyahtan beyaza renk dağılımını); a* değeri pozitif değerdeyken kırmızı negatif değerde yeşili ve b* değeri pozitif değerde sarıyı negatif değerdeyken mavi renk aralığını ifade etmektedir.

Dumanlanmış balıketlerinin daha çok esmerleşmesi dumandaki karbonil bileşenlerinin balık kasındaki amino asitlerle etkileşimi ve ardından maillard reaksiyonu ürünlerinin polimerizasyonu ve oluşumuyla olmaktadır. Amino asitlerle etkileşime giren karbonil bileşenleri arasında glikolik, aldehit ve metilglioksal en aktif olanlarıdır (Benjakul ve Aroonrueng, 1999).

Rørä ve diğ. (1998), somonun dorsal yüzgecinin hemen ardından aldıkları örneklerde, üç paralelli ve 90° açı ile döndürerek yaptıkları ölçümlerde L* değerini 45.5 olarak belirlerken, bu değer dumanlanmış somonda 41.0, duyusal nitelikleri bozulan örneklerde ise 43.4 olarak elde edilmiştir. Aynı çalışmada somonun b* değerini taze balıkta 15.6, dumanlanmış üründe 8.4, bozulma anında ise 8.2 olarak belirlemişlerdir. Sıcak dumanlanmış vakum paketlenmiş buzdolabında depolanan İspanyol uskumrusunun L* değerinin depolama sırasında azaldığı; 2. haftada 55.2, 12. haftada 46.1 olduğu saptanmıştır. Aynı ürünün a*/b* değerinin depolama sırasında arttığı; 2. haftada 0.50, 12. haftada 1.06 olduğu saptanmıştır. 12 haftalık depolama periyodu süresince L* değerinin dereceli olarak azalması ve a*/b* değerinin artmasıyla ürünlerin depolama sırasında daha koyu hale geldiğini göstermiştir. Esmerleşme prosesi enzimatik olmayan esmerleşme nedeniyle olabileceği gibi bu çalışmada ılık sıcaklıkta dumanlama kullanıldığı için enzimatik bir reaksiyonun renk oluşumuyla ilgili olduğu diğer bir olasılıktır (Che Man ve Ramadas, 1998). Jensen ve diğ. (1998), soğuk dumanlanmış vakum paketlenmiş gökkuşağı alabalığı (*Oncorhynchus mykiss*)'nın 3 °C'de depolanması sırasında renksel niteliklerini incelemiş ve depolama sırasında tüm gruplarda L* değeri yükselirken b* ve a* değeri düşüş göstermiştir.

Kılıç (2005) soğuk dumanlanmış vakum paketlenmiş gökkuşağı alabalıklarına (*Oncorhynchus mykiss*) eklenen farklı antioksidant ve antimikrobiyal ajanların etkisini belirlemek için yürüttüğü çalışmada kontrol grubunun L* değerinin depolamanın başlangıcında 48.0 olduğunu, depolamanın 20. gününde 51.5'e yükseldiğini, a* değerinin depolamanın başlangıcında 1.0 iken; depolamanın 20. gününde 2.5 olduğunu ve b* değerinin depolamanın başlangıcında 8.5, depolamanın 20. gününde ise 4.5'e düştüğünü tespit etmiştir. Çaklı ve diğ. (2006) tarafından yürütülen çalışmada sıcak dumanlanmış vakum paketlenmiş gökkuşağı alabalığı (*Oncorhynchus mykiss*) örneklerinin başlangıçtaki L* değeri 65.74 iken; depolamanın 40. gününde 70.28'e yükselmiştir. Örneklerin başlangıçtaki a* değeri 0.51 iken; depolamanın 40. gününde 2.14'e yükselmiştir. Depolama periyodunun sonunda sıcak dumanlanmış vakum paketlenmiş gökkuşağı alabalıklarının L* ve a* değerlerinin yükselmesiyle başlangıca göre daha kırmızı olduğu görülmüştür. Yine aynı çalışmada sıcak dumanlanmış vakum paketlenmiş gökkuşağı alabalığı (*Oncorhynchus mykiss*) örneklerinin başlangıçtaki b* değeri 16.34 iken; depolamanın 40. gününde 18.09'a yükseldiği belirtilmiştir.

Çalışmamızda depolamanın başlangıcında kontrol grubunda 73.09±0.97 olarak saptanan L* değeri PASP, YATP, G ve AP gruplarında daha yüksek, SPI, Z, J ve UP gruplarında ise daha düşük olarak tespit edilmiştir (Bkz. Tablo 4.12). L* değerinin yükselmesi yüzey renginin koyulaşmasına, dumanın neden olduğu parlak görüntünün azalmasına neden olmuştur. SPI, Z, J, KL ve UP gruplarında daha düşük olan L* değeri sayesinde bu örneklerin kontrol grubuna göre daha açık renkli olduğu görülmüştür. Sarıkuş (2006) KL filmlerinin doğal kaplamalara göre daha şeffaf olduğu için daha çok tercih edildiğini belirtmiştir.

Depolamanın başlangıcında ölçülen L* değerlerine göre PASP ve G grupları kontrol grubuyla benzer ($p>0.05$) bulunduğundan; bu iki grubun L* değeri açısından kabul edilebilirliklerinin kontrol grubuyla aynı olacağı düşünülmüştür.

Duyusal değerlendirme sonuçlarına göre belirlenen tüketilebilirlik sürelerinin sonunda gerçekleştirilen renk ölçümlerinde L* değerinin K, PASP, YATP, G, Z ve UP gruplarında Che Man ve Ramadas (1998)'ın yürüttüğü çalışmada olduğu gibi azaldığı, SPI, J, KL ve AP gruplarında ise Jensen ve diğ. (1998), Rørä ve diğ. (1998), Çaklı ve diğ. (2006) ve Kılıç (2005) tarafından gerçekleştirilen çalışmalarla uyum göstererek yükseldiği görülmüştür. Bu periyotta kontrol grubunun L* değeri G, J ve KL gruplarının L* değerleriyle benzer ($p>0.05$) bulunmuştur.

Yenilebilir protein kaplama uygulanmış vakum paketlenmiş sıcak dumanlanmış alabalıkların depolamanın başlangıcında ölçülen a* değerlerine göre kontrol grubu SPI ve KL grubu dışındaki tüm analiz gruplarıyla benzerlik ($p>0.05$) göstermiştir (Bkz. Tablo 4.13). Bu nedenle SPI ve KL grubu dışındaki diğer protein filmi gruplarının a* değeri açısından kabul edilebilirliklerinin aynı olacağı düşünülmüştür.

Tüketilebilirlik sınırının (5) aşıldığı haftalarda gerçekleştirilen ölçüm sonuçlarına göre kontrol grubu a* değeri açısından SPI dışındaki tüm gruplarla benzer ($p>0.05$) bulunmuştur. Duyusal raf ömrünün tamamlandığı haftalarda K, G ve AP gruplarına ait a* değerinin Che Man ve Ramadas (1998), Çaklı ve diğ. (2006) ve Kılıç (2005)'ın yürüttüğü çalışmalardaki gibi artması sıcak dumanlanmış alabalık filetolarının yüzeyindeki kırmızı tonunun arttığını göstermiştir. Diğer analiz gruplarında ise Jensen ve diğ. (1998)'nin çalışmasıyla uyum gösteren, azalan a* değeriyle bu grupların tüketilebilirlik süreleri dolduğunda kırmızılık tonunun da azaldığı ortaya çıkmıştır.

Depolamanın başlangıcında tespit edilen b* değerlerine göre kontrol grubu G grubu dışındaki uygulama gruplarıyla, duyusal raf ömrünün sona erdiği haftalarda elde edilen b* değerlerine göre ise tüm analiz gruplarıyla benzer ($p>0.05$) bulunmuştur (Bkz. Tablo 4.14). Depolamanın başlangıcında G protein filmiyle kaplanmış sıcak dumanlanmış alabalık örneklerinin yüzeyindeki sarılık tonunun kontrol ve diğer gruplara göre daha yüksek olduğu belirlenmiştir. Rayas ve diğ. (1997) tarafından da belirtildiği gibi, G filmi üç farklı undan (ticari ekmek unu, sert kırmızı kışlık un ve yumuşak beyaz un) hazırlandığında bütün filmler sarımsı renkte, yarı saydam ve yumuşak bir dokuya sahip olmuştur. Sarı rengin gelişmesinde undaki karetenoid ve flavonoid bileşenlerinin etkili olduğu ifade edilmiştir.

Tez çalışmamızda sıcak dumanlanmış alabalıkların b* değeri Che Man ve Ramadas (1998) ve Çaklı ve diğ. (2006)'nin yürüttüğü çalışmalarda olduğu gibi tüketilebilirlik sürelerinin sonunda G haricindeki tüm uygulama gruplarında artmıştır. Tüketilebilirlik süresinin sonunda G grubunun b* değerinin azalması Jensen ve diğ. (1998), Rørä ve diğ. (1998) ve Kılıç (2005) tarafından gerçekleştirilen çalışmalarla uyum sağlamıştır.

KT ve J solüsyonu karışımından oluşan bir kaplama dondurulmuş morinadan yapılan köftelere uygulandığında sarılık değerinde artışa neden olduğu görülürken (López-Caballero ve diğ., 2005); Carvalho ve diğ., (2008) tarafından yapılan çalışmada Atlantik kalkan derisinden ekstrakte edilen J filminin transparan ve açık renkli olduğu belirtilmiştir. Tez çalışmamızda da J proteininden elde edilen filmle kaplanan örneklerin a* ve b* değerleri diğer uygulama gruplarından düşük bulunmuştur.

Tez çalışmamızda depolamanın başlangıcında ve duyusal panellerde tespit edilen tüketilebilirlik sürelerinin sona erdiği haftalarda belirlenen L*, a* ve b* değerlerinin kullanılmasıyla elde edilen ΔE* değerlerine göre; depolamanın başlangıcında kontrol grubu YATP grubuyla birebir aynıdır (Bkz. Tablo 4.15). Gennadios ve diğ. (1996) tarafından YATP filmlerinin özellikleri ile diğer protein filmlerinin özelliklerinin benzer olduğu, ancak G, SPI ve Z filmlerinden daha açık ve daha transparan olduğu belirtilmiştir. Bizim tez çalışmamızda da YATP grubunun ΔE* değerinin SPI, G ve Z grubunun ΔE* değerlerinden daha düşük olması bu çalışmanın sonuçlarıyla uyuşmaktadır.

Duyusal raf ömrünün sona erdiği haftalardaki ölçüm sonuçlarına göre ise kontrol grubu ΔE* değerleri açısından SPI, PASP, G, Z, J ve AP gruplarıyla benzer ($p>0.05$) bulunmuştur. Tüketilebilirlik süresinin sonunda K grubunun ΔE* değeri arttığı gibi, Z ve KL gruplarında da artış olmuştur.

Yenilebilir balık proteini filmlerinin renk değerleri üzerinde balığın kalitesi, türü, hazırlama şartları, pH, proteinin cinsi gibi faktörlerin etkili olduğu tespit edilmiştir. Benjakul ve diğ. (2008) tarafından düşük kaliteli balıkların kullanıldığı balık proteini filmlerinin daha sarımsı hale geldiği ifade edilmiştir. *Decaptures maruadsi* türü istavrit kasındaki MFP'nin SRP'ye olan oranının filmin özellikleri üzerindeki etkisi incelenmiştir. Artan SRP içeriğiyle filmlerin çözünürlüğü azalırken proteinlerin çözünürlüğü ve filmin a* ve ΔE* değerinin arttığı belirtilmiştir (Arthan ve diğ., 2008). Carvalho ve diğ., (2008) tarafından yapılan çalışmada Atlantik kalkan derisinden ekstrakte edilen jelatinin transparan ve açık renkli filmler oluşturduğu bildirilmiştir. Asidik (pH 2-3) ve alkali (pH 11-12) pH'da hazırlanan balık filmlerinin ise sentetik filmlere yakın üstün transparanlığa sahip olduğu belirtilmiştir (Shiku ve diğ., 2003). Bizim tez çalışmamızdaki balık proteini filmleri yüksek kaliteli alabalık ve uskumru etlerinden pH 3'te üretildiği için transparanlık açısından sentetik filmlere yakın değerlerde oluşmuştur.

Yenilebilir filmlerin su ürünlerine kaplanmasıyla ilgili sınırlı sayıda çalışma olduğu için tez çalışmamızla karşılaştırma yapmak zordur. Ancak, Sathivel (2005) tarafından AF filmleri, YATP, KT, somon proteini ve SPI gibi farklı kaplamalar 3 ay boyunca dondurularak depolanan Pasifik somon filetoları üzerine uygulandığında; en iyi etkiyi KT gösterirken yenilebilir filmle kaplanan balıkların rengi ve tekstür özellikleri kaplanmayan filetolardan daha iyi olduğu ifade edilmiştir.

Tez çalışmamızda kontrol ve G grubuna ait örneklerdeki L* değerinin azalması ve a*/b* değerinin artmasıyla (Che Man ve Ramadas, 1998) ürünlerin depolama sırasında daha koyu hale geldiği görülmüştür. Ayrıca, depolamanın başlangıcında kontrol grubuyla PASP grubunun L*, a* ve b* değerleri benzer ($p>0.005$) bulunduğu için bütün renk değerleri açısından kabul edilebilirliklerinin hemen hemen aynı olacağı düşünülmüştür.

5.1.3.2. Tekstürel Parametrelerdeki Değişimler

Hultman ve Rustad (2004) balık tekstürünün, balık türü, yaşı, balık büyüklüğü, yağ içeriği, yağın kas içerisindeki miktarı, dağılımı ve kesim öncesi stres gibi birçok faktörden etkilendiğini ifade etmiştir. Meilgaard ve diğ. (1999) tarafından yürütülen çalışmada sonunda tuzluluğun artışı ile son üründe, sertlik, gam yapı, çiğnenebilirlik, yapışkanlık ve esnekliğin arttığı tespit edilmiştir.

Sıcak dumanlanmış vakum paketlenmiş buzdolabında depolanan İspanyol uskumrusunun tekstürel sertliğinin depolama sırasında giderek düştüğü, 2. haftada 245.16 N iken; 12. haftada 119.93 N olduğu tespit edilmiştir (Che Man ve Ramadas, 1998). Kılıç (2005) soğuk dumanlanmış vakum paketlenmiş gökkuşağı alabalıkları (*Oncorhynchus mykiss*) ile yürüttüğü çalışmada sertliğin gruplar arasında düzenli bir değişim göstermese de depolama süresi boyunca kontrol grubunda kısmen arttığını belirlemiş, bu durumun ise üründe meydana gelebilecek su kaybı ile ilgili olabileceğini düşünmüştür. Diğer yandan bozulmaya bağlı olarak serbest su miktarındaki artış ve bu duruma bağlı olarak kas dokuda meydana gelen su kaybına bağlı olarak dokunun kuruması bir diğer olasılık olmakla birlikte, rakamlar incelendiğinde bozulma hızına bağlı olarak sertlikte meydana gelen değişimle ilgili olarak bir genelleme yapılması mümkün görülmemiştir. Kontrol grubunun sertlik değeri depolamanın başlangıcında 1.78 N iken; depolamanın 20. gününde 6.48 N olarak saptanmıştır. Örneklerin yapışkanlık değerinin özellikle kontrol grubunda daha hızlı geliştiği, depolamanın başlangıcında 0.18 N, depolamanın 20. gününde ise 3.11 N olduğu tespit edilmiştir. Kontrol grubunun esneklik değeri açısından depolamanın başlangıcı ile depolamanın 20. günü arasında fark bulunamazken ($p>0.05$); kontrol grubunun çiğnenebilirlik değerinin depolamanın başlangıcında düşük (2.45 N/mm) iken; depolamanın 20. gününde daha yüksek (2.66 N/mm) olduğu bulunmuştur. Kontrol grubunun gam yapı değeri depolamanın başlangıcında 0.58 N, depolamanın 20. gününde 0.81 N, kırılganlık değeri depolamanın başlangıcında 1.58 N, depolamanın 20. gününde 3.44 N olarak belirlenmiştir.

Yine aynı çalışmada katkılara veya ürünün raf ömrüne bağlı olarak yapışma gücündeki düzenli bir değişimin 24 günden sonra ortaya çıktığı görülmüş; buna karşın depolama süresine bağlı olarak yapışma gücünün stabil bir seyir izlediği açığa çıkmıştır. Kontrol grubunun yapışma gücü depolamanın başlangıcında 0.07 N, depolamanın 20. gününde 0.08 N olarak bulunmuştur. Yapışma gücünün bozulmaya bağlı olarak yükseldiği varsayılarak, nitrit katılan gruplarda düşük bozulma hızından dolayı yapışma gücünün de düşük gelişmesi normal karşılanmıştır. Kontrol grubunun katılık değeri depolamanın başlangıcında 1.03 N/mm, depolamanın 20. gününde ise 0.76 N/mm olarak tespit edilmiştir.

Literatürde sıcak dumanlanmış gökkuşağı alabalıklarının tekstürel ölçümleriyle ilgili herhangi bir çalışmaya rastlanmazken; bizim tez çalışmamızda kırılganlık değerleri açısından depolamanın başlangıcında YATP grubu dışındaki tüm analiz grupları kontrol grubuyla benzerlik ($p>0.05$) göstermiştir (Bkz. Tablo 4.16). Yine depolamanın başlangıcında tüm analiz gruplarının sertlik, esneklik, yapışıklık, gam yapı, çiğnenebilirlik, yapışkanlık ve elastikiyet değerleri arasında fark bulunamamıştır ($p>0.05$) (Bkz. Tablo 4.17, Tablo 4.18, Tablo 4.19, Tablo 4.20, Tablo 4.21, Tablo 4.22, Tablo 4.23). Bu sonuçlar doğrultusunda yenilebilir protein kaplama uygulamasının sıcak dumanlanmış alabalık filetolarının tekstürel özellikleri üzerinde olumsuz bir etkisinin olmadığını söylemek mümkündür.

Sıcak dumanlanmış alabalıkların duyusal açıdan raf ömürlerini tamamladıkları tüketilebilirlik süreleri sonunda ölçülen kırılganlık ve sertlik değerine göre; PASP grubu dışındaki tüm uygulama grupları kontrol grubuyla benzer ($p>0.05$) bulunmuştur. Bu periyotta kontrol grubu esneklik değerine göre; YATP grubu dışındaki tüm analiz gruplarıyla, yapışıklık değerine göre; tüm uygulama gruplarıyla, gam yapı değerine göre; PASP ve Z grubu dışındaki tüm analiz gruplarıyla, çiğnenebilirlik değerlerine göre PASP, J ve Z dışındaki uygulama gruplarıyla, yapışkanlık ve elastikiyet değerine göre Z grubu dışındaki analiz gruplarıyla benzer değerlere ($p>0.05$) sahip olmuştur. Örneklerin duyusal raf ömürlerinin sona erdiği haftalarda elde edilen tekstürel değerlerine göre yenilebilir protein kaplama uygulanmamış örneklerle SPI, G, KL, AP ve UP gruplarının dokusal özelliklerinin benzer ($p>0.05$) olduğu tespit edilmiştir.

Tez çalışmamızda örneklerin tüketilebilirlik sürelerinin sonunda SPI, PASP, YATP, G, Z, AP ve UP gruplarının kırılganlık değerlerinin, SPI, PASP, YATP, G ve Z gruplarının sertlik ve gam yapı değerlerinin, PASP, YATP, G, Z, J ve AP gruplarının çiğnenebilirlik değerlerinin, Z ve J gruplarının yapışkanlık değerlerinin Kılıç (2005)'ın çalışmasında olduğu gibi arttığı belirlenmiştir. Aynı periyotta K, J, KL, AP ve UP gruplarının sertlik değerlerinin düşmesi ise Che Man ve Ramadas (1998)'ın çalışması ile uyuşmaktadır.

Örneklerin tüketilebilirlik niteliklerini kaybettikleri haftalarda PASP ve G gruplarının esneklik değerlerinin Kılıç (2005)'ın yürüttüğü çalışmayla benzerlik göstererek çok fazla değişmediği, K ve SPI gruplarının yapışıklık değerlerinin sabit kaldığı, K, SPI, PASP, YATP, KL, AP ve UP gruplarının elastikiyet değerlerinin de yine Kılıç (2005) tarafından belirtildiği gibi azaldığı görülmüştür.

Literatürde rastlanan çalışmalara göre yenilebilir filmlerin kaplandıkları ürünlerin tekstürel özellikleri üzerinde olumlu etkileri olduğu görülmektedir. Polisakkarit içerikli filmlerin Japonya'da jambon ve tavuk etlerini içeren işlenmiş etlerin paketlenmesinde kullanıldığı bilinmektedir. Filmler etin etrafına sarıldıktan sonra dumanlanmakta veya buharda pişirilmektedir. Duman filme nüfuz ederken film de buharda pişirme sırasında çözülmektedir. Etlerin kaplanması ürünü, yapıyı ve tekstürü geliştirmekte ve nem kaybını azaltmaktadır (Gennadios, 2002).

AF filmleri, YATP, KT, somon proteini ve SPI gibi farklı kaplamalar 3 ay boyunca dondurularak depolanan Pasifik somon filetoları üzerine uygulandığında en iyi etkiyi KT gösterirken yenilebilir filmle kaplanan balıkların rengi ve tekstür özellikleri kaplanmayan filetolardan daha iyi olmuştur. Balıklardaki kaplama verimini, çözünme verimini, pişirme verimini artırdığı ve çözünme kayıplarını azalttığı için AF proteinlerinin su ürünlerinde görünmez bir koruyucu olarak kullanım potansiyeline sahip olacağını düşündürmüştür (Sathivel, 2005). KT ve J solüsyonu karışımından oluşan bir kaplama ve toz hali dondurulmuş morinadan yapılan köftelere uygulanmış ve bu kaplamanın koruyucu etkisi reolojik ölçümler (sertlik, elastiklik, yapışkanlık, çiğnenebilirlik, vb.) ile belirlenmiştir. Kaplama köftenin elastikliğini arttırırken, toz KT'nin köfte karışımına ilavesi diğer reolojik parametre değerlerini artırmıştır (López-Caballero ve diğ., 2005).

Bizim çalışmamızda kullanılan SPI, G, KL, AP ve UP filmlerinin özellikleri yukarıda bahsedilen ilave yöntemlerle daha da geliştirilirse dumanlanmış alabalıkların tekstürel özelliklerini geliştirebilecekleri düşünülmektedir.

5.1.4. Kimyasal Analiz Sonuçlarının Değerlendirilmesi

5.1.4.1. pH Değerindeki Değişimler

Enzimlerin ve bakterilerin etkisiyle oksido-redüksiyon dengesi bozulmakta ve serbest hidrojen ve hidroksil iyonlarının konsantrasyonunda değişiklikler meydana gelmektedir. Bu değişikler pH değerinin artmasına neden olmaktadır (Varlık ve diğ., 2005). pH'daki artış bozulma etkeni bakterilerin oluşturduğu amonyum, trimetilamin gibi uçucu bazik bileşenlerin üretilmesine katkıda bulunmaktadır (Goulas ve Kontominas, 2005). Varlık ve diğ. (2004) tarafından füme balıkların pH değerinin 5.4-6.9 arasında değiştiği ifade edilmiştir.

Kyriazi-Papadopoulou ve diğ. (2003) 65-80 °C'de 17 dk dumanlanan vakum paketlenmiş Akdeniz midyenin (*Mytilus galloprovincialis*) 2-3 °C'de depolanması sırasında pH'nın 0.2 birim düştüğünü belirtmişlerdir. Stohr ve diğ. (2001), yapmış oldukları çalışmada soğuk dumanlanmış somonda pH değerlerindeki yükselişi mikrobiyal yükte bulunan asit üreten bakterilerin yoğunluğuna bağlamışlardır. Aynı çalışmada, çürükçül yükteki rekabetçi türlerin üzerine bugüne dek yapılan çalışmaların yetersiz olduğu bildirilmiştir. Ünlüsayın (1999)'ın yürüttüğü bir çalışmada ilk 28 gün süresince balıklardaki pH değerinde azalma olduğu belirlenmiştir.

González-Rodriguez ve diğ., (2002), soğuk tütsülenmiş ve vakumlu paketlenmiş alabalıkta pH değerini 5.71–6.11 arasında tespit etmişlerdir.

Goulas ve Kontominas (2005) sıcak dumanlanmış kolyoz balığının başlangıçtaki pH'sının 6.00 iken; 30. günün sonunda 6.10'a yükseldiğini ifade etmiştir. Bilgin ve diğ. (2007) tarafından yürütülen çalışmada sıcak dumanlanmış *Salmo trutta macrostigma*'nın pH değeri başlangıçta 6.42 iken; 51. günde 6.29'a düşmüştür. Sıcak dumanlanmış vakum paketlenmiş buzdolabında depolanan aynalı sazan (*Cyprinus carpio* L.) filetolarının (% 5 salamuralı) başlangıçtaki pH değeri 5.55 iken; kimyasal olarak bozulmuş kabul edildikleri depolamanın 84. günündeki pH değeri 5.45 olarak tespit edilmiştir (Duman ve Patır, 2007). Sıcak dumanlanan ve 4±1 °C'de depolanan palamutun pH değeri raf ömrünün (15 gün) sonunda 5.97 olarak tespit edilmiştir (Kaya ve diğ., 2006).

Kılıç (2005) tarafından soğuk dumanlanmış vakum paketlenmiş *Oncorhynchus mykiss*'e eklenen farklı antioksidant ve antimikrobiyal ajanların etkisini belirlemek için yürütülen çalışmada depolamanın başlangıcındaki pH değeri 6.03 iken; depolamanın 20. gününde 6.45'e yükselmiştir.

Çalışmamızda depolamanın başlangıcında yenilebilir kaplama uygulanmış analiz gruplarının pH'sı 4.24-6.82 arasında değişirken; kontrol grubunda bu değer 6.32±0.33 olarak tespit edilmiştir (Bkz. Tablo 4.24). Daha sonraki haftalarda kontrol grubunda düşen pH değeri duyusal açıdan raf ömrünü tamamladığı 4. haftada 6.20±0.04 olarak bulunmuştur. Sekiz haftalık depolama süresince bütün analiz gruplarının pH değeri düzensiz değişim göstermiştir. Başlangıçta belirlenen pH değerlerine göre G, KL, AP ve UP gruplarının oldukça asidik olduğunu söylemek mümkündür. Bu asitliğin nedeni film solüsyonlarının hazırlanmasında kullanılan asetik asittir.

Z grubunun 4. haftadaki pH değerinin (6.28±0.06) çok düşük olmamasına rağmen tat açısından beğenilmemesi film solüsyonunun hazırlanmasında kullanılan etil alkolün yakıcı etkisiyle olabilir. Ancak AP grubunun 4. haftadaki pH değeri (4.58±0.06) tüm uygulama gruplarından düşüktür ve bu düşüşün neden olduğu ekşimsi tat duyusal panel testinde de düşük puan almasıyla açığa çıkmıştır.

Genellikle sıcak dumanlanmış alabalık örneklerinin vakum şartlarında ambalajlanmasının karbonik asit oluşumunu arttırarak pH'nın düşmesine neden olması beklenmektedir. Bu etki kontrol, YATP ve Z gruplarında görülmesine rağmen; diğer film gruplarında görülmemiştir. Sonraki haftalarda depolamanın başlangıcına göre SPI, PASP, G, J, KL, AP ve UP gruplarında düzenli olmasa da bir pH artışı olmuştur.

Çaklı ve diğ. (2006) sıcak dumanlanmış vakum paketlenmiş gökkuşağı alabalığı (*Oncorhynchus mykiss*) örneklerinin başlangıçtaki pH değerinin 6.4 iken; depolamanın 40. gününde 6.3'e indiğini tespit etmiştir. Ünal (1995), dumanlanmış gökkuşağı alabalıklarıyla yaptığı çalışmasında, buzdolabı koşullarında depoladığı örneklerde pH değerinin 6.05–6.26 aralığında değiştiğini tespit etmiştir. Lyhs ve diğ., (2001) ise, sıcak tütsülenmiş alabalıkları vakumlu paketleyip 3 °C'de ve 8 °C'de 18 ve 20 gün süreyle muhafazaya aldıklarında başlangıçta pH 6.49 iken, muhafaza sırasında 6.29 ve 6.37 değerlerine düştüğünü saptamışlardır. Bizim tez çalışmamızda kontrol, YATP ve Z gruplarının başlangıçta tespit edilen pH değerlerinin depolama sırasında düşmesi bu çalışmaların sonuçlarıyla uyuşmaktadır (Bkz. Tablo 4.24).

5.1.4.2. Toplam Uçucu Bazik Azot (TVB-N) Değerindeki Değişimler

Dumanlamadan sonra TVB-N'deki artış çoğunlukla uçucu amin bileşenleri ve bakteriyel bozulmanın ürettiği otolitik bir proses aracılığıyla olmaktadır (Koral ve diğ., 2009). Birçok yazar TVB-N değerinin balık türüne göre değişiklik gösterdiğini ve farklı balık türleri için farklı kabul edilebilir seviyeler belirtmişlerdir: 25–30 mg/100 g (Lopez-Caballero ve diğ., 2000); 20–25 mg/100 g (Kim ve diğ., 2002); 30-35 mg/100g (Huss, 1988).

Avrupa Birliği kararlarına göre 25 mg/100g *Sebastes* spp., *Helicolenus dactylopterus, Sebastichthys capensis* türleri için, 30 mg/100g *Pleuronectidae* familyasına ait türleri için, 35 mg/100 g *Salmo salar, Merlucciidae* ve *Gadidae* familyasına ait türler için TVB-N limit değeri olarak belirlenmiş ancak alabalık için bir değer bildirilmemiştir (EU, 1995). Giménez ve diğ. (2002) ve Chytiri ve diğ. (2004) tarafından yağsız balıklar, özellikle alabalık için TVB-N kabul edilebilirlik üst limiti 25 mg/100g olarak bildirilmiştir.

Sıcak dumanlanan ve 4±1 °C'de depolanan palamutun TVB-N değeri depolamanın 15. gününde 36.33 g/100g olarak tespit edilmiştir (Kaya ve diğ., 2006). Sıcak dumanlanmış zargana (*Belone belone euxini* Günther, 1866) buzdolabı şartlarında depolandığında TVB-N sonuçlarına göre 25. günde bozulduğu (Huss, 1988'e göre) tespit edilmiştir. 25. günün sonunda sıcak dumanlanmış buzdolabı şartlarında depolanmış zargana balığı örneklerinin TVB-N değeri 37.47 mg/100 g olarak belirlenmiştir. Yanar (2007) sıcak dumanlanmış kedi balığının başlangıçtaki TVB-N değerinin 17.67 mg/100 g olduğunu, bu değerin 24 günlük buzdolabında depolanması sırasında 29.16 mg/100 g'a yükseldiğini kaydetmiştir.

Bizim çalışmamızda sınır TVB-N değeri 25 mg/100 g olarak kabul edilmiş ve sonuçlar bu sınıra göre değerlendirilmiştir. Kontrol grubunun TVB-N değeri depolamanın başlangıcında 15.28±0.05 mg/100 g iken; depolamanın 3. haftasında 27.68±0.26 mg/100 g ile sınır aşılmıştır (Bkz. Tablo 4.25). SPI dışındaki tüm uygulama gruplarının TVB-N değerleri depolamanın başlangıcında kontrol grubuna göre düşük olmuştur. SPI grubunun TVB-N değeri depolamanın başlangıcında en yüksek iken; 25 mg/100 g sınır değeri ancak depolamanın 5. haftasında aşılmıştır. YATP grubu depolamanın 2. haftasında, PASP grupları 3. haftasında ve J grupları depolamanın 4. haftasında, KL grubu depolamanın 6. haftasında, Z grubu ise depolamanın 7. haftasında TVB-N için kabul edilen sınır değeri aşılmıştır. Ancak, G, AP ve UP gruplarında 8 haftalık depolama süresince bu değer aşılmamıştır.

Schulze (1985), sıcak dumanlanmış 4 °C'de ve 10 °C'de muhafaza ettiği alabalık filetolarında 21. gündeki TVB-N değerini 4 °C'de 30.3 mg/100g ve 10 °C'de 31.8 mg/100 g olarak bulmuştur. Gökoğlu (1991)' da, sıcak tütsülenmiş alabalıklarda başlangıçta 17 mg/100 g olan TVB-N değerini, muhafazanın 45. gününde 35 mg/100g olarak belirlemiştir. Gökoğlu ve Varlık (1992)'ın dumanlanmış gökkuşağı alabalıklarını 60 gün buzdolabı koşullarında depolamaları sonucunda TVB-N değeri artış göstermiştir. Bu araştırmacılar taze balıklarda bile TVB-N bulunabileceğini, belirtirlerken; bu durumun tatlı su balıklarında çok az oranda bulunan TMA nedeniyle meydana gelebileceğini bildirmişlerdir.

Koral ve diğ. (2010) tarafından yürütülen çalışmada TVB-N kriterinin tütsülenmiş palamut balıklarının kalitesinin belirlenmesinde ve kimyasal değişimlerin ölçülmesinde güvenilir bir parametre olduğu belirlenmiştir. Sıcak dumanlanmış palamut örnekleri TVB-N analizine göre 17 °C'de depolandığında 4. günde bozulurken 4 °C'de depolandığında ise 11. günde bozulmuştur. Sıcak dumanlanmış palamut örneklerinin başlangıçtaki TVB-N değeri 13.13 mg/100 g iken; 4 °C'de depolandığında 11. günde 35.32 mg/100 g olan maksimum değerine ulaşmıştır. Tez çalışmamızda Z grubuna ait örneklerin depolamanın başlangıcındaki TVB-N değerinin bu çalışmada tespit edilen başlangıçtaki değere yakın olduğu görülmüştür. Sıcak dumanlanmış kolyoz balığının depolamanın başlangıcında TVB-N değeri 20.94 mg/100 g iken; 30 günden sonra 20.88 mg/100 g değerine düşmüştür. Başlangıçtaki TVB-N değerinin yüksek olmasının dumanlanmış ürünlerin kısmi dehidrasyonu nedeniyle olduğu düşünülmüştür (Goulas ve Kontominas, 2005). Sıcak dumanlanmış *Salmo trutta macrostigma*'nın TVB-N değeri depolamanın 1. gününde 19.40 ±0.50 mg N/100g iken; 51. günde 34.38 ±0.43 mg N/100 g'a yükselmiştir (Bilgin ve diğ., 2007). Sıcak dumanlanmış vakum paketlenmiş buzdolabında depolanan aynalı sazan (*Cyprinus carpio* L.) filetolarının (% 5 salamuralı) başlangıçtaki TVB-N değerleri 13.13 mg/100 g iken; kimyasal olarak bozulmuş kabul edildikleri depolamanın 84. günündeki TVB-N değerleri 32.12 mg/100 g olarak belirlenmiştir (Duman ve Patır, 2007). Vasiliadou ve diğ. (2005) dumanlama işleminin çipuranın (*Sparus aurata*) güvenliği ve organoleptik karakteristikleri üzerindeki etkisini incelediklerinde dumanlanmış örneklerin bozulmuşluk TVB-N değerinin yaklaşık 23.11 mg N/100 g olduğunu ifade etmişlerdir. Kılıç, (2005) tarafından yürütülen çalışmada soğuk dumanlanmış vakum paketlenmiş gökkuşağı alabalığı (*Oncorhynchus mykiss*) örneklerinin TVB-N değeri depolamanın başlangıcında 16.66 mg/100 g iken; depolamanın 20. gününde 48.92 mg/100 g değerine ulaşmıştır. Kolsarici and Özkaya (1998) sıcak dumanlanmış gökkuşağı alabalığı (*Oncorhynchus mykiss*) örneklerinin TVB-N değerinin 18.55 mg/100 g iken; bu değerin 48 günlük buzdolabında depolanması sırasında 32.72 mg/100 g'a yükseldiğini belirtmiştir. Çaklı ve diğ. (2006) ise sıcak dumanlanmış vakum paketlenmiş gökkuşağı alabalığı (*Oncorhynchus mykiss*) örneklerinin başlangıçtaki TVB-N değeri 9.3 mg TVB-N/100 g iken; depolamanın 40. gününde 27.9 mg TVB-N/100 g değerine yükseldiğini ifade etmiştir. Tez çalışmamızda J, KL ve AP gruplarının depolamanın başlangıcında elde edilen TVB-N değerleri bu çalışmada başlangıçta elde edilen değerlerle uyuşmaktadır. PASP grubunun 35. gününde belirlenen TVB-N değerinin de Çaklı ve diğ. (2006) tarafından depolamanın 40. gününde tespit edilen TVB-N değerine çok yakın olduğu görülmüştür (Bkz. Tablo 4.25).

Literatür araştırmalarında yenilebilir filmlerin su ürünlerine uygulanması neticesinde TVB-N değerinde meydana gelen değişimlerin incelendiği çalışmaların sınırlı olduğu, ancak mevcut çalışmalarda yenilebilir filmlerin ürünlerin TVB-N değerini azalttığı anlaşılmıştır. Örneğin; López-Caballero ve diğ. (2005) KT ve J solüsyonu karışımından oluşan bir kaplamayı dondurulmuş morinadan yapılan köftelere uygulamış ve KT ile kaplamanın TVB-N değerindeki ve mikroorganizma sayısındaki (özellikle gram negatif bakteri) azalma sayesinde morina köftelerinin bozulmasını önlediğini gözlemlemiştir. Yeşiltaş (2012) ve Akçay (2012) de benzer şekilde dumanlanmış balık örneklerine uygulanan yenilebilir kaplamaların mikroorganizma gelişimini engellediğini ve buna bağlı olarak TVB-N oluşumunun da engellendiğini, bu örneklerde daha düşük TVB-N değeri belirlendiğini bildirmişlerdir.

5.1.4.3. Trimetilamin Azot (TMA-N) Değerindeki Değişimler

TMA genellikle deniz balıklarında bulunmaktadır ve balık kalitesini değerlendirmek için kullanılan ve kalite belirlemede bir indikatör olan, kısmen enzimler aracılığıyla, çoğunlukla bakteriyal faaliyet aracılığıyla üretilen trimetilamin oksidin dekompozisyon ürünüdür (Koral ve diğ., 2009).

Genellikle insan tüketimi için kabul edilebilir üst sınır olarak 10-15 mg /100 g değeri belirtilmiştir (Huss, 1988). Connell (1990)'e göre; çok iyi kalitedeki morina için üst limit 15 mg/100 g değeridir. Ayrıca, TMA içeriği balığın türüne, kas tipine ve diyetine bağlıdır (Koral ve diğ., 2009). Alabalık gibi tatlı su balıklarında TMAO içeriği az olduğundan TMA-N içeriği de düşüktür, bu balıklar için bildirilen bozulmuşluk değeri 5 mg TMA/100 g'dır (Chytiri ve diğ., 2004)

Sıcak dumanlanmış palamut örneklerinin başlangıçtaki TMA-N değeri 2.90 mg/100 g iken; TMA-N miktarı depolama sırasında giderek artmış, ancak kabul edilebilir seviyeyi aşmamıştır (Koral ve diğ., 2010). Goulas and Kontominas (2005) vakum paketlenmiş dumanlanmış kolyoz balığının TMA-N değerinin dumanlamayla birlikte arttığını, başlangıçta 2.96 mg /100 g olan TMA-N değerinin 30 günün sonunda 3.28 mg /100 g seviyesine yükseldiğini tespit etmiştir. Sıcak dumanlanmış zargana örneklerinin başlangıçtaki TMA değeri 1.22±0.03 mg/100 g olarak ölçülmüştür. Depolama periyodunun sonunda sıcak dumanlanmış zargana örneklerinin TMA değeri 13.07 mg/100 g olarak belirlenmiş ve sınır değer aşılmamıştır (Koral ve diğ., 2009). Sıcak dumanlanan ve 4±1 °C'de depolanan palamutun TMA değeri ise depolamanın 15. gününde 18.71 mg /100g olarak bulunmuştur (Kaya ve diğ., 2006).

Çalışmamızda K, G, Z, J, KL, AP ve UP gruplarında depolamanın başlangıcında yüksek olan TMA-N değeri sonraki haftalarda düzensiz de olsa azalmış, SPI, PASP ve YATP gruplarında ise depolamanın başlangıcında düşük olan TMA-N değeri sonraki haftalarda yine düzensiz şekilde artmıştır (Bkz. Tablo 4.26). Depolamanın başlangıcında ölçülen TMA-N değerlerine göre G, AP ve UP grupları arasında birbiriyle farklı bulunmamıştır ($p>0.05$).

Duyusal raf ömürlerinin sona erdiği depolamanın 4. haftasında K grubuyla SPI, G, Z, AP ve UP gruplarının TMA-N değerleri açısından benzer ($p>0.05$) bulunması bu bileşiğin neden olacağı bozulma belirtisinin mevcut gruplarda aynı şekilde ortaya çıkabileceğini düşündürmüştür. Ancak J ve KL gruplarının duyusal raf ömürlerinin sona erdiği 6. haftadaki TMA-N değerleri oldukça farklı ($p<0.05$) bulunmuştur. Depolama periyodu süresince analiz gruplarının hiçbirinde TMA-N değeri Chytiri ve diğ. (2004) tarafından belirlenen sınır değer (5 mg TMA/100 g) aşılmamıştır. Benzer şekilde Çaklı ve diğ. (2006) tarafından yürütülen çalışmada sıcak dumanlanmış vakum paketlenmiş gökkuşağı alabalığı (*Oncorhynchus mykiss*) örneklerinin başlangıçtaki TMA değeri 1.0 mg TMA/100 g iken; depolamanın 40. gününde 1.8 mg TMA/100 g değerine yükselmiştir.

5.1.4.4. Tiyobarbitürik Asit İndeksi (TBA-i) Değerindeki Değişimler

Gıda ürünlerine özgü tat ve kokunun ortadan kalkması hidroperoksitler ve hidroperoksidlerin oksidasyonu ile oluşan karbonil gruplar gibi ikincil maddelerden kaynaklanır. Gıda ürünlerinde lipid oksidasyonunun birincil ürünleri olan hidroperoksitler, ürünlerin tadında bozukluğa yol açmazlar. Tat bozukluğu, hidroperoksitlerin parçalanması ile açığa çıkan ikincil ürünlerin artması ile ortaya çıkmaktadır. Hidroperoksitler stabil olmayan bileşenler olup, daha kısa zincirli aldehitler gibi hidrokarbonlara parçalanarak ransit tat-kokudan sorumlu uçucu bileşenleri oluşturmaktadırlar. Oluşan ikincil ürünler balık ürünlerinde tat kaybına yol açmaktadır (Ertaş, 1998). TBA indeksi de lipid oksidasyonunun ikincil/son ürünü olan malondialdehitin (MDA) bir ölçüsüdür (Goulas ve Kontominas, 2005).

Dumanlama prosesi sırasında TBA değerindeki artış balığın kısmi dehidrasyonuna ve oldukça yüksek sıcaklıklarda (70 °C'nin üzeri) dumanlama sonucunda doymamış yağ asitlerinin oksidasyonundaki artışa atfedilmektedir (Goulas ve Kontominas, 2005). TBA değeri ürünlerdeki ransidite derecesini gösterdiğinden maksimum izin verilen TBA seviyesi 8 mg MDA/kg olarak kabul edilmiştir (Schormüller, 1969). Sıcak dumanlama sırasında balık ısıya ve atmosferik oksijene maruz kalmaktadır. Bu faktörler balık yağının oksidasyonunu tetiklemekte ve ortaya çıkan MDA ile birlikte TBA'nın artmasına neden olmaktadır (Koral ve diğ., 2009).

Kyriazi-Papadopoulou ve diğ. (2003) dumanlanmış vakum paketlenmiş midyenin 2-3 °C'de depolanması sırasında TBA seviyesinin 0.2 mg/malondialdehit (MDA) kg kadar arttığını tespit etmişlerdir. Göktepe ve Moody (1998) taze kedi balığındaki TBA değerinin dumanlamadan sonra 2 kat arttığını gözlemlemişlerdir. Sıcak dumanlanmış 4 °C'de depolanan palamut örneklerinin başlangıçtaki TBA değeri 0.39 mg MA/kg iken, depolamanın 13. günündeki TBA değeri 5.55 mg MDA/kg olarak bulunmuştur (Koral ve diğ., 2010). Sıcak dumanlanmış buzdolabında depolanmış zargana örneklerinin başlangıçtaki TBA değeri 0.84±0.04 mg MDA/kg iken; depolama periyodunun sonunda bu değer 2.98 mg MDA/kg olarak belirlenmiştir. Bu değer genellikle iyi kalite sınırı olarak atfedilen 3-4 mg MDA/kg değerini aşmamıştır (Koral ve diğ., 2009). Sıcak dumanlanmış vakum paketlenmiş buzdolabında depolanan aynalı sazan (*Cyprinus carpio* L.) filetolarının (% 5 salamuralı) başlangıçtaki TBA değerleri 0.61 mg MA/1000 g iken; kimyasal olarak bozulmuş kabul edildikleri depolamanın 84. günündeki TBA değerleri 3.11 mg MA/1000 g olarak saptanmıştır (Duman ve Patır, 2007).

Bhuiyan ve diğ. (1986), sıcak dumanlanmış uskumru balığında muhafaza süresince TBA değerlerinde zamana bağlı olarak bir artışın bulunduğunu bildirmiştir. Kaya (1994) ise, TBA miktarını sıcak dumanlanmış ve oda sıcaklığında 5 gün süreyle muhafaza edilmiş alabalıklarda 2.02 mg MDA/kg değerinde bulmuştur. Aynı araştırmacı, buzdolabı sıcaklığında 50 gün muhafaza ettiği alabalıkta TBA değerini 2.56 mg MDA/kg olarak tespit etmiştir. Sıcak dumanlanmış vakum paketlenmiş buzdolabında depolanan İspanyol uskumrusunun TBA değeri başlangıçta 2.31 μ mol MDA/kg iken; ancak 10. haftada 7.93 μ mol MDA/kg'a yükselmiştir (Che Man ve Ramadas, 1998). Çipuranın (*Sparus aurata*) çiğ örneklerinin TBA değeri 0.150 mg MDA/kg iken; dumanlanmış örneklerinin TBA değeri yaklaşık 0.292 mg MDA/kg olarak bulunmuştur (Vasiliadou ve diğ., 2005). Sıcak dumanlanmış kolyoz balıklarının başlangıçtaki TBA değeri 0.54 mg MDA/kg iken; 30 günün sonunda 0.75 mg MDA/kg olmuş ve balıkta hoş olmayan koku/tat gelişimine neden olan sınır olarak kabul edilen 1-2 mg MDA/kg değerini (Connell, 1990) aşmamıştır. Sıcak dumanlanmış *Salmo trutta macrostigma*'nın depolamanın 1. gününde TBA değeri 1.09 ±0.02 mg MDA/kg iken; 51. günde 8.06 ±0.01 mg MDA/kg değerine yükselmiştir (Bilgin ve diğ., 2007). Sıcak dumanlanmış ve 4 °C'de 28 gün depolanmış *Carassius auratus* balıklarında TBA değerinin artış gösterdiği ve bunun sonucunda örneklerin tazeliklerini zamanla kaybettikleri bildirilmiştir (Ünlüsayın ve diğ., 2003). Kılıç (2005)'ın yürüttüğü çalışmada soğuk dumanlanmış vakum paketlenmiş *Oncorhynchus mykiss* filetolarının TBA değeri depolamanın başlangıcında 0.49 mg MDA/kg iken; depolamanın 20. gününde 1.99 mg MDA/kg'a yükselmiştir. Sıcak dumanlanmış vakum paketlenmiş gökkuşağı alabalığı (*Oncorhynchus mykiss*) örneklerinin başlangıçtaki TBA değeri 1.4 mg MDA/100 g iken; depolamanın 40. gününde 2.1 mg MDA/100 g değerine yükselmiştir (Çaklı ve diğ., 2006).

Çalışmamızda depolamanın başlangıcında kontrol grubunda 0.47±0.00 mg MDA/kg olarak tespit edilen TBA-i değeri Kılıç (2005)'ın çalışmasında başlangıçta elde edilen değerle uyuşmaktadır. Depolamanın başlangıcındaki TBA-i değeri J, KL, AP ve UP grupları dışındaki tüm analiz gruplarında kontrol grubundan daha düşük bulunmuştur (Bkz. Tablo 4.27). SPI, PASP, YATP ve G gruplarında hiç saptanamamıştır. Depolamanın sonraki haftalarında K, SPI, PASP, YATP, G ve Z gruplarının TBA-i değerinde düzensiz de olsa bir artış olmuştur. Connell (1990) tarafından belirtilen 2 mg MDA/kg sınır değeri K, SPI, PASP, YATP, G, KL ve AP gruplarında aşılmamıştır. 2 mg MDA/kg sınır değeri Z grubunda depolamanın 8. haftasında, J grubunda depolamanın 6. haftasında aşılırken; UP grubu depolamanın başlangıcında ve 8. haftasında bu limitin üzerinde TBA-i değerine sahip olmuştur (Bkz. Tablo 4.27).

KL ve AP gruplarında ise depolamanın başlangıcında yüksek olan TBA-i değerinin depolama süresi uzadıkça düzensiz olarak azaldığı görülmüştür. MDA içeriğindeki azalmanın MDA ile protein, aminoasit, glikojen vb. azot içeren maddeler arasındaki etkileşim nedeniyle MDA miktarının azalmasından olduğu ifade edilmiştir (Goulas ve Kontominas, 2005).

Duyusal açıdan tüketilebilirlik sürelerinin sona erdiği depolamanın 4. haftasında kontrol grubunun TBA-i değeri YATP grubununkiyle, SPI grubunun TBA-i değeri PASP ve UP grubununkiyle benzer ($p>0.05$) bulunmuştur.

Yapılan literatür araştırmalarında yenilebilir filmlerin kaplandıkları su ürünlerinin TBA-i değerini azalttığı görülmüştür. Örneğin; dondurarak (-18 °C) depolama sırasında, Flavor-Tex AL kaplamalarla muamele edilen ve PE torbalara konulmuş levrek ve somon, PE torbalardaki kaplanmayan kontrollerden biraz daha düşük lipid oksidasyon ürünlerine sahip olmuştur (Gennadios ve diğ., 1997).

İşlenmiş ringa balığına farklı viskozitelerde (14 cP, 57 cP ve 360 cP) KT ilavesinin antioksidant etkisi incelendiğinde genelde bütün viskozitelerdeki KT'nin antioksidatif etki gösterdiği görülmüştür. 14 cP 200 ppm KT'nin örneklerdeki TBA miktarlarını 8 günlük depolamada kontrol grubuna göre ortalama %61 oranlarında düşürdüğü gözlenmiştir (Shahidi ve diğ., 2002). Somon balıklarında farklı moleküler ağırlıklara sahip (30 kDa, 60 kDa ve 90 kDa) KT moleküllerinin antioksidant aktiviteleri araştırıldığında bütün molekül ağırlıklarındaki KT moleküllerinin antioksidatif faaliyet gösterdiği bildirilmiştir. KT ilavesi 7 günlük depolama süresinde lipid oksidasyon seviyesini azaltmış ve TBA değeri seviyelerini kontrol gruplarından daha düşük hale getirmiştir. 15. güne kadar %0.2'lik ve %0.5'lik konsantrasyondaki KT ilavesinin TBA değerlerini %75 ve %45 oranında azalttığı, sonraki dönemde ise %1 konsantrasyondaki KT ilavesinin TBA seviyesini %32 azalttığı belirlenmiştir (Kyung ve diğ., 2007).

Soğuk dumanlanmış sardalyaların (*Sardina pilchardus*) raf ömrünü uzatmak için YHB (300 MPa/20 °C/15 dk) ve kekik ekstraktı veya biberiye ya da KT eklenerek zenginleştirilen J kaynaklı fonksiyonel yenilebilir filmler tek başına ya da kombinasyon halinde uygulanmıştır. Kaplanmayan balıklarda dumanlanma sırasında açığa çıkan fenoller antioksidant gücü gösterirken; kekik veya biberiye ekstraktıyla zenginleştirilen filmlerle kaplanan balıklar hem fenol içeriğini hem de antioksidant gücünü artırmıştır. Bitki ekstraktları eklenen yenilebilir filmler oksidasyon seviyesini azaltmıştır. YHB ve yenilebilir film kombinasyonu hem oksidasyonu önleme hem de mikrobiyal gelişmeyi inhibe etme açısından en iyi sonucu göstermiştir (Gómez-Estaca ve diğ., 2007a).

Çalışmamızda elde edilen TBA-i değerlerine göre; J grubu 5 haftalık, Z ve UP grubu 7 haftalık raf ömrüne sahip olurken; K, SPI, PASP, YATP, G, KL ve AP grupları ise 8 haftalık depolama sonunda belirlenen sınır değeri (2 mg MDA/kg) aşmamıştır. TBA-i değerinde azalmaya neden oldukları için KL ve AP gruplarının diğer protein filmi gruplarından daha üstün olduğu, oksidasyonun etkisiyle üründe oluşabilecek bozulmaların bu sayede bertaraf edilebileceği söylenebilir.

5.1.4.5. Serbest Yağ Asidi (FFA) Değerindeki Değişimler

Balık etinde %15-18 doymuş, %82-85 oranında doymamış yağ asidi bulunmaktadır. Bu yağlar yapısında 16 ile 26 arasında karbon bulunduran yağ asitlerini içerirler. Yüksek karbon sayısına sahip, bir ve birden fazla çift bağ bulunduran yağ asitleri hızlı bozulma özelliğindedir. Balık yağlarında görülen bu bozulma olayında sıcaklık, ışık, tuz ve hava ile değinim gibi faktörler etkilidir (Ünlüsayın ve diğ., 1997).

Bligh ve diğ. (1988), dumanlanmış balıkların yağlarında değişimlerin olabileceğini bildirmişlerdir. Aynı araştırmacılar balık etine uygulanan ısıl işlemlerin aşırı doymamış yağ asitlerinde oksidasyona neden olabileceğini açıklamışlardır. Bu lipid oksidasyon parametrelerinde bir miktar yükselişe neden olmaktadır. Öte yandan odun dumanındaki fenolik maddelerin oksidasyona karşı koruma sağladığı bildirilmektedir (Benjakul ve Aroonrueng, 1999).

Normalde balık lipidleri az miktarda serbest yağ asidi içermektedir. Lipidlerin oksidasyonu ve hidrolizi nedeniyle kokulu uçucu bileşikler olarak da tanımlanan serbest yağ asitleri açığa çıkmaktadır. Açığa çıkan serbest yağ asitleri değeri oleik asit cinsinden, asitlik derecesi serbest yağ asidi (Free fatty acid; FFA) olarak ölçülebilmektedir (Karungi ve diğ., 2004). Lipidlerdeki oksidasyon derecesinin bir ölçüsü olarak kullanılan FFA değeri oksidasyon sürecine bağlı olarak artış eğilimi göstermektedir (Özden ve Gökoğlu, 1997). Özoğul ve Balıkçı (2011) marinasyon ve dumanlama kombinasyonunun uygulandığı 4 °C'de depolanan uskumru (*Scomber scombrus*) filetolarının kalite karakteristikleri üzerindeki etkisini incelediklerinde raf ömrünün sonunda örneklerdeki serbest yağ asidi seviyesinin %2.46'dan %7.43'e yükseldiğini tespit etmişlerdir. Sıcak dumanlanmış *Salmo trutta macrostigma*'nın toplam yağ asitleri 7. güne kadar azalmış, 14. günden sonra düzensiz bir değişim göstererek 51. günde yeniden düşmüştür (Bilgin ve diğ., 2007).

Çalışmamızda kontrol grubunun depolamanın başlangıcındaki FFA değeri %1.14±0.06 iken; G grubunda %4.53±0.16, KL grubunda %5.01±0.00, UP grubunda %5.74±0.25 ve AP grubunda ise %14.58±0.30 olarak çok daha yüksek değerlerde tespit edilmiştir (Bkz. Tablo 4.28). Gluten, zein ve balıklardan elde edilen filmlerin uygulandığı gruplarda FFA değerinin yüksek olması bulunduğu gluten ve zeinin bulunduğu tahıllarda ve balık yapısındaki lipaz aktivitesinin yüksek olmasına bağlanabilir (Belitz ve diğ., 2001). Akçay (2012) gluten kaplama uygulanmış dumanlanmış balıklarda benzer şekilde yüksek FFA değeri bildirmiş, antioksidan katkılı gluten kaplamalarda daha düşük FFA değeri bildirilmiştir.

Bu kaynaklardan başka, polisakkarit kaynaklı kitosan kaplamaların da iyi bir oksijen bariyeri olduğu ve kitosan kaplama uygulanmış taze balık ürünlerinde birincil ve ikincil oksidasyon ürünlerinin miktarının oldukça düşük değerlerde tespit edildiği belirtilmiştir (Jeon ve diğ., 2002, Duan ve diğ., 2010, Mohan ve diğ., 2012). Farklı konsantrasyonlarda AL içeren kaplamaların uygulandığı sucak dumanlanmış alabalık örneklerinde de AL içeriği arttıkça lipid oksidasyonu ürünlerinin daha düşük değerlerde tespit edildiği bildirilmiştir (Yeşiltaş, 2012). Literatür araştırmalarında dumanlanmış gökkuşağı alabalıklarındaki serbest yağ asiti değerine ilişkin başka ulaşılabilir kaynak bulunamadığından çalışmamızda elde edilen serbest yağ asiti değerleriyle daha fazla karşılaştırma yapılamamıştır.

5.1.5. Yenilebilir Protein Filmlerinin Tekstürel Parametrelerinin ve Geçirgenlik Değerlerinin Değerlendirilmesi

5.1.5.1. Yenilebilir Protein Filmlerinin Tekstürel Parametrelerindeki Değişimler

Sabato ve diğ. (2007) tarafından protein kaynaklı filmlerin mekaniksel ve bariyer özelliklerinin PLS kaynaklı filmlerden genelde daha iyi olduğu belirtilmiştir. Homopolimer olan polisakkaritlerle karşılaştırıldığında, genel fonksiyonel özelliklerin geniş bir çeşidini, özellikle yüksek intermoleküler bağlama potansiyelini içeren proteinler spesifik bir yapıya (20 farklı monomere bağlı olan) sahiptirler (Sabato ve diğ., 2007). Protein yapısındaki filmlerin özellikleri protein kaynağı, protein solüsyonunun pH'sı, plastikleştirici cinsi ve miktarı, film kalınlığı, hazırlama şartları (sıcaklık ve nispi rutubet) ve film oluşturucu solüsyon içine dahil olan yapılar (enzimler, antimikrobiyaller vb.) gibi çeşitli faktörlere bağlıdır (Benjakul ve diğ., 2008).

Tez çalışmamızda yenilebilir protein filmlerinin mekaniksel özelliklerini belirlemek amacıyla gerçekleştirilen çekme testi sonuçlarına göre en yüksek gerilme kuvvetine (5.267±0.559 N) J filmi sahip olmuştur (Bkz. Tablo 4.29). Gerilme kuvveti açısından KL filmi J filmini takip ederken; AP filmi 3. sırada, SPI filmi ise 4. sırada yer almıştır. Protein filmlerinin maksimum uzama miktarları değerlendirildiğinde en yüksek maksimum uzama değerine (82.00±2.94 mm) YATP filminin sahip olduğu, 2. sırada KL filminin, 3. sırada G filminin ve 4. sırada AP filminin yer aldığı görülmüştür (Bkz. Tablo 4.29).

Temiz ve Yeşilsu (2006) G'den kauçuk benzeri mekaniksel özelliklere sahip güçlü filmlerin yapılabildiğini belirtmiştir. Düşük miktarda GLS içeren G filmleri daha yüksek GD'ye ve daha az KSU'ya sahip olmuşlardır (Tanada-Palmu ve diğ., 2000). G filmi üç farklı undan (ticari ekmek unu, sert kırmızı kışlık un ve yumuşak beyaz un) hazırlandığında yumuşak bir dokuya sahip olmuş ve GD olarak ölçülen film direnci filmlere sisteinin (çapraz bağlayıcı ajan) eklenmesiyle %50 oranında artmıştır (Rayas ve diğ., 1997). GLS ile plastikleştirilmiş G filmlerinin mekaniksel ve fiziksel özellikleri farklı sıcaklıklarda (20 °C, 50 °C ve 80 °C) ve nispi rutubette (%35 ve %70) incelendiğinde, % 35 nispi rutubette kurutma sıcaklığı arttığında GC'nin de arttığı görülmüştür. %70 nispi rutubette sıcaklık arttığında ise GC azalmıştır. Filmlerin kalınlığı sıcaklığın artmasıyla azalmıştır (Kayserilioğlu ve diğ., 2003).

Lieberman ve Gilbert (1973) tarafından yenilebilir filmlerin mekaniksel özelliklerinin kullanılan plastikleştirici oranından oldukça etkilendiği belirtilmiş ve KL'nin gerilme gücünün 8.1-9.1 MPa, uzama yüzdesinin %25.0-38.0, Z'nin gerilme gücünün 2.7-15.7 MPa, uzama yüzdesinin %43.0-198.0, G'nin gerilme gücünün 4.4 MPa, uzama yüzdesinin % 194.7, SPI'nın gerilme gücünün 4.3 MPa, uzama yüzdesinin % 78.0, PASPI'nın gerilme gücünün 13.9-29.1 MPa, uzama yüzdesinin %4.1-30.8 olduğu ifade edilmiştir.

Kompozit filmler sayesinde farklı ürünlerin ihtiyaç duyduğu farklı bariyer ve mekanik özellikleri dikkate alınarak filmler üretilebilmekte ve böylece materyalin etkinliği artırılmaktadır. Film formülasyonunda ve kompozitlerde GLS, PEG, SRT gibi plastikleştiricilerin kullanımı filmlere esneklik avantajı kazandırmakta ve özelliklerini geliştirmektedir. Plastikleştiricilerin kullanımı lipid ve HKD molekülleri arasındaki hidrojen bağları sayesinde filmin gevrekliğini azaltmaktadır (Tharanathan, 2003).

Tam soya unu ve elma pektini kombinasyonunun yenilebilir film üretimi için hammadde olarak kullanıldığı bir çalışmada en iyi yoğunluktaki filmleri elde etmek için TGaz varlığında hazırlanmıştır. Mikro yapısal analizlere göre bu filmin daha yumuşak yüzeye ve daha yüksek homojeniteye sahip olduğu görülmüştür. Filmin mekaniksel özellikleri incelendiğinde GC ve esnekliğin arttığı tespit edilmiştir. Bu sayede TGaz ile polimerize edilmiş pektin-SPI filminin yenilebilir gıda ve ilaç kaplama materyali olarak kullanımının mümkün olacağı sonucuna varılmıştır (Mariniello ve diğ., 2003). Choi ve Han (2001) SPI'nın gerilme gücünü 8.5 MPa, uzamasını %31.9, PASP'nin gerilme gücünü 6.9 MPa, elastik modülünü 199 MPa, uzamasını %41 olarak belirtmiştir.

Soliman ve diğ. (2007) iyi mekaniksel özelliklere sahip SPI filmlerinin hazırlanması için uygun olan pH'nın 10 olduğunu, bu pH değerinde SPI filmindeki GC 4.6 MPa, KSU %14.8 olduğunu bildirmiştir. Plastikleştirici olarak SPI ağırlığının %60'ı kadar PEG kullanılmasının diğer kullanılan plastikleştiricilerle karşılaştırıldığında daha iyi film özelliklerine neden olduğunu ve GC'nin 3.6 MPa'ya düştüğünü, KSU'nun ise %21.3'e yükseldiğini tespit etmiştir. Farklı seviyelerdeki formaldehit veya glutaraldehit ilavesiyle SPI filminin çapraz bağlanması nişasta ile kombinasyonunun da mekaniksel özelliklerinde fark edilir bir gelişime neden olduğunu bulmuştur.

Denavi ve diğ. (2009) SPI filminin hazırlanmasında uygulanan kurutma şartlarının filmin mekaniksel özelliklerini etkilediğini, optimal kurutma şartlarının 70 °C ve %30 nispi rutubet ve 60 °C ve %60 nispi rutubet olduğunu bulmuşlardır. Bu şartlar altında kurutulan SPI filmleri daha yüksek GC'ye, daha düşük KSU'ya sahip olduğunu saptamıştır. Shih (1998) SPI filmine ait GC'nin ve KSU'nun pH'dan etkilendiğini belirtmiştir.

Mc Hugh ve Krochta (1994) tarafından yenilebilir filmlerin mekaniksel özelliklerinin uygulanan bazı yöntemlerle iyileştirildiği açıklanmıştır. KL'nin mekaniksel özelliklerinin gliseraldehit ve alkol diollerle iyileştirildiği, GC'nin UV ışınlarına maruz bırakılmasıyla arttırıldığı, Z'nin gerilme gücünün aldehitlerle iyileştirildiği, G'nin gerilme gücünün keratinle geliştirildiği, PASP'nin gerilme gücünün ısıtma işlemiyle iyileştirildiği, SPI'nın gerilme gücünün ısıtma işlemiyle, UV ve gamma radyasyon uygulamasıyla, kalsiyum klorit ve kalsiyum sülfat eklenmesiyle arttırıldığı ifade edilmiştir.

Gennadios ve diğ. (1996) tarafından YATP filmlerinin oldukça hidrofilik oldukları için, ticari kullanımdaki SLZ-eter bazlı suda çözünür poşetlere benzer şekilde gıda, kimyasal ve farmasötik endüstrilerdeki ingredientler için suda çözünür poşetlerin yapımında kullanılabileceği, bu tür filmlerin mekaniksel ve bariyer özelliklerinin ilave edilen plastikleştiricilerin tipinin ve miktarının değiştirilmesiyle modifiye edilebileceği ifade edilmiştir.

KT-ovalbumin filmlerinin hazırlanmasında katalist olarak mikrobiyal TGaz kullanıldığında KT-ovalbumin filmlerinin mekaniksel direnci 24 MPa'dan 35 MPa'ya yükselmiştir. TGaz sayesinde bu yeni materyallerin mekaniksel ve çözünürlük özelliklerinin geliştirilmesi, bu enzimatik uygulamanın gıda kaplama ve farmasötik uygulamalar için yenilebilir filmlerin hazırlanmasında kullanışlı bir araç olabileceğini göstermiştir (Di Pierro ve diğ., 2007). Kolodziejska ve Piotrowska (2007)'nın yürüttüğü bir çalışmada TGaz ve EDK (1-etil-3-(3-dimetilaminopropil) karbodiimid) ile çapraz bağlanmış J-KT filmlerinin (4:1, w/w) mekaniksel özellikleri üzerine GLS'nin etkisi incelenmiştir. GC bileşenlerin TGaz ve EDK ile modifikasyonundan sonra, sırasıyla; %25 ve %40 kadar azalmıştır. %20 GLS içeren enzimatik olarak modifiye edilmiş ve %15 GLS içeren kimyasal olarak modifiye edilmiş filmlerin uzaması plastikleştirilmemiş filmlerden, sırasıyla; 8 kez ve 13 kez daha yüksek olmuştur, ancak plastikleştirilmiş filmlerin GC'si, sırasıyla; 2.5 kez ve 5 kez daha düşük olmuştur. Bu özellikler modifiye filmlerin ambalaj olarak pratik uygulamalarını yaygınlaştırmıştır. Ancak, EDK ile modifikasyondan farklı olarak bileşenlerin ticari TGaz ile çapraz bağlanması filmlerin frajilitesini artırmıştır. Bu yüzden özellikle bu tür filmler plastikleştirilmiştir.

Thomazine ve diğ. (2005) J filminin hazırlanmasında kullanılan GLS oranındaki artışın, GLS'nin yüksek plastikleştirici etkisiyle, delme kuvvetinde, GC'de ve elastik modülünde azalmaya, delme deformasyonunda ve KSU'da ise artışa neden olduğunu bildirmiştir. J filmi ve Z filmi solüsyonlarına N ilave edilerek iki farklı yenilebilir antimikrobiyal film hazırlandığında, 12000 IU/ml N içeren Z filmi kontrolle karşılaştırıldığında GC'de 11.6 MPa'lık bir artışa sahip olurken J filminde ilave edilen N konsantrasyonuyla hafif bir artış olmuştur. Bu sonuçlar N'nin Z ve J filmine ilavesinin filmlerin fiziksel özelliklerini geliştirdiğini göstermiştir (Ku ve Song, 2007).

Carvalho ve diğ., (2008) tarafından yapılan çalışmada sıcak su balığı olan Nil levreği derisi J filminin KSU ve sıkıştırma özellikleri açısından dana kemiği jelatiniyle aynı olduğu kaydedilmiştir. Yine aynı çalışmada Atlantik kalkan derisinden ekstrakte edilen J uygun filmojenik kapasiteye sahip, transparan, açık renkli ve uzayabilirliği yüksek filmler oluşturmuştur. Endüstriyel üretimde J'yi kurutmak için uygulanan, termal protein denatürasyonunu teşvik eden, 60 °C'deki orta düzeyli bir evaporasyon basamağı filmlerin daha az dirençli ve daha uzayabilir olmasına neden olmuştur. Daha düşük molekül ağırlıklı J'nin SRT molekülleri tarafından daha çok plastikleştirildiği, sonuç filmlerin daha düşük dirençli ve uzayabilirliği daha yüksek olduğu görülmüştür.

İki farklı levrek türünden (*Lutjanus vitta*) ve (*Priacanthus macracanthus*) BLJ filminden protein içeriği daha düşük olan kaynaklara göre daha ince, mekaniksel özellikleri daha iyi olan filmler hazırlanmıştır. GLS içermeyen filmler GLS ile hazırlanan filmlere göre çoğunlukla parlak ve daha esnek olmuştur. GD, GLS konsantrasyonunun %25'ten %75'e artmasıyla genelde azalmıştır (Jongjareonrak ve diğ., 2006). Iwata ve diğ. (2000) balık suda çözünen proteinlerinden üretilen yenilebilir filmlerin diğer birçok protein filmiyle karşılaştırıldığında daha esnek olduklarını ifade etmiştir. pH değişimi, çeşitli fiziksel ve kimyasal muameleler ve plastikleştirici özelliklerinin BLP filminin kalitesinde etkili olduğu görülmüştür. Düşük kaliteli balığın yıkanmış kıymasından hazırlanan filmlerde daha düşük mekaniksel özellikler bulunmuştur (Benjakul ve diğ., 2008). Asidik (pH 2-3) ve alkali (pH 11-12) pH'da hazırlanan balık filmlerinin GD'si ise daha yüksek olmuştur. En düşük GD'nin pH 7'de yapılan balık miyofibrilar proteini kaynaklı yenilebilir filmlerde elde edildiği görülmüştür. Balık miyofibrilar proteininden elde edilen filmlerin mekaniksel direnci PP, PE ve PVDC gibi sentetik polimerlerden önemli derecede daha düşük, fakat LDPE'ye daha yakın olmuştur (Shiku ve diğ., 2003).

GLS ve PEG plastikleştiricileri balık proteininden elde edilen filmlere esnek bir yapı kazandırmıştır. GLS konsantrasyonu arttığında KSU'nun artmasıyla birlikte GC azalmıştır. PEG'in, GC üzerinde KSU'ya göre daha etkili olduğu saptanmıştır. GLS:PEG oranı 2:1 olan filmler maksimum uzama değerine sahip olmuştur. Miyofibrilar balık proteini kaynaklılı filmlerin GLS:PEG karışımıyla plastikleştirildiğinde sadece GLS ile plastikleştirilen filmlerden (5.0 MPa) veya sadece PEG ile plastikleştirilen filmlerden (7.0 MPa) daha düşük GC (2.5-3.0 MPa) gösterdiği teyit edilmiştir (Tanaka ve diğ., 2001). Parris ve Coffin (1997) de Z kaynaklı filmlerin GLS:PPG karışımıyla plastikleştirildiğinde sadece GLS veya sadece PPG ile plastikleştirilen filmlerden daha düşük GC ve elastik modülü gösterdiğini gözlemlemiştir. Ayrıca GLS:PEG karışımıyla plastikleştirilmiş filmlerin sadece GLS (%2.6) veya sadece PEG (%2.8) ile plastikleştirilenlerden daha yüksek KSU'ya (%117.8) neden olduğunu belirtmiştir.

Termo eritme tekniğiyle üretilen balık proteini filmlerinin fonksiyonel özelliklerinin bilinen protein filmleriyle ve GD'nin alçak yoğunluklu PE filmiyle yakınlık gösterdiği bulunmuştur (Cuq ve diğ., 1998). Tilapya balığından elde edilen 65 °C'de 30 dk muamele edilen filmlerin 40 °C'de 30 dk muamele edilen filmlere göre daha dirençli ve sert olduğu tespit edilmiştir (Garcia ve Sobral, 2005). 90 °C'de 30 dk muamele edilen film oluşturucu solüsyondaki protein konsantrasyonu 2 g SRP-MFP/100 g FJS olduğunda hazırlanan filmler diğerlerinden daha dirençli olmuştur (Sobral ve diğ., 2005). Cuq ve diğ. (1995) sardalya miyofibrilar proteinlerinden üretilen filmlerin Z, G, SPI ve PASP gibi diğer proteinlerden elde edilen filmlere göre daha yüksek GD değerine sahip olduğunu ifade etmiştir.

GC, KSU üzerinde SRM kalitesinin etkisini belirlemek için morina SRM filmlerinin kalitesi azaltılmıştır. Bunun için erimiş SRM öncelikle 30 °C'de 20 dk (hafif protein denatürasyonu) ve 30 °C'de 5 saat (tam protein denatürasyonu) inkübe edilmiştir. Hafif protein denatürasyonuyla KSU azalmış ve tam protein denatürasyonu GC ve KSU'nun azalmasını artırmıştır (Shiku ve diğ., 2004). MFP kaynaklı filmler, balık kıymalarından film oluşturucu bir solüsyon geliştirilerek üretilmiş ve protein filminin kalitesi üzerine plastikleştiricilerin etkisi incelenmiştir. Plastikleştirici eklenmeden üretilen filmler son derece kırılgan olduğu ve elde edilirken oldukça dikkat gerektirdiği için filmlere GLS, SRT veya SKZ değişik konsantrasyonlarda katılmıştır. MFP kaynaklı filmlerin plastikleştirilmesi film gücünde ve elastikliğinde büyük azalmaya, deformasyon özelliklerinde artışa neden olmuştur (Cuq ve diğ., 1997). SRT ile plastikleştirilmiş filmler en kırılgan ve en yüksek GC'ye (3.14 MPa) sahip olmuştur. Karşıt olarak GLS ve PEG ile plastikleştirilmiş filmler düşük bir GC'ye (sırasıyla; 2.13 MPa ve 1.80 MPa) sahip olmasına rağmen esnek yapı sergilemiştir. Plastikleştirici konsantrasyonu arttığı zaman, KSU artmış ve GC azalmıştır (Bourtoom ve diğ., 2006a).

Morina SRM filminin mekaniksel özelliklerini geliştirmek için PGAL eklenmiştir. pH 11'de hazırlanan PGAL-SRM filminin GC'si pH 7'de hazırlanan SRM filmininkinden iki kat yüksek olmuştur. KSU, PGAL ilavesinden etkilenmemiştir. Filmlerdeki GC'nin artışından SRM proteinlerindeki lisin residülerinin epsilon amino grupları arasındaki çapraz bağlanmasının ve pH 10'un üzerindeki PGAL'nin mannuronik asit esterlerinin sorumlu olduğu düşünülmüştür (Weng ve diğ., 2006). *Decaptures maruadsi* türü istavrit kasındaki MFP'nin SRP'ye olan oranının filmin özellikleri üzerindeki etkisi incelenmiştir. GD, artan SRP içeriği ile azalmıştır. MFP/SRP oranı 10:0 (w/w) olan filmler en yüksek GC'ye sahip olmuştur. %30'dan daha fazla SRP içeriğinden hazırlanan filmlerin KSU'su azalmıştır (Arthan ve diğ., 2008).

Yapılan literatür araştırmalarında tez çalışmamızda kullandığımız Tekstür Analyzer cihazından elde ettiğimiz yenilebilir protein filmlerinin tekstürel değerlerine benzer değerlerin yer aldığı çalışmalara rastlanmadığından karşılaştırma yapılamamıştır. Ancak tez çalışmamızdaki tüm çekme testi parametreleri değerlendirildiğinde KL filminin 2. sırada yer alması bu film grubunu diğer film gruplarından oldukça üstün kılmıştır. Sarıkuş (2006) tarafından da KL filmlerinin sosislerin kaplanmasında doğal kaplamalara göre daha çok kullanıldığı, bu filmlerin doğal kaplamalara göre ürün işleme koşullarında sağlam kalabilen, gerilme miktarı yüksek olan esnek bir yapıya sahip olmalarının en önemli avantajları olduğu ifade edilmiştir.

5.1.5.2. Yenilebilir Protein Filmlerinin Işık Geçirgenliği (IG) Değerlerindeki Değişimler

Gıda ürünlerinin ışığa maruz kalması oksidatif reaksiyonları tetiklediği için; ürünler ışıktan korunmaları amacıyla ışık geçirmeyen ambalaj materyalleriyle paketlenmektedir. Tez çalışmamızda kullanılan yenilebilir protein filmlerinin de bir ambalaj filmi gibi ürünlerin etrafını sararak ışığın geçişini engelleyebileceği düşünülmüş ve bu amaçla ışık geçirgenlikleri laboratuvar ortamında tespit edilmiştir.

Literatürde yenilebilir filmlerin ışık geçirgenlikleriyle ilgili olarak sınırlı sayıda çalışmaya rastlanmıştır. Shiku ve diğ. (2003) balık MFP filmlerinin 200-800 nm dalga boyunda ölçülen ışık geçirgenliklerine göre pH'dan bağımsız olarak 200-280 nm aralığındaki UV ışığına karşı mükemmel bariyer özelliklerine sahip olduğunu ifade etmiştir. Ancak 300 nm dalga boyuna yaklaştıkça filmlerin UV bariyer özelliğinin dereceli olarak azaldığını ve pH 7'de hazırlanan filmler yarı transparan oldukları için en çok 350-800 nm aralığındaki UV-görünür dalga boyundaki ışığı bloke ettiklerini belirtmiştir.

Bizim tez çalışmamızda 560 nm'de 23±2 °C'de gerçekleştirilen ölçümlere göre yenilebilir protein filmlerinden G filminin en düşük IG (%13.29±0.01) değerine sahip olduğu görülmüştür. IG değerlerine göre AP filmi 2. sırada, KL filmi 3. sırada ve Z filmi 4. sırada yer almıştır. UP filmi ise % 39.35±0.01 değeriyle en yüksek IG değerini göstermiştir (Bkz. Tablo 4.30). Literatür araştırmalarında tez çalışmamızla aynı dalga boyunda IG ölçümünün yapıldığı herhangi bir çalışmaya rastlanmadığı için karşılaştırma yapılamamıştır. Ancak, elde edilen IG değerlerine göre G filminin diğer protein filmlerinden ışığa karşı ürünlerin korunmasında daha etkili olabileceğini söylemek mümkündür.

5.1.5.3. Yenilebilir Protein Filmlerinin Oksijen Geçirgenliği (OG) Değerlerindeki Değişimler

Herhangi bir gazın ve su buharının filmde difüzyonuna geçiş denilmektedir. Geçiş süresince bu gazlar ve su buharı polimerin bir yüzeyinden soğrulurken aksi yüzeyinden salınmaktadır. Filmler bileşen özelliklerine göre ve yapılma tekniğine göre farklı bariyer özelliğine sahiptirler. Protein ve karbonhidrat gibi polar polimerler düşük gaz geçirgenliği ve yüksek su buharı geçirgenliği değerleri göstermektedirler. Bunun aksine, lipid gibi apolar hidrokarbon içeren materyaller su buharı geçişine mükemmel bariyer teşkil etmelerinin yanı sıra gaz geçişi için etkili bir bariyer değillerdir. Filmden geçiş yapan gazın ya da film matriksinde ilerleyen maddenin kimyasal yapısı ve şekli de difüzyonun ve transferinin hızına etkilidir. Örneğin; küçük moleküller daha büyük moleküllere göre daha hızlı difüze olur ya da polar filmlerde polar moleküller apolarlara göre daha hızlı difüze olmaktadırlar (Çağrı-Mehmetoğlu, 2010).

Gennadios ve diğ., (1997) tarafından kırmızı etteki LOKS'nin neden olduğu ransidite oranı ve miyoglobin oksidasyonunun neden olduğu esmerleşmenin düşük OG'ye sahip yenilebilir kaplamaların kullanılmasıyla azaltılabileceği ifade edilmiştir.

Sarıoğlu (2005) KL filminin mükemmel bir OG'yi engelleme özelliğine sahip olduğunu belirtmiştir. Yılmaz ve diğ. (2007) tarafından STP kaynaklı yenilebilir film ve kaplamaların gaz transferini (oksijen, karbondioksit) yavaşlattığı ifade edilmiştir. Lieberman ve Gilbert (1973) tarafından

KL'nin OG'si <0.04 $cm^3.\mu m/m^2.dk.Pa$, Z'nin OG'si 11.8 $cm^3.\mu m/m^2.dk.Pa$, G'nin OG'si 3.9-6.1 $cm^3.\mu m/m^2.dk.Pa$, SPI'nın OG'si 1.6-4.5 $cm^3.\mu m/m^2.dk.Pa$, PASP'nin OG'si 18.5-76.1 $cm^3.\mu m/m^2.dk.Pa$ olarak bildirilmiştir. Lin ve Zhao (2007) tarafından Z kaynaklı kaplamaların O_2 geçirgenliklerinin ($7.84x10^{-19}$ $m^3.m/m^2.s.Pa$) LDPE, PP, PS ve PVC gibi plastik filmlerden ve PLS, PLS/lipid kompozit kaplamalardan daha düşük, fakat G kaplamaların O_2 geçirgenliğinden ($2.89x10^{-17}$ $m^3.m/m^2.s.Pa$) daha yüksek olduğu ifade edilmiştir. G kaplamaların OG'si ile LDPE'nin OG'sinin ($2.25x10^{-17}$ $m^3.m/m^2.s.Pa$) yakın olduğu görülmüştür.

Yapılan literatür araştırmalarında yenilebilir filmlerin oksijen geçirgenliklerinin filmin hazırlanma şartları (sıcaklık, nispi rutubet), plastikleştirici türü ve oranı, çeşitli kimyasalların ilavesi, ısıl işlem, pH gibi faktörlerden oldukça etkilendiği görülmüştür. Örneğin; McHugh ve Krochta (1994) tarafından KL filminin gaz geçirgenliğinin formaldehit ve krom tannik asit ile azaltıldığı, PASP ve SPI filminin oksijen geçirgenliğinin ısıtma işlemiyle iyileştirildiği belirtilmiştir.

Mujica-Paz ve Gontard (1997) tarafından yürütülen çalışmada %40 GLS ile yapılan G filminin 23 °C'de ve %50 nispi rutubette ölçülen OG'si (3.16 $cm^3.\mu m/m^2.dk.Pa$) Gennadios ve diğ. (2003) tarafından elde edilen filmin OG'si (3.82 $cm^3.\mu m/m^2.dk.Pa$-23 °C'de ve %0 nispi rutubette) ile benzer bulunmuştur. Bütün G filmlerinin OG'si düşük olmasına rağmen artan GLS içeriğiyle artmıştır. OG üzerinde sıcaklığın etkisinin ise nispi rutubetle karşılaştırıldığında daha az olduğu görülmüştür. G filminde OG'nin düşük olmasının yüksek kohesif enerji yoğunluğu ve düşük serbest hacim sağlayan polar doğası ve doğrusal yapısı nedeniyle olduğu ifade edilmiştir. Shih (1998) G filminin OG'sinin mineral yağı eklenmesi ve Ca^{+2}'de ıslatılması ile azaldığını ifade etmiştir. Düşük miktarda GLS içeren G filmleri daha düşük OG'ye sahip olmuştur (Tanada- Palmu ve diğ., 2000).

SPI kaplamaların özellikle düşük nispi rutubet şartlarında etkili oksijen bariyeri (OG; $3.14x10^{-19}$ $m^3.m/m^2.s.Pa$) oldukları, yüksek oksijen bariyeri yeteneklerinin flavorların ve farmasötiklerin mikroenkapsüle edici ajan olarak ya da meyve, sebze ve peynirlerde kaplama olarak uygulanmasına imkan verdiği belirtilmiştir. PASP kaynaklı filmlerin de düşük ve orta nispi rutubette sentetik polimer filmleriyle karşılaştırıldıklarında mükemmel oksijen bariyeri özelliğine sahip oldukları (OG; $1.13x10^{-18}$ $m^3.m/m^2.s.Pa$) bildirilmiştir (Lieberman ve Gilbert, 1973).

Soliman ve diğ. (2007) iyi bariyer özelliklere sahip SPI filmlerinin hazırlanması için uygun olan pH'nın 10 olduğunu, bu pH değerinde SPI filminin O_2 geçirgenliğinin 1.06 $cm^3.\mu m/m^2.dk.Pa$ olduğunu bildirmiştir. Plastikleştirici olarak SPI ağırlığının % 60'ı kadar PEG kullanılmasının diğer kullanılan plastikleştiricilerle karşılaştırıldığında daha iyi film özelliklerine neden olduğunu ve SPI filminin O_2 geçirgenliğinin 0.76 $cm^3.\mu m/m^2.dk.Pa$ olduğunu tespit etmiştir. Farklı seviyelerdeki formaldehit veya glutaraldehit ilavesiyle SPI filminin çapraz bağlanması ve nişasta ile kombinasyonunun bariyer özelliklerinde fark edilir bir gelişime neden olduğunu saptamıştır. Denavi ve diğ. (2009) SPI filminin hazırlanmasında uygulanan kurutma şartlarının filmin bariyer özelliklerini etkilediğini, 70 °C ve %30 nispi rutubette kurutulan filmlerin O_2 geçirgenliğinin 18.2 $cm^3.\mu m/m^2.dk.Pa$ iken; 60 °C ve %60 nispi rutubette kurutulan filmlerin O_2 geçirgenliğinin 47.6 $cm^3.\mu m/m^2.dk.Pa$ olduğunu bulmuşlardır.

Bizim tez çalışmamızda en düşük O_2 geçirgenliğine (17.10±0.01 ml/mm/gün) SPI filmi sahip olmuş, YATP filmi 2. sırada, J filmi 3. sırada ve AP filmi 4. sırada yer almıştır (Bkz. Tablo 4.31). PASP filmi ise 322.00±0.01 ml/mm/gün değeriyle en yüksek O_2 geçirgenliğini elde etmiştir. Literatür araştırmaları (Lieberman ve Gilbert, 1973; Soliman ve diğ., 2007; Denavi ve diğ., 2009) ışığında SPI filminin özelliklerini ilave yöntemlerle daha da geliştirerek gıda ürünlerinin oksidasyonun zararlı etkilerinden korunması amacıyla kullanılabileceği düşünülmüştür.

5.2. SONUÇ

SPI, G, Z, KL, AP ve UP gruplarının toplam mezofilik, psikrotrofik, anaerobik ve maya-küf sayılarının 8 haftalık depolama periyodu süresince bozulmuşluk değerine ulaşmaması (7 log kob/g) su ürünlerinde mikroorganizmaların neden olacağı bozulmaların ve kalite kayıplarının önlenmesinde etkinlikle kullanılabileceklerini göstermiştir. Özellikle, Z ve AP gruplarının bahsedilen tüm mikrobiyolojik analiz sonuçlarına göre depolama periyodu süresince $<1\pm0.00$ log kob/g değerinde sabit kalması bu grupların mikrobiyal popülasyonun inhibisyonunda en etkili protein filmleri olduğunu kanıtlamıştır.

SPI, G, Z, KL, AP ve UP protein filmlerinin *Clostridium* spp. sayısının yükselmesini de önlediğinden bu cins bakteriler nedeniyle oluşabilecek bozulma ve toksik etkilerin ortadan kaldırılmasına katkı sağlayabileceği düşünülmektedir. Tez çalışmamızda sadece yenilebilir protein filmleriyle kaplanan örneklerde değil kontrol grubunda da *Clostridium perfringens* ve *Clostridium botulinum*'a rastlanmaması taze gökkuşağı alabalıklarında bu bakteri türünün bulunmadığını ve işleme sırasında da herhangi bir bulaşmanın olmadığını göstermiştir.

Duyusal panellerde elde edilen sonuçlara göre kontrol, SPI, PASP, YATP, G, Z, AP ve UP gruplarının 3 hafta süreyle, J ve KL gruplarının 5 hafta süreyle tüketilebilir kaliteyi koruduğu ve bundan sonra bozulmuş kalitede olduğu tespit edilmiştir.

Z, G, AP ve UP gruplarının mikrobiyolojik popülasyonun azaltılmasında etkin olmasına rağmen; duyusal panel sonuçlarına göre kontrol grubuyla aynı tüketilebilirlik süresine sahip olmasının film formülasyonlarının hazırlanması sırasında kullanılan asetik asitin neden olduğu ekşi ve keskin tat ile asit kokusu nedeniyle olabiliceği düşünülmüştür. PASP grubunun mikrobiyolojik analiz sonuçlarının olumsuz olmasına rağmen duyusal açıdan kontrol grubuyla aynı raf ömrüne sahip olması bu protein filmine artı değer kazandırmıştır, bu olumlu etki PASP filminin antimikrobiyal maddelerin ilavesiyle geliştirilebileceğini düşündürmektedir. J ve KL gruplarının ikisinin de duyusal raf ömrü 5 hafta olmasına rağmen KL grubu tat ve doku puanları açısından J grubundan daha uzun süre tüketilebilir nitelikte kabul edildiğinden J grubundan çok daha üstün olduğu görülmüştür.

Depolamanın başlangıcında PASP, YATP, G ve AP gruplarında L* değerinin yükselmesi yüzey renginin koyulaşmasına, dumanın neden olduğu parlak görüntünün azalmasına neden olmuştur. SPI, Z, J, KL ve UP gruplarında daha düşük olan L* değeri sayesinde bu örneklerin kontrol grubuna göre daha açık renkli olduğu görülmüştür. Depolamanın başlangıcında ölçülen L* değerlerine göre PASP ve G grubunun L* değeri açısından kabul edilebilirliklerinin kontrol grubuyla aynı olacağı düşünülmüştür. Tüketilebilirlik sürelerinin sonunda gerçekleştirilen renk ölçümlerinde L* değerinin K, PASP, YATP, G, Z ve UP gruplarında azaldığı, SPI, J, KL ve AP gruplarında ise yükseldiği saptanmıştır.

SPI ve KL grubu dışındaki diğer protein filmi gruplarının a* değeri açısından kabul edilebilirliklerinin kontrol grubuyla aynı olacağı düşünülmüştür. Duyusal raf ömrünün tamamlandığı haftalarda K, G ve AP gruplarına ait a* değerinin artması sıcak dumanlanmış alabalık filetolarının yüzeyindeki kırmızı tonunun arttığını göstermiştir. Diğer analiz gruplarında ise azalan a* değeriyle bu grupların tüketilebilirlik süreleri dolduğunda kırmızılık tonunun da azaldığı ortaya çıkmıştır.

Depolamanın başlangıcında G protein filmiyle kaplanmış sıcak dumanlanmış alabalık örneklerinin yüzeyindeki sarılık tonunun kontrol ve diğer gruplara göre daha yüksek olduğu belirlenmiştir. Sıcak dumanlanmış alabalıkların b* değeri tüketilebilirlik sürelerinin sonunda G haricindeki tüm uygulama gruplarında artmıştır.

Kontrol ve G grubunun L* değerinin azalması ve a*/b* değerinin artmasıyla ürünlerin depolama sırasında daha koyu hale geldiği görülmüştür. Ayrıca, depolamanın başlangıcında kontrol grubuyla PASP grubunun L*, a* ve b* değerleri benzer ($p>0.005$) bulunduğu için bütün renk değerleri açısından kabul edilebilirliklerinin hemen hemen aynı olacağı düşünülmüştür.
L*, a* ve b* değerlerinin kullanılmasıyla elde edilen ΔE* değerlerine göre; depolamanın başlangıcında kontrol grubu YATP grubuyla birebir aynı bulunmuştur. Duyusal raf ömrünün sona erdiği haftalardaki ölçüm sonuçlarına göre ise kontrol grubu ΔE* değerleri açısından SPI, PASP, G, Z, J ve AP gruplarıyla benzer ($p>0.05$) bulunmuştur. Tüketilebilirlik süresinin sonunda K grubunun ΔE* değeri arttığı gibi, Z ve KL gruplarında da artış olmuştur.

Tez çalışmamızda depolamanın başlangıcında elde ettiğimiz tekstürel ölçümler doğrultusunda, yenilebilir protein kaplama uygulamasının sıcak dumanlanmış alabalık filetolarının tekstürel özellikleri üzerinde olumsuz bir etkisinin olmadığını söylemek mümkündür. Tüketilebilirlik sürelerinin sonunda SPI, PASP, YATP, G, Z, AP ve UP gruplarının kırılganlık değerlerinin, SPI, PASP, YATP, G ve Z gruplarının sertlik ve gam yapı değerlerinin PASP, YATP, G, Z, J ve AP gruplarının çiğnenebilirlik değerlerinin, Z ve J gruplarının yapışkanlık değerlerinin arttığı, PASP ve G gruplarının esneklik değerlerinin çok fazla değişmediği, K ve SPI gruplarının yapışıklık değerlerinin sabit kaldığı, K, SPI, PASP, YATP, KL, AP ve UP gruplarının elastikiyet değerlerinin azaldığı tespit edilmiştir.

Örneklerin duyusal raf ömürlerinin sona erdiği haftalarda elde edilen tekstürel değerlerine göre ise yenilebilir protein kaplama uygulanmamış örneklerle SPI, G, KL, AP ve UP gruplarının dokusal özelliklerinin aynı olduğu tespit edilmiştir. SPI, G, KL, AP ve UP filmlerinin özellikleri literatür araştırmalarında bahsedilen ilave yöntemlerle daha da geliştirilirse dumanlanmış su ürünlerinin tekstürel özelliklerini geliştirebilecekleri düşünülmektedir.

Aslında sıcak dumanlanmış alabalık örneklerinin vakum şartlarında ambalajlanmasının karbonik asit oluşumunu arttırarak pH'nın düşmesine neden olması beklenmiştir. Bu etki kontrol, YATP ve Z gruplarında görülmesine rağmen; diğer film gruplarında görülmemiştir. Sonraki haftalarda depolamanın başlangıcına göre SPI, PASP, G, J, KL, AP ve UP gruplarında düzenli olmasa da bir pH artışı olmuştur. Başlangıçta belirlenen pH değerlerine göre G, KL, AP ve UP gruplarının oldukça asidik olmasının nedeni film solüsyonlarının hazırlanmasında kullanılan asedik asittir. Z grubunun 4. haftadaki pH değerinin çok düşük olmamasına rağmen tat açısından beğenilmemesinin film solüsyonunun hazırlanmasında kullanılan etil alkolün yakıcı etkisiyle olacağı düşünülmüştür. Ancak AP grubunun 4. haftadaki pH değeri tüm uygulama gruplarından düşük bulunmuştur ve bu düşüşün neden olduğu ekşimsi tat duyusal panel testinde de düşük puan almasıyla açığa çıkmıştır.

SPI dışındaki tüm uygulama gruplarının TVB-N değerlerinin depolamanın başlangıcında kontrol grubuna göre düşük olduğu tespit edilmiştir. TVB-N sonuçlarına göre; YATP grubu 2 haftalık, kontrol grubu 3 haftalık, PASP grubu 4 haftalık, SPI ve KL grubu 5 haftalık, Z grubu 7 haftalık raf ömrüne sahip olurken; G, AP ve UP grupları ise 8 hafta sonunda belirlenen sınır değeri aşmamıştır. YATP filmi dışındaki tüm protein filmlerinin kontrol grubundan daha düşük değerlere sahip olarak; bu bileşiğin neden olacağı kalite kaybını minimize ettiği ve raf ömrünü uzattığı görülmüştür.

K, G, Z, J, KL, AP ve UP gruplarında depolamanın başlangıcında yüksek olan TMA-N değeri sonraki haftalarda düzensiz de olsa azalmış, SPI, PASP ve YATP gruplarında ise depolamanın başlangıcında düşük olan TMA-N değeri sonraki haftalarda yine düzensiz şekilde artmıştır. Duyusal raf ömürlerinin sona erdiği depolamanın 4. haftasında K grubuyla SPI, G, Z, AP ve UP gruplarının TMA-N değerleri açısından benzer ($p>0.05$) bulunması bu bileşiğin neden olacağı bozulma belirtisinin mevcut gruplarda aynı şekilde ortaya çıkabileceğini düşündürmüştür. Depolama periyodu süresince analiz gruplarının hiçbirinde TMA-N değeri belirlenen sınır değeri aşmamıştır.

Depolamanın başlangıcındaki TBA-i değeri J, KL, AP ve UP grupları dışındaki tüm analiz gruplarında kontrol grubundan daha düşük bulunmuş, hatta SPI, PASP, YATP ve G gruplarında hiç saptanamamıştır. Depolamanın sonraki haftalarında K, SPI, PASP, YATP, G ve Z gruplarının TBA-i değerinde düzensiz de olsa bir artış olmuştur. KL ve AP gruplarında ise depolamanın başlangıcında yüksek olan TBA-i değerinin depolama süresi uzadıkça düzensiz olarak azaldığı görülmüştür. TBA-i değerlerine göre; J grubu 5 haftalık, Z ve UP grubu 7 haftalık raf ömrüne sahip olurken; K, SPI, PASP, YATP, G, KL ve AP grupları ise 8 haftalık depolama sonunda belirlenen sınır değeri aşmamıştır. TBA-i değerinde azalmaya neden oldukları için KL ve AP gruplarının diğer protein filmi gruplarından daha üstün olduğu, oksidasyonun etkisiyle üründe oluşabilecek bozulmaların bu sayede bertaraf edilebileceği söylenebilir.

G, KL, AP ve UP gruplarının depolamanın başlangıcındaki FFA değeri kontrol grubundan çok daha yüksek değerlerde tespit edilmiştir. Bu filmlerin uygulandığı gruplarda FFA değerinin yüksek olmasının nedeni, gluten ve zeinin bulunduğu tahıllarda ve balık yapısındaki lipaz aktivitesinin yüksek olmasınana bağlanmaktadır.

Tez çalışmamızda yenilebilir protein filmlerinin mekaniksel özelliklerini belirlemek amacıyla gerçekleştirilen çekme testi sonuçları değerlendirildiğinde KL filminin 2. sırada yer alması bu film grubunu diğer film gruplarından oldukça üstün kılmıştır.

Yenilebilir protein filmlerinden G filminin en düşük IG değerine sahip olduğu görülmüştür. Elde edilen IG değerlerine göre G filminin diğer protein filmlerinden ışığa karşı ürünlerin korunmasında daha etkili olabileceğini söylemek mümkündür.

Tez çalışmamızda en düşük O_2 geçirgenliğine (17.10±0.01 ml/mm/gün) SPI filmi sahip olmuştur. Literatür araştırmaları ışığında SPI filminin özelliklerini ilave yöntemlerle daha da geliştirerek gıda ürünlerinin oksidasyonun zararlı etkilerinden korunması amacıyla kullanılabileceği düşünülmektedir.

Sonuç olarak; tez çalışmamız kapsamında yürütülen mikrobiyolojik, duyusal, kimyasal ve fiziksel analiz sonuçlarına göre KL proteininden elde edilen filmlerin oldukça üstün özelliklere sahip olduğu, kaplandıkları ürünü her açıdan geliştirerek raf ömrünü arttırdığı ve kalitesini yükselttiği açıkça görülmüştür. Diğer yenilebilir protein filmlerinin olumsuz bulunan özelliklerinin de ilave katkı ve formül iyileştirme yöntemleriyle geliştirilerek ortadan kaldırılabileceği düşünülmektedir.

Yürüttüğümüz tez çalışmamız sayesinde, literatürdeki olumlu etkilerine rağmen endüstriyel olarak kullanımı henüz yaygın olmayan, doğal kaynaklardan elde edilen yenilebilir film ve kaplamaların su ürünlerinin doğal yapısını ve kalitesini koruyarak raf ömürlerini uzatabileceği konusu gündeme getirilmiştir. Biyolojik olarak parçalanabilen ve aynı zamanda birçok işlevsel özelliğe sahip olan bu materyallerin ürünlerin istekleri doğrultusunda farklı formülasyonlarda hazırlanarak diğer gıda ürünlerinde de başarılı şekilde kullanılabileceği sonucuna varılmıştır.

KAYNAKLAR

ADEBIYI, A. P., ADEBIYI, A. O., JIN, D. H., OGAWA, T. and MURAMOTO, K., 2008, Rice bran protein-based edible films, *International Journal of Food Science and Technology*, 43, 476–483.

AKBABA, G., 2006, Yenilebilir ambalajlar, *Bilim ve Teknik Dergisi*, 30–32.

AKÇAY, S., 2012, *Antimokrobiyal madde içeren yenilebilir filmlerin dumanlanmış balığın kalitesine etkisi*, İstanbul Üniversitesi, Fen Bilimleri Enstitüsü.

ALBERT, S. and MITTAL, G. S., 2002, Comparative evaluation of edible coatings to reduce fat uptake in a deep-fried cereal product, *Food Research International*, 35, 445–458.

AMBARDEKAR, A., 2007, Potential use of Arrowtooth flounder (*Atherestes stomias*) protein as edible coating in food industry, *Asian Fisheries Science*, 20(4), 383–393.

ANON., 2008, *Amablajlamada yeni yaklaşımlar*, http://www.kimyaevi.org/dokgoster. asp? dosya=570000015 [Ziyaret Tarihi: 4 Şubat 2009].

ANTONOCOUPOULOS, N. and VYNCKE, W., 1989, Determination of volatile basic nitrogen in fish, *Zeitschrift für Lebensmittel Untersuchung und Forschung*, 189, 309-316.

AOAC, 1998, AOAC official method 971.14, Trimethylamine nitrogen in seafood colorimetric method, In: Hungerford JM chapter editor, *Fish and Other Marine Products*, In: Cunniff, P. Eds., Official methods of analysis of AOAC international, 35, 7.

ARASHİSAR, S., HİSAR, O., KAYA, M., YANIK, T., 2004, Effect of modified atmosphere and vacuum packaging on microbiological and chemical properties of rainbow trout (*Oncorynchus mykiss*) fillets, *International Journal of Food Microbiology*, 97, 209–214.

ARTHARN, A., BENJAKUL, S. and PRODPRAN, T., 2008, The effect of myofibrillar/sarcoplasmic protein ratios on the properties of round scad muscle protein based film, *European Food Research Technology*, 227, 215–222.

ASTM D1746-09, 2009, Standard test method for transparency of plastic sheeting[1], *American Society for Testing and Materials International Standards*, doi: 10.1520/D1746-09.

ASTM D3985-05, 2010, Standard test method for oxygen gas transmission rate through plastic film and sheeting using a coulometric sensor[1], *American Society for Testing and Materials International Standards*, doi: 10.1520/D3985-05R10E01.

AVENA-BUSTILLOS, R. J., OLSEN, C. W., OLSON, D. A., CHIOU, B., YEE, E., BECHTEL, P. J. and MCHUGH, T. H., 2006, Water vapour permeability of mammalian and fish gelatin films, *Journal of Food Science*, 71(4), E202–E207.

AYHLLON-MEIXUEIRO, F., VACA-GARCIA, C. and SILVESTRE, F., 2008, Biodegradable films from isolate of sunflower (*Helianthus annuus*) proteins, *Journal of Agricultural and Food Chemistry*, 48(7), 3032–3036.

BAMDAD, F., GOLI, A. H. and KADIVAR, M., 2006, Preparation and characterization of proteinous film from Lentil (*Lens culinaris*), Edible film from Lentil (*Lens culinaris*), *Food Research International*, 39, 106–111.

BANNERMAN A. McK., 1980, *Hot smoking of fish*, Torry research advisory note #82, Torry research station, Aberdeen: Ministry of agriculture, Fisheries and food. http://www.fao.org/wairdocs/tan/x5953e/x5953e00.htm#Contents [Ziyaret Tarihi: 3 Mayıs 2011].

BAYSAL, T., ERSUS, S. ve APAYDIN, E., 2009, Yenilebilir mısır zeini filmi kaplamanın orta nemli domates kalitesi üzerine etkisi, *Gıda*, 34(6), 359–366.

BELITZ, H. D., GROSCH, W., SCHIEBERLE P., 2009, BELITZ, H. D., GROSCH, W., SCHIEBERLE P., 2009, Fish, Whales, Crustaceans, Mollusks, *Food Chemistry*, Springer-Verlag Berlin and HeidelbergGmbH&Co.K, ISBN: 9783540699354.

BELL, C., NEAVES, P., WILLAMS, A. P., 2005, *Food Microbiology and Laboratory Practice*, Blackwell science, ISBN:0-632-06381-5.

BENJAKUL, S. and AROONRUENG, N., 1999, Effect of smoke sources on quality and storage stability of catfish fillet *(Clarias macrocephatus*, Gunther), *Journal of Food Quality*, 22, 213–224.

BENJAKUL, S., ARTHARN, A. and PRODPRAN, T., 2008, Properties of protein-based film from round scad (*Decapterus maruadsi*) muscle as influenced by fish quality, *Lebensmittel Wissenschaft und Technology*, 41, 753–763.

BHUIYAN, A. K. M. A., RATNAYAKE, W. M. N. and ACKMAN, R. G., 1986, Stability of lipids and polyunsaturated fatty acids during smoking of Atlantic Mackerel (*Scomber scombrus* L.), *Journal of American Oil-Chemical Society*, 63 (3), 324–327.

BIRKELAND, S., BENCZE-RØRÅ, A. M., SKÅRA, T. and BJERKENG, B., 2004, Effects of cold smoking procedures and raw material characteristics on product yield and quality parameters of cold smoked Atlantic salmon (*Salmo salar* L.) fillets, *Food Research International*, 37, 273–286.

BİLGİN, Ş., ERTAN, Ö. O. ve İZCİ, L., 2007, Farklı sıcaklıklarda depolanan sıcak dumanlanmış *Salmo trutta macrostigma*, Dumeril 1858'in kimyasal kompozisyonundaki değişimlerin incelenmesi, *Journal of FisheriesSciences.com*, 1(2), 68–80, doi: 10.3153/jfscom.2007009.

BİLGİN Ş., ÜNLÜSAYIN M., İZCİ L., GÜNLÜ, A., 2008, The determination of the shelf life and some nutritional components of gilthead seabream (*Sparus aurata* L., 1758) after cold and hot smoking, *Turkish Journal of Veterinary and Animal Sciences*, 32(1), 49-56.

BLIGH, E. G., SHAW, S. J., WOYEWODA, D., 1988, *The effect of drying and smoking on lipids of fish, fish smoking and drying* (Brut, J.R., ed.), Elsevier applied science publishers Ltd., London and New York, 41-53. ISBN:18-516-62472.

BOSTAN, K., ALDEMİR, T. ve AYDIN, A., 2007, Kitosan ve antimikrobiyal aktivitesi, *Türk Mikrobiyal Cemiyeti Dergisi*, 37(2), 118–127.

BOURTOOM, T., CHINNAN, M. S., JANTAWAT, P. and SANGUANDDEKUL, R., 2006a, Effect of plasticizer type and concentration on the properties of edible film from water-soluble fish proteins in surimi wash-water, *Food Science and Technology International*, 12, 119–126.

BOURTOOM, T., CHINNAN, M. S., JANTAWAT, P. and SANGUANDDEKUL, R., 2006b, Effect of select parameters on the properties of edible film from water-soluble fish proteins in surimi wash-water, *Lebensmittel Wissenschaft und Technology*, 39, 405–418.

CANER, C., 2005, Whey protein isolate coating and concentration effects on egg shelf life, *Journal of the Science of Food and Agriculture*, 85, 2143–2148.

CARDINAL, M., CORNET, J., SÉROT, T. and BARON, R., 2006, Effects of the smoking process on odour characteristics of smoked herring (*Clupea harengus*) and relationships with phenolic compound content, *Food Chemistry*, 96, 137–146.

CARVALHO, R. A., SOBRAL, P. J. A., THOMAZINE, M., HABITANTE, A. M. Q. B., GIMENEZ, B., GOMEZ-GUILLEN, M. C. and MONTERO, P., 2008, Development of edible films based on differently processed Atlantic halibut (*Hippoglossus hippoglossus*) skin gelatin, *Food Hydrocolloids*, 22, 1117–1123.

CHANG, K. L. B., CHANG, J., SHIAU, C. Y., PAN, B. S., 1998. Biochemical, microbiological and sensory changes of seabass (*Lateolabrax japonicua*) under partial freezing and refrigerated storage, *Journal of Agricultural and Food Chemistry*, 46, 682–686.

CHE MAN, Y. B. and RAMADAS J., 1998, Effect of packaging environment on quality changes of smoked Spanish mackerel under refrigeration, *Journal of Food Quality*, 21, 167–174.

CHOI W. S. and HAN J. H., 2001, Physical and mechanical properties of pea-protein-based edible films, *Journal of Food Science*, 66 (2), 319–322.

CHYTIRI, S., CHOULIARA, I., SAVVAIDIS, I. N., KONTOMINAS, M. G., 2004, Microbiological, chemical and sensory assessment of iced whole and filleted aquacultured rainbow trout, *Food Microbiology*, 21, 157–165.

CONDE, F. J., AFONSO, A. M., GONZÁLEZ, V. and AYALA, J. H., 2006, Optimization of an analytical methodology for the determination of alkyl- and methoxy-phenolic compounds by HS-SPME in biomass smoke, Analytical and Bioanalytical Chemistry, 385, 1162–1171.

CONNELL, J. J., 1990, Methods of assessing and selecting for quality, In: *Control of Fish Quality* (3rd Ed.), Fishing news books, Oxford, ISBN: 978-0-85238-226-4.

CRACKEL, R. L., GRAY, J. F., BOOREN, A. M., PEARSON, A. M. and BUCKLEY, D. J., 1988, Effect of antioxidants on lipid stability in restuctured beef steaks, *Journal of Food Science*, 53(2), 655–657.

CUQ, B., AYMARD, C., CUQ, J. L. and GUILBERT, S., 1995, Edible packaging films based on fish myofibrillar proteins: formulation and functional properties, *Journal of Food Science,* 60, 1369–1374.

CUQ, B., GONTARD, N., CUQ, J. L. and GUILBERT, S., 1997, Selected functional properties of fish myofibrillar protein-based films as affected by hydrophilic plasticizers, *Journal of Agricultural and Food Chemistry*, 45, 622–626.

CUQ, B., GONTARD, N., CUQ, J. L. and GUILBERT, S., 1998, Packaging films based on myofibrillar proteins: fabrication, properties and applications, *Nahrung*, 42(3/4), 260–263.

ÇAĞRI-MEHMETOĞLU, A., 2010, Yenilebilir filmlerin ve kaplamaların özelliklerini etkileyen faktörler, *Akademik Gıda*, 8(5), 37–43.

ÇAĞRI, A., ÜSTÜNOL, Z. ve RYSER, E. T., 2004, Antimicrobial edible films and coatings, *Journal of Food Protection*, 67(4), 833–848.

ÇAKLI, Ş., KILINÇ, B., DİNÇER, T. and TOLASA, Ş., 2006, Comparison of the shelf lifes of map and vacuum packaged hot smoked rainbow trout (*Onchoryncus mykiss*), *European Food Research and Technology*, 224, 19–26, doi: 10.1007/s00217-006-0283-3.

DATA, S., JANES, M. E., XUE, Q. G., LOSSO, J. and LA PEYRE, J. F., 2008, Control of *Listeria monocytogenes* and *Salmonella anatum* on the surface of smoked salmon coated with calcium alginate coating containing oyster lysozyme and nisin, *Journal of Food Science*, 73(2), M67–M71.

DEBEAUFORT, F., QUEZADA-GALLO, J. A. and VOILLEY, A., 1998, Edible films and coatings: tomorrow's packagings: a review, *Critical Reviews in Food Science*, 38(4), 299–313.

DENAVI, G., TAPIA-BLACIDO, D. R., ANON, M. C., SOBRAL, P. J. A., MAURI, A. N., MENEGALLI, F. C., 2009, Effects of drying conditions on some physical properties of soy protein films, *Journal of Food Engineering*, 90, 341–349, doi:10.1016/j.jfoodeng.2008.07.001.

DI PIERRO, P., CHICO, B., VILLALONGA, R., MARINIELLO, L., MASI, P. and PORTA, R., 2007, Transglutaminase-catalyzed preparation of chitosan–ovalbumin films, *Enzyme and Microbial Technology*, 40, 437–441.

DJINOVIC, J., POPOVIC, A. and JIRA, W., 2008, Polycyclic aromatic hydrocarbons (PAHs) in different types of smoked meat products from Serbia, *Meat Science*, 80, 449–456.

DOE, P. E., 1998, Fish drying & smoking; production and quality, H. A. Bremmer, *Safety and quality issues in fish processing*, Lancaster, PA: Technomic publishing Co, Inc., ISBN: 1-56676-668-0.

DONDERO, M., CISTERNAS, F., CARVAJAL, L., SIMPSON, R., 2004, Changes in quality of vacuum-packed cold-smoked salmon (*Salmo salar*) as a function of storage temperature, *Food Chemistry*, 87, 543–550.

DUAN, J., JIANG, Y., CHERIAN, G., ZHAO, Y., 2010, Effect of combined chitosan-krill oil coating and modified atmosphere packaging on the storability of cold-stored lingcod (*Ophiodon elongates*) fillets, *Food Chemistry*, 122(4), 1035–1042.

DU, W. X., OLSEN, C. W., AVENA-BUSTILLOS, R. J., McHUGH, T. H., LEVIN C. E. and FRIEDMAN, M., 2007, Antibacterial activity against *E. coli* 0157:H7, physical properties and storage stability of novel carvacrol-containing edible tomato films, *Jouurnal of Food Science*, 73(7), E378–E383.

DU, W. X., OLSEN, C. W., AVENA-BUSTILLOS, R. J., McHUGH, T. H., LEVIN C. E. and FRIEDMAN, M., 2008, Storage stability and antibacterial activity against *Escherichia coli* O157:H7 of carvacrol in edible apple films made by two different casting methods, *Journal of Agricultural and Food Chemistry*, 56, 3082–3088.

DUMAN, S. S. ve ŞENEL, S., 2004, Kitosan ve veteriner alandaki uygulamaları, *Veteriner Cerrahi Dergisi*, 10(3-4), 62–72.

DUMAN, M. ve PATIR. B., 2007, Tütsülenmiş aynalı sazan (*Cyprinus carpio* L.) filetolarının bazı kimyasal ve duyusal özelliklerinin belirlenmesi, *Fırat Üniversitesi Fen ve Mühendislik Bilimleri Dergisi*, 19 (4), 463–472.

ERICKSON, M. C. and HUNG, Y., 1997, *Quality in Frozen Food*, Springer, ISBN: 0412070413.

ERKAN, N., 2004, Dumanlama Teknolojisi Bölümü, *Su Ürünleri İşleme Teknolojisi*, Candan Varlık, (Ed.), İstanbul Üniversitesi yayın no: 4465, Su Ürünleri Fak. yayın no: 7, İstanbul, 975-404-715-4

ERKAN, N. and ÖZDEN, Ö., 2008, Quality assessment of whole and gutted sardine (*Sardine pilchardus*) stored in ice, *International Journal of Food Science and Technology*, 43(9), 1549–1559.

ERKAN, N., TOSUN, Ş. Y., ÖZDEN, Ö., ULUSOY, Ş., 2009, Effects of modified atmosphere and vacuum packaged on inhibition of *Listeria monocytogenes* and quality in hot-smoked rainbow trout fillets, *Archiv für Lebensmittelhygiene*, 60(1), 23-29.

ERKAN N., 2010, The effect of thyme and garlic oil on the preservation of vacuum-packaged hot smoked rainbow trout (*Oncorhynchus mykiss*), *Food and Bioprocess Technology*, doi:10.1007/s11947-010-0412-7.

ERKAN, N., ULUSOY, Ş., TOSUN, Y., 2011a, Effect of combined application of plant extract and vacuum packaged treatment on the quality of hot smoked rainbow trout, *Journal für Verbraucherschutz und Lebensmittelsicherheit*, 6, 419-426.

ERKAN, N., TOSUN, Y., ÜÇOK ALAKAVUK, D. ULUSOY, Ş., 2011b, Antimikrobieller effekt von zutaten auf vakuumverpackten heiss geräucherten fisch, *Fleischwirtschaft*, 91(7), 92-98.

ERKAN, N., 2012, The effect of thyme and garlic oil on the preservation of vacuum packaged hot smoked rainbow trout (*Oncorhynchus mykiss*), *Food and Bioprocess Technology*, 5 (4), 1246-1254.

ERTAŞ, A. H., 1998, Chemical composition of smoke, *Gıda*, 23 (3), 177–185,

ESPE, M., KIESSLING, A., LUNESTAD, B. T., TORRISSEN, O. J. and RØRÅ, A. M. B., 2004, Quality of cold smoked salmon collected in one French hypermarket during a period of 1 year, *Lebensmittel Wissenschaft und Technologie*, 37, 627–638.

EUROPEAN UNION, 1995, Commission decision 95/149/EC, *Official Journal European Communities*, 8 March 1995, Aberdeen, United Kingdom, L 97, 84–87.

FAO, 1992, *Small-scale food processing-a guide for appropriate equipment*, London: Intermediate technology, http://www.fao.org/WAIRdocs/x5434e/x5434e00.htm [Ziyaret Tarihi: 13 Nisan 2010].

GARCIA, F. T. and SOBRAL, P. J. A., 2005, Effect of the thermal treatment of the filmogenic solution on the mechanical properties, color and opacity of films based on muscle proteins of two varieties of Tilapia, *Lebensmittel Wissenschaft und Technology*, 38, 289–296.

GENNADIOS, A., WELLER, C. L., HANNA, M. A. and FRONING, G. W., 1996, Mechanical and barrier properties of egg albumen films, *Journal of Food Science*, 61(3), 585–589.

GENNADIOS, A., 2002, *Protein-based films and coatings,* CRC Press LLC, ISBN: 978-1-58716-107-0.

GENNADIOS, A., HANA, M. A. and KURTH, L. B., 2006, Application of edible coatings on meats, poultry and seafoods: a review, *Lebensmittel Wissenschaft und Technology*, 30, 337–350.

GERDES, D. L. and SANTOS VALDEZ C., 1991, Modified atmosphere packaging of commercial Pacific red snapper (*Sebastes entomelas, Sebastes flavidus* or *Sebastes godei*), *Lebensmittel Wissenschaft und Technology*, 24, 256–258.

GIMENEZ, B., RONCALES, P., BELTRAN, J. A., 2002, Modified atmosphere packaging of filleted rainbow trout, *Journal of the Science of Food and Agriculture*, 84, 1154–1159.

GOMBOTZ, W. R. and WEE, S. F., 1998, Protein release from alginate matrices, *Advanced Drug Delivery Reviews*, 31, 267–285.

GÓMEZ-ESTACA, J., MONTERO, P., GIMENEZ, B. and GOMEZ-GUILLEN, M. C., 2007a, Effect of functional edible films and high pressure processing on microbial and oxidative spoilage in cold-smoked Sardine (*Sardina pilchardus*), *Food Chemistry*, 105, 511–520.

GÓMEZ-ESTACA, J., GÓMEZ-GUILLÉN, M. C. and MONTERO, P., 2007b, High pressure effects on the quality and preservation of cold-smoked dolphinfish (*Coryphaena hippurus*) fillets, *Food Chemistry*, 102, 1250–1259.

GÓMEZ-GUILLEN, M. C., IHL, M., BIFANI, V., SILVA, A. and MONTERO, P., 2007, Edible films made from tuna-fish gelatin with antioxidant extracts of two different murta ecotypes leaves (*Ugni molinae*, Turcz), *Food Hydrocolloids*, 21, 1133–1143.

GONZÁLEZ-RODRIGUEZ, M. N., SANZ, J. J., SANTOS, J. A., OTERO, A. and LOPEZ, M. L. G., 2002, Numbers and types of microorganisms in vacuum-paced cold-smoked freshwater fish at the retail level, *International Journal of Food Microbiology*, 77, 161–168.

GOULAS, A. E. and KONTOMINAS, M. G., 2005, Effect of salting and smoking-method on the keeping quality of chub mackerel (*Scomber japonicus*): biochemical and sensory attributes, *Food Chemistry*, 93, 511–520.

GÖKOĞLU, N., 1991, *Alabalığın (Salmo gaırdneri, RICHARDSON 1836) dumanlanması ve raf ömrünün belirlenmesi*, Yüksek lisans tezi, İstanbul Üniversitesi Fen Bilimleri Enstitüsü.

GÖKOĞLU, N. ve VARLIK, C., 1992, Dumanlanmış gökkuşağı alabalığının (*Salmo gairdneri*, R. 1836) raf ömrü üzerine araştırma, *Gıda Dergisi*, 17(1), 61–65.

GREVELLEC, J., MARQUIE, C., FERRY, L., CRESPY, A. and VIALETTES, V., 2001, Processability of cottonseed proteins into biodegradable materials, *Biomacromolecules*, 2, 1104–1109.

GUA-JANE, T., SU, W. H., CHEN, H. C. and PAN, C. L., 2002, Antimicrobial activity of shrimp chitin and chitosan from different treatments and applications of fish preservation, *Fisheries Science*, 68, 170–177.

GÜÇBİLMEZ, Ç. M., YEMENİCİOĞLU, A. ve ARSLANOĞLU, A., 2007, Antimicrobial and antioxidant activity of edible zein films incorporated with lysozyme, albumin proteins and disodium EDTA, *Food Research International*, 40, 80–91.

HAMAGUCHI, P. Y., WENG, W., KOBAYASHI, T., RUNGLERTKREINGKRAI, J. and TANAKA, M., 2007, Effect of fish meat quality on the properties of biodegradable protein films, *Food Science and Technology Research*, 13(3), 200–204.

HAN, J. H., HWANG, M., MIN, S. and KROCHTA, J. M. , 2008, Coating of peanuts with edible whey protein film containing α-tocopherol and ascorbyl palmitate, *Journal of Food Science*, 73(8), 349–355.

HANDA, A., GENNADIOS, A., FRONING, G. W., KURODA, N. and HANNA, M. A., 1999, Tensile, solubility and electrophoretic properties of egg white films as affected by surface sulfhydryl groups, *Journal of Food Science*, 64(1), 82–85.

HATTULA, T., ELFVING, K., MROUEH, U. M. and LUOMA, T., 2001, Use of liquid smoke flavouring as an alternative to traditional flue gas smoking of rainbow trout fillets (*Oncorhynchus mykiss*), *Lebensmittel Wissenschaft und Technologie*, 34, 521–525.

HORNER, W. F. A., 1997, *Fish processing technology* (2nd ed.), Hall GM, Blackie academic & professional, London, ISBN: 978-0-7514-0273-5.

HO, H. O., LIN, C. W. and SHEU, M. T., 2001, Diffusion characteristics of collagen film, *Journal of Controlled Release*, 77, 97–105.

HUANG, Y., CAVINATO, A. G., MAYES, D. M., BLEDSOE, G. E. and RASCO, B. A., 2002, Nondestructive prediction of moisture and sodium chloride in cold smoked Atlantic salmon (*Salmo salar*), *Journal of Food Science*, 67(7), 2543–2547.

HULTMAN, L. and RUSTAD, T., 2004, Iced stored of Atlantic salmon (*Salmo salar*) –effects on endogenous enzymes and their impact on muscle proteins and texture, *Food Chemistry*, 87, 31–41.

HUSS, H. H., 1988, *Fresh fish: Quality and quality changes*, Food and agriculture organization (FAO) of the United Nations, Rome, Italy, ISBN: 9251023956.

HUSS, H. H., EMBAREK, P. K. B. and JEPPESEN, V. F., 1996, Control of biological hazards in cold smoked salmon production, *Food Control*, 6(6), 335–340.

HYYTIÄ, E., EEROLA, S., HIELM, S. and KORKEALA, H., 1997, Sodium nitrite and potassium nitrate in control of non proteolytic *Clostridium botulinum* outgrowth and toxigenesis in vacuum-packed cold-smoked rainbow trout, *International Journal of Food Microbiology*, 37, 63–72.

ICMSF (INTERNATIONAL COMMISSION ON MICROBIOLOGICAL SPECIFICATIONS FOR FOODS), (1986), Sampling plans for fish and shellfish, In: *ICMSF, Microorganisms in foods, Sampling for microbiological analysis: Principles and scientific applications*, Vol. 2. 2nd Edition, University of Toronto Press, Toronto, Canada, 181–196.

IWATA, K., ISHIZAKA, S., HANDA, A. and TANAKA, M., 2000, Preparation and characterization of edible films from fish water-soluble proteins, *Fisheries science*, 66, 372–378.

JANES, M. E., KOOSHESH, S. and JOHNSON, M.G., 2002, Control of *Listeria monocytogenes* on the surface of refrigerated, ready-to-eat chicken coated with edible zein film coatings containing nisin and/or calcium propionate, *Journal of food science*, 67(7), 2754–2757, doi: 10.1111/j.1365-2621.2002.tb08810.x .

JENSEN, C., BIRK, E., JOKUMSEN, A., SKIBSTED, L. H. and BERTELSEN, G., 1998, Effect of dietary levels of fat, α-tokopherol and astaxanthin on colour and lipid oxidation during storage of frozen rainbow trout (*Oncorhynchus mykiss*) and during chill storage of smoked trout, *Zeitschrift für lebensmittel-untersuchung und forschung*, 207,189–196.

JEON, Y. J., KAMIL, J. Y. V. A., SHAHIDI, F., 2002, Chitosan as edible invisible film for quality preservation of herring and Atlantic cod, *Journal of agricultural and Food Chemistry*, 50, 5167-5178.

JITTINANDANA, S., KENNEY, P. B., SILDER, S. D., KISER, R. A., 2002, Effect of brine concentration and brining time on quality of smoked rainbow trout fillets, *Journal of Food Science*, 67(6), 2095-2099.

JONGJAREONRAK, A., BENJAKUL, S., VISESSANGUAN, W., PRODPRAN, T. and TANAKA, M., 2007, Characterization of edible films from skin gelatin of brownstripe Red snapper and Bigeye snapper, *Food Hydrocolloids*, 20, 492–501.

KANDEMİR, N. S., 2006, *Doğal antimikrobiyal madde içeren yenilebilir pullulan film uygulamanın hazır salatanın raf ömrüne etkileri*, Yüksek lisans tezi, Ege Üniversitesi Fen Bilimleri Enstitüsü, Gıda Mühendisliği Anabilim Dalı.

KARUNGI, C., BYARUHANGA, Y. B., MUYONGA, J. H., 2004, Effect of pre-icing duration on quality deterioration of iced Nile perch (*Lates niloticus*), *Food Chemistry*, 85, 13–17.

KAYA, Y., 1994, *Balık dumanlama teknolojisinde çeşitli faktörlerin kalite ve dayanma sürelerine etkileri*, Yüksek lisans tezi,19 Mayıs Üniversitesi, Fen Bilimleri Enstitüsü.

KAYA, Y., TURAN, H., ERKOYUNCU, İ. ve SÖNMEZ, G., 2006, Sıcak dumanlanmış palamut (*Sarda sarda* Bloch, 1793) balığının buzdolabı koşullarında muhafazası, *Ege Üniversitesi Su Ürünleri Dergisi*, 23, Ek(1/3), 457–460.

KAYSERİLİOĞLU, B. Ş., BAKIR, U., YILMAZ, L. ve AKKAŞ, N., 2003, Drying temperature and relative humidity effects on wheat gluten film properties, *Journal of Agricultural and Food Chemistry*, 51, 964–968.

KILIÇ, A., 2005, *Dumanlanmış gökkuşağı alabalığı (Oncorhynchus mykiss) üretiminde antimikrobiyal ve antioksidan maddeler kullanımı*, Doktora tezi, Hacettepe Üniversitesi Fen Bilimleri Enstitüsü.

KILINÇÇEKER, O., DOĞAN, İ. S. ve KÜÇÜKÖNER, E., 2009, Effect of edible coatings on the quality of frozen fish fillets, *LWT - Food Science and Technology*, 42, 868–873.

KIM, Y. M., PAIK, H. D. and LEE, D. S., 2002, Shelf-life characteristics of fresh oysters and ground beef as affected by bacteriocin-coated plastic packaging film, *Journal of the Science of Food and Agriculture*, 82, 998–1002.

KOLODZIEJSKA, I., NIECIKOWSKA, C., JANUSZEWSKA, E. and SIKORSKI, Z. E., 2002, The microbial and sensory quality of mackerel hot smoked in mild conditions, *Lebensmittel Wissenschaft und Technologie*, 35, 87–92.

KOLODZIEJSKA, I. and PIOTROWSKA, B., 2007, The water vapour permeability, mechanical properties and solubility of fish gelatin–chitosan films modified with transglutaminase or 1-ethyl-3-(3-dimethylaminopropyl) carbodiimide (EDC) and plasticized with glycerol, *Food Chemistry*, 103, 295–300. doi:10.1016/j.foodchem.2006.07.049.

KOLSARICI, N. and ÖZKAYA, O., 1998, Effect of smoking methods of shelf-life of rainbow trout (*Salmo gairdneri*), *Turkish Journal of Veterinary and Animal Science*, 22, 273–284.

KORAL, S. ve KÖSE, S. 2005, Tütsülenmiş hamsinin (*Engraulis encrasicolus*, L. 1758) buzdolabı koşullarında (4±1°C) depolanması esnasında kalite değişimlerinin belirlenmesi, *Türk Sucul Yaşam Dergisi*, 3, 551–554.

KORAL, S., KÖSE, S. and TUFAN, B., 2009. Investigating the quality changes of raw and hot smoked garfish (*Belone belone euxini*, Günther, 1866) at ambient and refrigerated temperatures, *Turkish Journal of Fisheries and Aquatic Sciences*, 9, 53-58.

KORAL, S., KÖSE, S. and TUFAN, B., 2010, The effect of storage temperature on the chemical and sensorial quality of hot smoked Atlantic bonito (*Sarda sarda*, Bloch, 1838) packed in aluminium foil, *Turkish Journal of Fisheries and Aquatic Sciences*, 10, 439–443, doi: 10.4194/trjfas.2010.0401.

KROCHTA, J. M., 2002, Proteins as raw materials for films and coatings: Definitions, current status and opportunities, *Protein-based films and coatings*. A Gennadios (Ed), Bölüm 1, CRC Pres, New York, ISBN: 978-1-58716-107-0.

KYRIAZI-PAPADOPOULOU, A., VARELTZIS, K., BLOUKAS, J. G. and GEORGAKIS, S., 2003, Effect of smoking on quality characteristics and shelf-life of Mediterranean mussel (*Mytilus galloprovincialis*) meat under vacuum in chilled storage, *Italian Journal of Food Science*, 15(3), 371–381.

KYUNG, K. W. and THOMAS, R. W., 2007, Antioxidative activity of chitosans with varying molecular weights, *Food Chemistry*, 101, 308–313.

KU, K. and SONG, K. B., 2007, Physical properties of nisin-incorporated gelatin and corn zein films and antimicrobial activity against *Listeria monocytogenes, Journal of Microbiology and Biotechnology*, 17 (3), 520–523.

LAKSHMANAN, R., PATTERSON, M. F. and PIGGOTT, J. R., 2005, Effects of high-pressure processing on proteolytic enzymes and proteins in cold-smoked salmon during refrigerated storage, *Food Chemistry*, 90, 541–548.

LEE, J. Y., PARKAB, H. J., LEE, C. Y. and CHOI, W. Y., 2003, Extending shelf-life of minimally processed apples with edible coatings and antibrowning agents, *Lebensmittel Wissenschaft und Technology*, 36, 323–329.

LIEBERMAN, E. R.and GILBERT, S. G., 1973, Gas permeation of collagen films as affected by crosslinkage, moisture, and plasticizer content, *Journal of Polymer Science*, 41, 33–43.

LIM, L. T., MINE, Y. and TUNG, M. A., 1998, Transglutaminase cross-linked egg white protein films: tensile properties and oxygen permeability, *Journal of Agricultural and Food Chemistry*, 46 (10), 4022–4029.

LIN, D. and ZHAO, Y., 2007, Innovations in the development and application of edible coatings for fresh and minimally processed fruits and vegetables, *Comprehensive Reviews in Food Science and Food Safety*, 6, 60–75.

LINDSTRÖM, M., NEVAS, M., HIELM, S., LÄHTEENMÄKI, L., PECK, M. W. and KORKEALA, H., 2003, Thermal inactivation of nonproteolytic *Clostridium botulinum* type E spores in model fish media and in vacuum-packaged hot-smoked fish products, *Applied and Environmental Microbiology*, 69(7), 4029–4036.

LIU, C. C., TELLEZ-GARAY, A. M. and CASTELL-PEREZ, M. E., 2004, Physical and mechanical properties of peanut protein films, *Lebensmittel Wissenschaft und Technology*, 37, 731–738.

LØJE, H., GREEN-PETERSEN, D., NIELSEN, J., JØRGENSEN, B. M. and JENSEN, K. N., 2007, Water distribution in smoked salmon, *Journal of the Science of Food and Agriculture*, 87, 212–217.

LO'PEZ-CABALLERO, M. E., PE'REZ-MATEOS, M., MONTERO, P. and BORDERIAS, A. J., 2000, Oyster preservation by highpressure treatment, *Journal of Food Protection*, 63, 196–201.

LO'PEZ-CABALLERO, M. E., GO'MEZ-GUILLE'N, M. C., PE'REZ-MATEOS M. and MONTERO, P., 2005, A chitosan–gelatin blend as a coating for fish patties, *Food Hydrocolloids*, 19, 303–311.

LORENZO, J. M., PURRIÑOS, L., FONTÁN, M. C. G. and FRANCO, D., 2010, Polycyclic aromatic hydrocarbons (PAHs) in two Spanish traditional smoked sausage varieties: "Androlla" and "Botillo", *Meat Science*, 86, 660–664.

LU, F., LIU, D., YE, X., WEI, Y., LIU, F., 2009, Alginate-calcium coating incorporating nisin and EDTA maintains the quality of fresh northern snakehead (*Channa argus*) fillets stored at 4 °C, *Journal Science Food Agriculture*, 89, 848-854.

LYHS, U., LAHTINE, J., FREDRIKSSON-AHOMAA, M., HYYTIA-TREES, E., ELFING, K. and KORKEALA, H., 2001, Mikrobiological quality and shelf-life of vacuum packaged 'gravad' rainbow trout stored at 3 and 8°C, *International Journal of Food Microbiology*, 70, 221–230.

MALLE P. and POUMEYROL M., 1989, A new chemical criterion for the quality control of fish: trimethylamine/total volatile basic nitrogen(%), *Journal of Food Protection*, 52, 419–423.

MALLE, P. and TAO, S. H., 1987, Rapid quantitative determination of trimethylamine using steam distillation, *Journal of Food* Protection, 50, 756–760.

MARCOS, B., AYMERICH, T., MONFORT, J. M. and GARRIGA, M., 2008, High-pressure processing and antimicrobial biodegradable packaging to control *Listeria monocytogenes* during storage of cooked ham, *Food Microbiology*, 25 (1),177–182.

MARINIELLO, L., PIERRO, P., ESPOSITO, C., SORRENTINO, A., MASI, P. and PORTA, R., 2003, Preparation and mechanical properties of edible pectin-soy flour films obtained in the absence or presence of transglutaminase, *Journal of Biotechnology*, 102, 191–198.

MARQUIE, C., AYMARD, C., CUQ, J. L. and GUILBERT, S., 1995, Biodegradable packaging made from cottonseed flour: formation and ımprovement by chemical treatments with gossypol, formaldehyde, and glutaraldehyde, *Journal of Agricultural and Food Chemistry*, 43, 2762–2767.

MARQUIE C. and GUILBERT S., 2002, Formation and properties of cottonseed protein films and coatings, *Protein-based films and coatings*, A Gennadios (Ed), Bölüm 5, CRC Pres, New York, ISBN: 978-1-58716-107-0.

MASENGI, S., SHINDO, J. and MIKI, H., 2002, Effect of vacuum treatment on smoke penetration into boiled skipjack loins for production of smoke-dried skipjack, *Fisheries Science*, 68, 459–464.

MATTISSEK, R., SCHEPEL, M. F., STAINER, G., 1992, Lebensmittelanalytik grundzüge, methoden, anwedungen, Zweite, korrigierte Auflage, Springer, Berlin Heidelberg, New York, ISBN: 3-540-54684-7.

Mc HUGH, T. H. and KROCHTA, J. M., 1994, Dispersed phase particle size effects on water vapor permeability of whey protein-beeswax edible emulsion films, *Journal of Food Process and Preservation*, 18, 173–188.

MEDINA,M., CABEZA, M. C., BRAVO, D., CAMBERO, I., MONTIEL, R., ORDÓÑEZ, J. A., et al., 2009, A comparison between E-beam irradiation and high pressure treatment for cold-smoked salmon sanitation: microbiological aspects, *Food Microbiology*, 26, 224–227.

MEENA, C., MENGI, S. A. and DESHPANDE, S. G., 1999, Biomedical and indurstrial applications of collagen, *Proceedings of the Indian Academic Science (Chemical Science)*, 111(2), 319–329.

MEILGAARD, M., CICILLE, G. V. and CARR. B. T., 1999, *Sensory changes techniques*, 3. edit, CRC, Roca Raton, http://www.foodnetbase.com [Ziyaret Tarihi: 13 Haziran 2009].

MIN, S. and KROCHTA, J. M., 2005, Inhibition of *Penicillium commune* by edible whey protein films incorporating lactoferrin, lactoferrin hydrolysate, and lactoperoxidase systems, *Journal of Food Science*, 70(2), M87–M94.

MIN, S., HARIS, L. J. and KROCHTA, J. M., 2005, *Listeria monocytogenes* inhibition by whey protein films and coatings incorporating lysozyme, *Journal of Food Protection*, 68(11), 2317–2325.

MIN, S., HARIS, L. J. and KROCHTA, J. M., 2006, Inhibition of *Salmonella enterica* and *Escherichia coli* O157:H7 on roasted turkey by edible whey protein coatings incorporating the lactoperoxidase system, *Journal of Food Protection*, 69(4), 784–793.

MOHAN, C. O., RAVISHANKAR, C. N., LALITHA, K. V., GOPAL, T. K. S., 2012, Effect of chitosan edible coating on the quality of double filleted Indian oil sardine (*Sardinella longiceps*) during chilled storage, *Food Hydrocolloids,* 26, 167-174.

MONTAGNER, S. T., SCHERER, R., LOBATO, L. P., KRIESE, P. R., MILANI, L. G., KUBOT, E. H., FRIES, L. L. M., EMANUELLI, T., 2005, Effect of direct electric current on microbiological quality of White croaker (*Micropogonias furnieri*), *Food Microbiology*, 22, 227–231.

MONTERO, P., GÓMEZ-GUILLÉN, M. C. and BORDERIAS, A. J., 2003, Influence of salmon provenance and smoking process on muscle functional characteristics, *Journal of Food Science*, 68(4), 1155–1160.

MUJICA-PAZ, H. and GONTARD, N., 1997, Oxygen and carbon dioxide permeability of wheat gluten film: effect of relative humidity and temperature, *Journal of Agricultural and Food Chemistry*, 45, 4101–4105.

MUNASINGHE, D. M. S., ICHIMARU, K., RYUNO, M., UEKI, N., MATSUI, T., SUGAMOTO, K., et al., 2003, Lipid peroxidation-derived hepatotoxic aldehydes, 4-hydroxy-2 E-hexenal in smoked fish meat products, *Fisheries Science*, 69, 189–194.

MURATORE, G., MAZZAGLIA, A., LANZA, C. M. and LICCIARDELLO, F., 2007, Effect of process variables on the quality of swordfish fillets flavored with smoke condensate, *Journal of Food Processing and Preservation*, 31, 167–177.

MUŞABAK, C., 2008, *Kitosanla kaplama ve modifiye atmosfer ambalajlamanın Palamut (Sadra sarda) filetolarının kimyasal parametreleri üzerine etkisi*, Yüksek lisans tezi, Atatürk Üniversitesi, Fen Bilimleri Enstitüsü.

NILSSON, L. and GRAM, L., 2002, Improving the control of pathogens in fish products, H. A. Bremmer, *Safety and quality issues in fish processing*, Cambridge: Woodhead, ISBN: 1855735520.

NOSEDA, B., TARIQUL ISLAM MD., ERIKSSON, M., HEYNDRICKX, M., DE REU, K., VAN LANGENHOVE, H., DEVLIEGHERE, F., 2012, Microbiological spoilage of vacuum and modified atmosphere packaged Vietnamese *Pangasius hypophthalmus* fillets, *Food Microbiology*, 30, 408-419.

NYKÄNEN, A., WECKMAN, K. and LAPVETELÄINEN, A., 2000, Synergistic inhibition of *Listeria monocytogenes* on cold-smoked rainbow trout by nisin and sodium lactate, *International Journal of Food Microbiology*, 61, 63–72.

OLAFSDOTTIR, G., MARTINDOTTIR, E., OEHLENSCHLAGER, J., DALGAARD, P., JENSEN, B., UNDELAND, I., MACKIE, I. M., HENEHAN, G., NIELSEN, J., NILSEN, H., 1997, Methods to evaluate fish freshness in reserarch and industry, *Trends in Food Science and Technology*, 8, 258-265.

ORLIAC, O. and SIVESTRE, F., 2003, New thermo-molded biodegradable films based on sunflower protein isolate: aging and physical properties, *Macromolecular Symposia*, 197, 193–206.

OUSSALAH, M., CAILLET, S., SALMIEA, S., SAUCIER, L. and LACROIX, M., 2004, Antimicrobial and antioxidant effects of milk protein-based film containing essential oils for the preservation of whole beef muscle, *Journal of Agricultural and Food Chemistry*, 52, 5598–5605.

ÖZDEN, Ö. ve GÖKOĞLU, N., 1997, Sardalya balığının *Sardina pilchardus* (Wal. 1792) soğukta depolanması sırasında yağında oluşan değişimlerin incelenmesi, *Gıda*, 22(4), 309-313.

ÖZOĞUL, Y. and BALIKÇI, E., 2011, Effect of various processing methods on quality of mackerel (*Scomber scombrus*), *Food and Bioprocess Technology*, doi:10.1007/s11947-011-0641-4.

PARRIS, N. and COFFIN, D. R., 1997, Composition factors affecting the water vapour permeability and tensile properties of hydrophylic zein films, *Journal of Agricultural and Food Chemistry*, 45(5),1596–1599.

PASCHOALICK, T. M., GARCIA, F. T., SOBRAL, P. J. A. and HABITANTE A. M. Q. B., 2003, Characterization of some functional properties of edible films based on muscle proteins of Nile Tilapia, *Food Hydrocolloids*, 17, 419–427.

PEREZ-GAGO, M. B., SERRA, M. and RIO, M. A., 2006, Color change of fresh-cut apples coated with whey protein concentrate-based edible coatings, *Postharvest Biology and Technology*, 39, 84–92.

PICART, L., DUMAY, E., GUIRAUD, J. P. and CHEFTEL, J. C., 2004, Microbial inactivation by pressure-shift freezing: effects on smoked salmon mince inoculated with *Pseudomonas fluorescens*, *Micrococcus luteus* and *Listeria innocua*, *Lebensmittel Wissenschaft und Technologie*, 37, 227–238.

PICART, L., DUMAY, E., GUIRAUD, J. P. and CHEFTEL, J. C., 2005, Combined high pressure–sub-zero temperature processing of smoked salmon mince: Phase transition phenomena and inactivation of *Listeria innocua*, *Journal of Food Engineering*, 68, 43–56.

POLAT, H., 2007, *İşlenmiş et ürünlerinde yenilebilir filmlerin ve kaplamaların uygulamaları*, Yüksek lisans tezi, Afyon Kocatepe Üniversitesi, Fen Bilimleri Enstitüsü, Kimya Anabilim Dalı.

RAVI SANKAR, C. N., LALITHA, K. V., JOSE, L., MANJU, S., GOPAL, T. K. S., 2008, Effect of packaging atmosphere on the microbial attributes of pearlspot (*Etroplus suratensis*, Bloch) stored at 0–2 ° C, *Food Microbiology*, 25, 518–528.

RAYAS, L. M., HERNANDEZ, R. J. and NG, P. K. W., 1997, Development and characterization of biodegradable/edible wheat protein films, *Journal of Food Science*, 62(1), 160–162.

RHIM, J. W. and NG P. K. W., 2007, Natural biopolymer-based nanocomposite films for packaging applications, *Critical Reviews in Food Science and Nutrition*, 47(4), 411–433.

ROBERTSON, C. B., ANDREWS, L. S., MARSHALL, D. L., COGGINS, P., SCHILLING, M. W., MARTIN, R. E., et al., 2006, Effect of X-ray irradiation on reducing the risk of listeriosis in ready-to-eat vacuum-packaged smoked mullet, *Journal of Food Protection*, 69(7), 1561–1564.

ROJAS-GRAU, M. A., AVENA-BUSTILLOS, R. J., FRIEDMAN, M., HENIKA, P. R., MARTIAN-BELLOSO, O. and MCHUGH, T. H., 2006, Mechanical, barrier, and antimicrobial properties of apple puree edible films containing plant essential oils, *Journal of Agricultural and Food Chemistry*, 54, 9262–9267.

RØRÄ, A. M. B., KVALE, A., MØRKØRE, T. and RØRVIK, K. A., 1998, Process yield colour and sensory quality of smoked Atlantic salmon (*Salmo salar*) in relation to raw material characteristics, *Food Research International*, 31(8), 601–608.

ROSNES, J. T., SKÅRA, T. and SKIPNES, D., 2011, Recent advances in minimal heat processing of fish: Effects on microbiological activity and safety, *Food and Bioprocess Technology*, 4, 833–848.

RYU, S. Y., RHIM, J. W., ROH, H. J. and KIM, S. S., 2002, Preparation and physical properties of zein-coated high-amylose corn starch film, *Lebensmittel Wissenschaft und Technology*, 35, 680–686. doi:10.1006/fstl.2002.0929.

SABATO, S. F., NAKAMURAKARE, N. and SOBRAL, P. J. A., 2007, Mechanical and thermal properties of irradiated films based on Tilapia (*Oreochromis niloticus*) proteins, *Radiation Physics and Chemistry*, 76, 1862–1865.

SARIKUŞ, G., 2006, *Farklı antimikrobiyal maddeler içeren yenilebilir film üretimi ve kaşar peynirinin muhafazasında mikrobiyal inaktivasyona etkisi*, Yüksek lisans tezi, Süleyman Demirel Üniversitesi, Fen Bilimleri Enstitüsü, Gıda Mühendisliği Anabilim Dalı.

SARIOĞLU, T., 2005, *Yenilebilir filmlerin kaşar peynirinin kaplanmasında kullanılma olanakları ve peynir kalitesi üzerine etkileri*, Yüksek lisans tezi, Süleyman Demirel Üniversitesi, Fen Bilimleri Enstitüsü, Gıda Mühendisliği Anabilim Dalı.

SATHIVEL, S., 2005, Chitosan and protein coatings affect yield, moisture loss, and lipid oxidation of Pink Salmon (*Oncorhynchus gorbuscha*) fillets during frozen storage, *Journal of Food Science*, 70(8), 455–459.

SCHORMÜLLER, J., 1969, *Handbuch der Lebensmittelchemie* (Band III/2). Triesrische Lebensmittel Eier, Fleisch, Fisch, Buttermich, Springer Verlag, Berlin/Heidelberg, Germany/New York, 1584.

SCHULZE, K., 1985, Untersuchungen zur mikrobiologie haltberkeit und zusammensetzung von raeucherforellen aus einer aquakultur arc, *Fuer Lebensmittel Hygine*, 36 (4), 82–84.

SEKİN, Y., ve KARAGÖZLÜ, N. 1997, *Gıda mikrobiyolojisi gıda endüstrisi için temel esaslar ve uygulamalar*, Literatür Yayınları, ISBN:9750401905.

SHAHIDI, F., KAMIL, J., JEON, Y. J. and KIM, S. K., 2002, Antioxidant role of chitosan in cooked Cod (*Godus morhua*) model system, *Journal of Food Lipids*, 9(1), 57–64.

SHIAU, C.Y. and CHAI, T., 1985, Smoked dogfish processing and its refrigerated storage stability, *Journal of Food Science*, 50, 1348–1350.

SHIH, F. F., 1998, Film-forming properties and edible films of plant proteins, *Nahrung*, 42 (3/4), 254–256.

SHIKU, Y., HAMAGUCHI, P. Y. and TANAKA M., 2003, Effect of pH on the preparation of edible films based on fish myofibrillar proteins, *Fisheries Science*, 69, 1026–1032.

SHIKU, Y., HAMAGUCHI, P. Y., BENJAKUL, S., VISESSANGUAN, W. and TANAKA, M., 2004, Effect of surimi quality on properties of edible films based on Alaska pollack, *Food Chemistry*, 86, 493–499.

ŠIMKO, P., 2002, Determination of polycyclic aromatic hydrocarbons in smoked meat products and smoke flavouring food additives, *Journal of Chromatography* B, 770, 3–18.

SOBRAL, P. J. A., SANTOS, J. S. and GARCIA, F. T., 2005, Effect of protein and plasticizer concentrations in film forming solutions on physical properties of edible films based on muscle proteins of a Thai Tilapia, *Journal of Food Engineering*, 70, 93–100.

SOLIMAN, E. A., TAWFIK, M. S., EL-SAYED, H. and MOHARRAM, Y. G., 2007, Preparation and characterization of soy protein based edible/biodegradable films, *American Journal of Food Technology*, 2(6), 462–476.

SONG, Y., LIU, L., SHEN, H., YOU, J., LUO Y., 2011, Effect of sodium alginate-based edible coating containing different anti-oxidants on quality and shelf life of refrigerated bream (*Megalobrama amblycephala*), *Food Control*, 22, 608-615.

STOHR, V. JOFFRAUD, J. J. , CARDINAL, M. and LEROI, F., 2001, Spoilage potential and sensory profile associated with bacteria isolated from cold-smoked salmon, *Food Research International*, 34, 797–806.

STUCHELL, Y. M. and KROCHTA, J. M., 1995, Edible coatings on frozen King salmon: effect of whey protein isolate and acetylated monoglycerides on moisture loss and lipid oxidation, *Journal of Food Science*, 60, 28–31.

SÜMBÜLOĞLU, K. ve SÜMBÜLOĞLU, V., 2002, *Biyoistatistik*, Hatipoğlu Basım ve Yayım San. Tic. Ltd. Şti., Ankara, 975-7527-12-2.

TANADA-PALMU, P., HELEN, H. and HYVÖNEN, L., 2000, Preparation, properties and applications of wheat gluten edible films, *Agricultural and Food Science in Finland*, 9, 23–35.

TANAKA, M., IWATA, K., SANGUANDEEKUL, R., HANDA, A. and ISHIZAKI, S., 2001, Influence of plasticizers on the properties of edible films prepared from fish water-soluble proteins, *Fisheries Science*, 67, 346–351.

TEMİZ, H. ve YEŞİLSU, A. F., 2006, Bitkisel protein kaynaklı yenilebilir film ve kaplamalar, *Gıda Teknolojisi Dergisi*, 2, 41–50.

THARANATHAN, R. N., 2003, Biodegradable films and composite coatings: past, present and future, *Trends in Food Science and Technology*, 14, 71–78.

THEIVENDRAN, S., HETTIARACHCHY, N. S. and JOHNSON, M. G., 2006, Inhibition of *Listeria monocytogenes* by nisin combined with grape seed extract or green tea extract in soy protein film coated on turkey frankfurters, *Journal of Food Science*, 71(2), M39–M44.

THOMAZINE, M., CARVALHO, R. A. and SOBRAL P. J. A., 2005, Physical properties of gelatin films plasticized by blends of glycerol and sorbitol, *Journal of Food Science*, 70(3), E172–E176.

TIEN, C. L., VACHON, C., MATEESCU, M. A. and LACROIX, M., 2001, Milk protein coatings prevent oxidative browning of apples and potatoes, *Journal of Food Science*, 66(4), 512–516.

TOMÉ, E., PEREIRA, V. L., LOPES, C. I., GIBBS, P. A. and TEIXEIRA, P. C., 2008, In vitro tests of suitability of bacteriocin-producing lactic acid bacteria, as potential biopreservation cultures in vacuum-packaged cold-smoked salmon, *Food Control*, 19(5), 535–543.

TRUELSTRUP, HANSEN, L., GILL, T., HUSS, H. H., 1995, Effects of salt and storage temperature on chemical, microbiological and sensory changes in cold-smoked salmon, Food Research International, 28, 123-130.

ÜNAL,G., 1995, *Gökkuşağı alabalığının (Oncorhynchus mykiss W.) tütsülenmesi ve bazı kalite kriterlerinin tespiti üzerine bir araştırma,*

Doktora tezi, Ege Üniversitesi Fen Bilimleri Enstitüsü Su Ürünleri Avlama ve İşleme Teknolojisi A.B.D.

ÜNLÜSAYIN, M., ATEŞ, Ş. ve GÜLYAVUZ, H., 1997, Dumanlanmış yılan balıklarının (*Anguilla anguilla L.,*1766) yağlarında fiziksel ve kimyasal değişimler, *Akdeniz Balıkçılık Kongresi, 9-11 Nisan, İzmir*, 209–214.

ÜNLÜSAYIN, M., 1999, *Yılan balığı (Anguilla anguilla Linnaeus, 1766), gökkuşağı alabalığı (Oncorhynchus mykiss Walbaum 1792) ve sudak balığı (Stizostedion lucioperca Linnaeus 1758)'nın sıcak dumanlama sonrası lipid ve protein bileşimleri*, Doktora tezi, Süleyman Demirel Üniversitesi Fen Bilimleri Enstitüsü.

ÜNLÜSAYIN, M., AKSOYLAR, M. Y. ve GÜLYAVUZ, H., 2001, Bazı tatlısu balıklarının sıcak dumanlama sonrası lipitlerindeki kimyasal değişimler, *Turkish Journal of Veterinary and Animal Science*, 25, 341–348.

ÜNLÜSAYIN, M., BİLGİN, Ş., İZCİ, L., 2003, Havuz balığı (*Carassius auratus* L. 1758)'nın et verimi, sıcak dumanlama sonrası kimyasal bileşenleri ve 4 °C'deki raf ömrünün tespiti, *Süleyman Demirel Üniversitesi Eğirdir Su Ürünleri Fakültesi dergisi,* 8, 62–70.

ÜNLÜSAYIN, M., KALELİ, S., BİLGİN, Ş., İZCİ, L. and GÜNLÜ, A., 2006, Effect of hot-smoked rainbow trout (*Oncorhynchus mykiss*) diets on the protein levels of liver tissue in rats (original paper), *Annals of Nutrition and Metabolism*, 50, 1–6.

VARLET, V., KNOCKAERT, C., PROST, C. and SÉROT, T. (2006), Comparison of odor-active volatile compounds of fresh and smoked salmon, *Journal of Agricultural and Food Chemistry*, 54(9), 3391–3401.

VARLET, V., PROST, C. and SÉROT, T., 2007a, Volatile aldehydes in smoked fish: analysis methods, occurrence and mechanisms of formation, *Food Chemistry, Analytical,Nutritional and Clinical Methods*, 105, 1536–1556.

VARLET, V., SÉROT, T., KNOCKAERT, C., CORNET, J., CARDINAL, M., MONTEAU, F., et al., 2007b, Organoleptic characterization and

PAH content of salmon (*Salmo salar*) fillets smoked according to four industrial smoking techniques, *Journal of the Science of Food and Agriculture*, 87, 847–854.

VARLIK, C., ÖZDEN, Ö., ERKAN, N. ve ÜÇOK ALAKAVUK, D., 2007, *Su ürünlerinde temel kalite kontrol*, İstanbul Üniversitesi Su Ürünleri Fakültesi İşleme Teknolojisi Anabilim Dalı, yayını no. 4662, fakülte yayın no: 8, ISBN 975-404-771-5.

VASILIADOU, S., AMBROSIADIS, I., VARELTZIS, K., FLETOURIS, D., & GAVRILIDOU, I., 2005, Effect of smoking on quality parameters of farmed gilthead sea bream (*Sparus aurata* L.) and sensory attributes of the smoked product, *European Food Research and Technology*, 2217, 232–236.

VAZ-VELHO, M., DUARTE, G., MCLAUCHLIN, J. and GIBBS, P., 2001, Characterization of *Listeria monocytogenes* isolated from production lines of fresh and cold-smoked fish, *Journal of Applied Microbiology*, 91, 556–562.

VAZ-VELHO, M., TODOROV, S., RIBEIRO, J. and GIBBS, P., 2005, Growth control of *Listeria innocua* 2030c during processing and storage of cold-smoked salmon-trout by *Carnobacterium divergens* V41 culture and supernatant, *Food Control*, 16, 541–549.

VIROBEN, G., BARBOT, J., MOULOUNGUI, Z. and GUE'GUEN, J., 2000, Preparation and characterization of films from pea protein, *Journal of Agricultural and Food Chemistry*, 48, 1064–1069.

VOGEL, B. F., NG, Y. Y., HYLDIG, G., MOHR, M. and GRAM, L., 2006, Potassium lactate combined with sodium diacetate can inhibit growth of *Listeria monocytogenes* in vacuum-packed cold-smoked salmon and has no adverse sensory effects, *Journal of Food Protection*, 69(9), 2134–2142.

VYNCKE, W., 1981, *12th western European fish technologists' association (WEFTA) meeting*, Copenhagen, Denmark.

WENG, W., HAMAGUCHI, P. Y. and TANAKA, M., 2006, Effect of propylene glycol alginate on the properties of edible film prepared from Alaska pollack surimi, *Journal of the Japanese Society for Food Science and Technology*, 53(10), 542–547.

WENG, W., HAMAGUCHI, P. Y., OSAKO, K. and TANAKA, M., 2007, Properties of edible surimi film as affected by heat treatment of film-forming solution, *Food Science and Technology Research*, 13(4), 391–398.

WESTALL, S. and FILTENBORG, O., 1998, Spoilage yeasts of decorated soft cheese packed in modified atmosphere, *Food Microbiology*, 15, 243–249.

XU, S., CHEN, X. and SUN, D.W., 2001, Preservation of kiwi fruit coated with an edible film at ambient temperature, *Journal of Food Engineering*, 50, 211–216.

YANAR, Y., ÇELİK, M. ve AKAMCA, E., 2006, Effects of brine concentration on shelf-life of hot-smoked tilapia (*Oreochromis niloticus*) stored at 4 °C, *Food Chemistry*, 97, 244–247.

YANAR, Y., 2007, Quality changes of hot smoked catfish (*Clarias gariepinus*) during refrigerated storage, *Journal of Muscle Foods*, 18, 391–400.

YEŞİLTAŞ, M., 2012, *Dumanlanmış balığın kalitesinde aljinat kaplamanın etkisi*, Yüksek lisans tezi, İstanbul Üniversitesi, Fen Bilimleri Enstitüsü.

YILDIRIM, M. and HETTIARACHCHY, N. S., 1998, Properties of cast films from pickle fermentation brine protein, *Journal of Agricultural and Food Chemistry*, 46, 4969–4972.

YILMAZ, E., TEKİNAY, A. A. ve ÇEVİK, N., 2006, Deniz ürünleri kaynaklı fonksiyonel gıda maddeleri, *Ege Üniversitesi Su Ürünleri Dergisi*, 23(1/1), 523–527.

YILMAZ, L., AKPINAR BAYEZİT, A. ve ÖZCAN YILSAY T., 2007, Süt proteinlerinin yenilebilir film ve kaplamalarda kullanılması, *Teknolojik araştırmalar: Gıda Teknolojisi Elektronik Dergisi*, 1, 59–64.

FSC
www.fsc.org
MIX
Papier | Fördert gute Waldnutzung
FSC® C083411

Kolibri 360 GmbH
Ferdinand-Jühlke-Straße 7
99095 Erfurt, Deutschland
produktsicherheit@kolibri360.de

Druck:
CPI Druckdienstleistungen GmbH
im Auftrag der
Kolibri 360 GmbH
Ferdinand-Jühlke-Str. 7
99095 Erfurt